Emergenz
Strukturen der Selbstorganisation
in Natur und Technik

Der Autor Diplom-Mathematiker *Klaus-Dieter Sedlacek,* Jahrgang 1948, lebt seit seiner Kindheit in Süddeutschland. Er studierte neben Mathematik und Informatik auch Physik. Nach dem Studienabschluss im Jahr 1975 und einigen Jahren Berufspraxis gründete er eine eigene Firma, die sich mit der Entwicklung von Anwendungssoftware beschäftigte. Diese führte er mehr als fünfundzwanzig Jahre lang. In seiner zweiten Lebenshälfte widmet er sich nun seinem privaten Forschungsvorhaben. Er hat sich die Aufgabe gestellt, die Physik von Information, Bedeutung und Bewusstsein näher zu erforschen und einem breiteren Publikum zugänglich zu machen. Im Jahr 2008 veröffentlichte er ein aufsehenerregendes Sachbuch mit dem Titel »Unsterbliches Bewusstsein – Raumzeit-Phänomene, Beweise und Visionen«.

Webseite: www.klaus-sedlacek.de

Klaus-Dieter Sedlacek et al.

Emergenz

Strukturen der Selbstorganisation in Natur und Technik

Arbeits- und Handbuch

Wichtiger Hinweis für Benutzer
Der Herausgeber und die Autoren haben alle Sorgfalt walten lassen, um in den Beiträgen akkurate Informationen zu publizieren. Weder die Autoren noch der Herausgeber übernehmen irgendeine Gewähr oder Haftung für die Nutzung dieser Informationen gleich für welchen Zweck. Der Herausgeber hat sich bemüht, sämtliche Rechteinhaber von Abbildungen zu ermitteln. Sollte ihm gegenüber dennoch der Nachweis der Rechtsinhaberschaft geführt werden, wird das branchenübliche Honorar gezahlt.

Bibliographische Information der Deutschen Bibliothek:
Die Deutsche Bibliothek verzeichnet diese Publikation in der Deutschen Nationalbibliographie; detaillierte bibliographische Daten sind im Internet über http://dnb.ddb.de abrufbar.

1. Auflage 2010

Hrsg.: Klaus-Dieter Sedlacek

Umschlaggestaltung und Satz: Sedlacek
Cover-Foto CC-by-sa Rosino (via Flickr)
Herstellung und Verlag: Books on Demand GmbH, Norderstedt

ISBN 978-3-7534-6066-6

Inhaltsverzeichnis

1. Einführung[1]

Von Klaus-Dieter Sedlacek

1.1. Wie durch kollektive Organisation emergente Strukturen entstehen

Der französische Philosoph Voltaire schilderte, wie der englische Naturforscher Isaac Newton (1642-1726) unter einem Apfelbaum saß und vor sich hin grübelte. Als ein Apfel sich vom Zweig löste und auf Newtons Kopf fiel, wurde die moderne Physik geboren. Der Aufprall der Frucht soll dazu geführt haben, dass Newton den Grundstein für die Fallgesetze, die klassische Mechanik und die exakten Gesetze der Gravitation und Bewegung legte und in seiner Schrift *Philosophiae Naturalis Principia Mathematica* 1687 veröffentlichte.

Newtons Gesetze waren in der Tat umwälzend. Zwar wusste man seit der Antike, dass Regelmäßigkeit eines der Prinzipien der Natur ist. Die Prinzipien wurden jedoch weniger durch präzise Formeln ausgedrückt. Newton beobachtete nicht nur die Regelmäßigkeiten, sondern formulierte sie als Gesetze in exakter mathematischer Form.

Die simplen Regeln, die auch die Ellipse der Planetenbahnen mit der Sonne in einem Brennpunkt exakt beschrieben, führten dazu, dass das Universum wie ein ablaufendes mechanisches Uhrwerk erschien. Es gab niemand, der die Planeten ständig anschubste. Damit Objekte sich mit konstanter Geschwindigkeit auf gerader Bahn fortbewegen, ist nach Newtons Mechanik keinerlei äußerer Anstoß nötig.

Das unheimliche an Newtons Gesetzen war, dass sie mit allen Messungen exakt übereinstimmten. Als man glaubte, endlich einen Fehler zu entdecken, weil der Planet Uranus sich nicht an die vorausberechneten Umlaufbahnen hielt, entdeckte man Neptun. Die Abweichungen der Bahn des Uranus konnten daraufhin durch die bekannten Gesetze erklärt werden.

Die immer wieder bestätigte exakte Übereinstimmung von Messung und Vorhersage durch Formeln führte schließlich dazu, dass die Physiker glaubten, alle beobachtbaren Phänomene, auch solche im mikroskopischen Maßstab, könnten mechanisch erklärt werden. Die Welt hatte anscheinend eine allumfassende mechanische Ordnung.

Der Schock kam im frühen 20. Jahrhundert. Der Physiker Max Planck konnte es zunächst selbst nicht glauben, was er im Zusammenhang mit der Untersuchung elektro-

[1] Dies ist ein unveränderlicher Abschnitt, der nicht unter den Bestimmungen der GNU *Free Documentation License* steht.

magnetischer Strahlung entdeckte. Er stellte fest, dass Energie nur in Form unteilbarer Päckchen (Quanten) ausgestrahlt wird. Dadurch begründete er die Quantenphysik und deren mathematischen Formalismus, die Quantenmechanik. Die Anwendung von Newtons Gesetzen auf Atome und atomare Größenordnungen führt dagegen auf hoffnungslos falsche Ergebnisse, weil Atome in den Formeln der klassischen Mechanik keine räumliche Ausdehnung haben und Feststoffe beim absoluten Temperatur-Nullpunkt riesige Wärmekapazitäten besitzen sollen.

Atome verhalten sich überhaupt nicht wie Billardkugeln. Obwohl sie ihre Energie wie Teilchen tauschen, bewegen sie sich wie Wellen[2]. Und nicht nur Atome verhalten sich so, sondern alle Objekte. Flüssigkeiten und Feststoffe sind zwar ein Zusammenschluss von Quantenmaterie zu makroskopischen Substanzen, aber ihre Eigenschaften flüssig oder fest sind Erscheinungen **kollektiver Organisation**, die sich nicht von den zwei sich scheinbar widersprechenden Eigenschaften (wellenartig bzw. teilchenartig) der einzelnen Quantenobjekte ableiten lassen.

Wenn sich in einem System auf höherer Ebene durch kollektive Organisation Eigenschaften zeigen, die nicht durch Eigenschaften der Systemelemente erklärt werden können, dann spricht man von emergenten Eigenschaften. Der Vorgang der Herausbildung von emergenten Eigenschaften heißt **Emergenz**. Die Quantenphysik beweist die Emergenz von Newtons legendären Gesetzen. Diese sind ein für große Systeme gültiger Grenzfall der Quantenmechanik. Welch eine Überraschung, dass sich unsere Alltagswirklichkeit als ein emergentes Phänomen kollektiver Organisation erweist!

Wenn wir unseren Blick schärfen für das Prinzip der kollektiven Organisation und den daraus hervorgehenden emergenten Eigenschaften, entdecken wir in unserer Welt überall das Wirken von Emergenz. Während wir vielleicht noch vor kurzem glaubten, alles Wesentliche sei schon bekannt, tun sich auf einmal neue interessante Fragen auf.

Beispielsweise bestehen Schneeflocken aus sechseckigen symmetrischen Kristallen. Es gibt unzählig verschiedene Kristallformen, und zwar so viele, dass es heißt, es gäbe keine zwei gleichen. Wie sich aber Wassermoleküle kollektiv organisieren und miteinander kommunizieren, dass die eine Ecke des Kristalls weiß, welche Form die andere Ecke gerade annimmt, so dass Symmetrie entsteht, kann mit klassischer Physik nicht beantwortet werden.

Interessant wäre es auch herauszufinden, wo menschliches Bewusstsein als anscheinend emergentes Phänomen der Evolution seinen genauen Sitz hat. Bisher hat noch niemand Bewusstsein im Gehirn lokalisieren können. Aber vielleicht sind nur nicht alle Prinzipien kollektiver Organisation bekannt, die zur gewünschten Antwort führen. Mehr Wissen über Emergenz kann dabei helfen, die Antwort zu finden. Zum Thema Evolution kann man noch weitere Fragen stellen, wie: Welches sind die Regeln kollektiver Organisation, die aus toten Molekülen Leben emergieren?

[2] Vgl. Tipler, Mosca: *Physik*, 6. Aufl., Spektrum, S. 1336

Das sind Fragen, die dieses Buch natürlich nicht erschöpfend beantworten kann. Aber es kann Sie in die Themenstellung der Emergenz einführen und Ihnen zeigen, wie aus einfachsten organisatorischen Regeln komplexe emergente Strukturen entstehen.

1.2. Wozu dieses Arbeits- und Handbuch gut ist

Bevor ich Ihnen beschreibe, wie ich selbst mit Büchern arbeite, möchte ich Ihnen einen kurzen Überblick über den Inhalt dieses Buchs geben.

Nach dem grundlegenden Kapitel 2, in dem wichtige Begriffe und Beispiele zur Emergenz erläutert werden, folgt das Kapitel 3, mit den Steuerungsmechanismen. Im gleichen Kapitel finden Sie auch Computer-Simulationen. Wenn Sie wollen, können Sie am PC selbst Experimente durchführen, indem sie die beschriebenen Programme aus dem Internet herunterladen. Schließlich runden zwei weitere Kapitel mit Beschreibungen emergenter Phänomene der Natur und des Universums das Buch ab.

Sie fragen sich bestimmt, wozu man eigentlich dieses Buch braucht, wenn man doch alles im Internet finden kann. Sicher findet man alles Mögliche im Internet. Aber es gibt gute Gründe, die für ein Buch sprechen.

Mir selbst ist ein Leitfaden in gedruckter Form wichtig, denn etwas Gedrucktes kann ich auch unterwegs in der Bahn, abends im Bett oder sogar in der Badewanne lesen. Zum ersten Einlesen in das Thema brauche ich nicht ständig zwischen Internetseiten hin und her zuhüpfen. Die dort verteilten Informationen erfordern ein unstetes Arbeiten. Stattdessen habe ich alles Nötige beisammen. Ein Buch ist deshalb förderlicher für den Lesefluss, als ein Computer.

Während ich ein Buch lese, habe ich immer einen Leuchtmarker oder einen Bleistift griffbereit. Mit dem Leuchtmarker streiche ich die Stellen an, die mir persönlich wichtig sind. Während ich das tue, fallen mir zum Text Anmerkungen ein, die ich mit Bleistift am Rand notiere. Zu dem Zweck ist ein breiter Rand sinnvoll. Weil man mit diesem Buch wie beschrieben arbeiten kann, firmiert es als Arbeitsbuch.

In einem zweiten Arbeitsschritt gehe ich dann auch ins Internet, um die Randnotizen zu recherchieren. Dazu sind Weblinks hinter jedem Unterkapitel hilfreich.

Wenn ich später einen Text zum Thema schreibe, benutze ich das Buch wie ein Handbuch. Hier sind Literaturangaben und ein Stichwortverzeichnis wichtig. Beim Zitieren kann ich mich außerdem auf das Buch beziehen. Zitate, die sich auf das Internet beziehen, sind dagegen wenig hilfreich, weil schon morgen die zugehörige Internetadresse verschwunden sein kann.

So erweist es sich, dass das Internet nur die Hälfte eines unschlagbaren Instruments ist, die andere Hälfte muss ein gedrucktes Buch beitragen und ich glaube, dass dieses Buch deshalb gut und wichtig ist.

2. Selbstorganisierende Systeme und Emergenz

2.1. Systemtheorie

Systemtheorie ist ein interdisziplinäres Erkenntnismodell, in dem Systeme zur Beschreibung und Erklärung unterschiedlich komplexer Phänomene herangezogen werden. Die Analyse von Strukturen und Funktionen soll häufig Vorhersagen über das Systemverhalten erlauben.

Die Begriffe der Systemtheorie werden in verschiedenen wissenschaftlichen Disziplinen angewendet, so in der Biologie, der Chemie, der Ethnologie, der Informatik, der Geographie, der Literaturwissenschaft, den Ingenieurwissenschaften, der Logik, der Mathematik, der Pädagogik, der Philosophie, der Physik, der Physiologie, der Politikwissenschaft, der Psychologie, der Robotik, der Semiotik, der Soziologie, der Sozialen Arbeit und den Wirtschaftswissenschaften. Die Systemtheorie ist sowohl eine allgemeine und eigenständige Disziplin als auch ein weitverzweigter und heterogener Rahmen für einen interdisziplinären Diskurs, der den Begriff System als Grundkonzept führt. Es gibt folglich sowohl eine allgemeine „Systemtheorie" als auch eine Vielzahl unterschiedlicher, zum Teil widersprüchlicher und konkurrierender Systemdefinitionen und -begriffe. Es hat sich heute jedoch eine relativ stabile Reihe an Begriffen und Theoremen herausgebildet, auf die sich der systemtheoretische Diskurs bezieht.

Chronologie

• um 1950 *Allgemeine Systemtheorie* (basierend auf Ludwig von Bertalanffy)

• um 1950 **Kybernetik** (William Ross Ashby, Warren Sturgis McCulloch, Walter Pitts, Arturo Rosenblueth, Norbert Wiener): Mathematische Theorie der Kommunikation, Steuerung und Regelung von lebenden, technischen und sozialen Systemen u. a. durch Rückkopplungsschleifen, verwandt ist die Kontrolltheorie

• um 1970 **Katastrophentheorie**: Dieser Zweig der Mathematik beschreibt plötzliche Veränderungen, die sich aus kleinen Impulsen ergeben.

• um 1980 **Chaostheorie**: Mathematische Theorie von nichtlinearen dynamischen Systemen, die Verzweigungen beschreibt, Attraktoren und chaotische Bewegungen.

• um 1990 **Komplexe adaptive Systeme** (John H. Holland, Murray Gell-Mann, Harold Morowitz, W. Brian Arthur): beschreibt Emergenz, Anpassung, und Selbstorganisation und beruht auf Arbeiten des Santa Fe Institute.

2.1.1. Grundlagen

Die Systemtheorie (Ingenieurwissenschaften) wurde in den 1920er Jahren konzipiert.[1] Der Begriff Allgemeine Systemtheorie geht auf den Biologen Ludwig von Bertalanffy zurück[2]. Seine Arbeiten bilden zusammen mit der Kybernetik (Norbert Wiener, William Ross Ashby) und der Informationstheorie (Claude Elwood Shannon, Warren Weaver) die grundlegenden Überlegungen dieses Wissenschaftsansatzes. Weitere wichtige Theorien stammen von Humberto Maturana und Francisco Varela (Autopoiesis), Stuart Kauffman (Selbstorganisation), Bronisław Malinowski und Alfred Radcliffe-Brown (Strukturfunktionalismus) sowie Talcott Parsons (Strukturfunktionalismus oder Systemfunktionalismus) und Niklas Luhmann (soziologische Systemtheorie).

2.1.2. Hauptströmungen der Systemtheorie

Kulturgeschichtlich geht der Systembegriff bis auf Johann Heinrich Lambert zurück und wurde unter anderem von Johann Gottfried Herder übernommen und ausgearbeitet. Dies vollzieht sich vor allem an der Frage, wie man lebende Organismen und deren Selbsterhaltung und -organisation verstehen kann. Hieran entwickelt sich ein Vokabular, das „interne Gleichgewichte“ kennt, „Ausgleichsbewegungen“ und „Kraft“ als die Möglichkeit über sich hinauszugreifen, womit es dem System eine innere Dynamik gibt, eine Aktivität, die das System nicht darauf beschränkt passiv Impulse von außen zu empfangen. Der biologische Organismus wird als ein System aufgefasst, in dem keines der Teile die alleinige Herrschaft über andere hat, sondern sie in steter Wechselwirkung zueinander aufgefasst werden müssen. Wenngleich diese Überlegungen noch frei von dem Wunsch sind, eine Systemtheorie zu entwickeln, bilden sie den Nährboden für spätere Ansätze.

Die moderne Systemtheorie beruht auf unabhängig voneinander entwickelten Ansätzen, die später synthetisiert und erweitert wurden: Der Begriff Systemtheorie bzw. Systemlehre stammt von Ludwig von Bertalanffy (vgl. „General Systems Theory“). Von Bertalanffy spricht von offenen Systemen und entwickelt den Begriff der organisierten Komplexität, der den dynamischen Austausch mit der Umwelt beschreiben soll. Erst mit der Ausformulierung des Informationsbegriffes ließ sich dieses Konzept jedoch weiter generalisieren. Bereits 1948 hatte Norbert Wiener mit „Cybernetics“ (Kybernetik) einen ebenfalls zentralen Ausdruck geprägt, der heute mit dem Systembegriff eng verbunden ist. Ein weiteres verwandtes Konzept ist die Tektologie Alexander Bogdanows.

---

[1] G. Kapri: Kybernetik und Biotechnologie - Heinz von Foerster. Zugriff online: 1. Mai 2009

[2] von Bertalanffy schreibt in nachfolgender Quelle: seit 1937 mündlich entwickelt und seit 1946 mit Publikationen. siehe: Karl Ludwig von Bertalanffy: ... aber vom Menschen wissen wir nichts, (Englischer Titel: Robots, Men and Minds), übersetzt von Dr. Hans-Joachim Flechtner. Seite 114f. Econ Verlag GmbH (1970), 1. Auflage, Duesseldorf, Wien.

Systemlehre (Ludwig von Bertalanffy)

Ludwig von Bertalanffy führte ein neues wissenschaftliches Paradigma ein, das er als Gegenentwurf zur klassischen Physik positionierte. Er kritisierte deren deduktive Verfahren und die damit einhergehende isolierte Betrachtung von Einzelphänomenen. Für die Biologie sei diese Methode nicht adäquat. Anstelle von Einzelphänomenen, die in der Realität niemals isoliert aufträten, seien diese Phänomene in ihrer Vernetzung zu beschreiben. Daher setzte er der isolierten Einzelbetrachtung den Systembegriff entgegen, wobei dieser Begriff eine Menge von Elementen und deren Relation untereinander beschreiben soll. Als ein solches Modell betrachtete er die „organisierte Komplexität". Während die klassische Wissenschaft „unorganisierte Komplexität" erfolgreich beschrieben habe, stehe die theoretische Erfassung organisierter Komplexität vor neuen Herausforderungen. Organisierte Komplexität sei gegeben, wenn Einzelphänomene nicht schlicht linear logisch miteinander gekoppelt seien, sondern Wechselwirkungen unter ihnen bestünden. Sei dies der Fall, könne eine exakte Beschreibung der reziproken Vernetzungsbedingungen ein Bild von der *Einheit* der Summe jener Einzelphänomene vermitteln. Die Systemlehre untersucht somit die Organisationsformen komplexer Wechselbeziehungen zwischen einzelnen Elementen jenseits linear darstellbarer Relationen und einfacher Kausalität. Dabei unterschied von Bertalanffy zwischen offenen und geschlossenen Systemen. Ein geschlossenes System wird als binnenstabil und über keine Wechselwirkungen mit der Umwelt verfügend beschrieben. In einem solchen System gibt es strenggenommen keine organisierte Komplexität, da sich die Elemente im Gleichgewichtszustand in mathematisch eindeutiger Weise zueinander verhalten. Ein offenes System dagegen verfügt über variablisierte Relationen seiner Elemente, die durch nichtprognostizierbare Umwelteinflüsse verändert werden. Die interne Variabilität ermöglicht es dem System, sich in einem dynamischen Umfeld relativ zu stabilisieren (Fließgleichgewicht). Offene Systeme entfalten also im Austausch mit ihrer Umwelt eine Dynamik und variieren ihre Zuständlichkeit, ohne dabei ihre Systemstrukturen vollständig ändern zu müssen. Sie zeichnen sich dadurch aus, dass sie nicht kausal von außen beeinflusst werden, sondern ihre interne Organisation bei Umweltveränderungen *selbst* umstellen („Black Box"-Theorem). Dies wird als *Selbstorganisation* bezeichnet und kann als Paradigma organisierter Komplexität gelten.

Gegen das „Newtonsche Weltbild" setzte von Bertalanffy also seinen Gedanken einer allgemeinen, interdisziplinären Systemlehre. Auch in Wissenschaftsgebieten, die sich nicht in den Rahmen physikalisch-chemischer Gesetzmäßigkeiten einordneten - etwa der Biologie oder der Soziologie -, träten dennoch exakte Gesetzmäßigkeiten auf, die durch passend gewählte Modellvorstellungen abgebildet werden könnten.

Die Systemlehre wurde als allgemeine Naturwissenschaft des Lebens konzipiert. In der Systemlehre werden energetisch offene Systeme beschrieben. L. von Bertalanffy argumentierte vor dem Hintergrund der physikalischen Auffassung der Thermodynamik (Wärmetod). Offene Systeme können Energie aus ihrer Umwelt aufnehmen und sich so zu höherer Ordnung entwickeln, also die globale thermodynamische Entropie lokal umgehen. Die Systeme der Systemlehre sind Lebewesen, der wesentliche Prozess ist die Osmose, die in einem Fließgleichgewicht (steady state) verläuft.

Die Informations- und Regelungsprozesse wurden von L. von Bertalanffy mathematisch formuliert.

Kybernetik

Die Kybernetik behandelt operationell geschlossene (nach W. Asby "informationsdichte") Mechanismen. Sie wurde als Regelungs- und Kommunikationstheorie konzipiert. Der Fokus der Kybernetik liegt auf Regelung und Steuerung. Deshalb kommen in der Kybernetik als Systeme in erster Linie geregelte Mechanismen in Betracht. Die Regelung beruht immer auf Prozessen, die mit der mathematischen Systemtheorie der Technik beschrieben werden. L. von Bertalanffy hat sich gegen die Vermischung seiner Systemlehre und der Kybernetik ausgesprochen, weil er das mechanistische Denken der Kybernetik für die Beschreibung von Leben nicht als adäquat erachtete. Heute wird der Ausdruck „Systemtheorie“ aber beliebig für beides auf Drittes verwendet.

Generelle Erweiterungen der Kybernetik

Als Systemtheorie 2. Ordnung bezeichnet man Systemtheorien, die in folgendem Sinne selbstbezüglich sind: Mit der jeweiligen Systemtheorie wird der Systemtheoretiker, der die Theorie macht, beschrieben. Der Kernbegriff ist deshalb *die Beobachtung des Beobachters*.

Heinz von Foerster hat den Begriff der 2. Ordnung eingeführt, er sprach von *second-order cybernetics* oder von *cybernetics of cybernetics*. Die Systemtheorie 2. Ordnung ist eine erkenntnistheoretische Interpretation der Systemtheorie, in welcher untersucht wird, was der Systemtheoretiker als System theoretisch wissen kann. Systeme 2. Ordnung werden auch vom Radikalen Konstruktivismus (RK) benutzt.

Als Autopoiesis bezeichnet Humberto Maturana sowohl seine Systemtheorie wie auch den wesentlichen Prozess, den er mit seiner Theorie beschreibt, nämlich das Leben. Maturana beschreibt, grob gesehen, das gleiche wie von Bertalanffy in seiner Systemlehre, er argumentiert aber kybernetisch: er spricht von lebenden (autopoietischen) Maschinen, die operationell geschlossen sind.

Als Selbstorganisation bezeichnet man Prozesse, die wie die Autopoiese zu höheren strukturellen Ordnungen führen, ohne dass ein steuerndes Element erkennbar ist. Ein exemplarisches Beispiel ist der Laserstrahl, anhand dessen die Theorie von H. Haken auch entwickelt wurde .

Der Radikale Konstruktivismus wurde von Ernst von Glasersfeld entwickelt. Er hat dabei auf die Arbeiten von Jean Piaget zurückgegriffen. Die Denkweise von Piaget war konstruktivistisch und epistemologisch. Ernst von Glasersfeld argumentiert insbesondere auch mit der operationellen Geschlossenheit von Systemen.

Als System Dynamics bezeichnet man die Modellierung mit Regelkreisen. Bekannt gemacht hat das Verfahren Jay Wright Forrester durch das Weltmodell „World3“, anhand dessen in der Club of Rome-Publikation *Limits to Growth* (Die Grenzen des Wachstums, Dennis L. Meadows 1972) der globale Rohstoffverbrauch prognostiziert wurde.

Fachspezifische Erweiterungen der Kybernetik

- Technologische Kybernetik (Automatik, Informatik, Systemtheorie der Technik)
- Biologische Kybernetik (biologische Autopoiesis, Biologische Kybernetik)
- Sozietale Kybernetik (Sozialkybernetik, politische Kybernetik)
- Ökonomische Kybernetik (Dynamische Systemmodelle in der Wirtschaftsmathematik und im Bereich Produktion+Logistik)

Theorie komplexer Systeme

Die neueste Strömung ist die Theorie komplexer Systeme (Vertreter u. A. Stuart Kauffman). Ein komplexes System ist dabei ein System, dessen Eigenschaften sich nicht vollständig aus den Eigenschaften der Komponenten des Systems erklären lassen. Komplexe Systeme bestehen aus einer Vielzahl von miteinander verbundenen und interagierenden Teilen, Entitäten oder Agenten.

- **Komplexe Adaptive Systeme**

Die Theorie der Komplexen adaptiven Systeme (John H. Holland, Murray Gell-Mann, Harold Morowitz, W. Brian Arthur) beruht vorwiegend auf den Arbeiten des Santa Fe Institute. Diese neue Komplexitätstheorie, die Emergenz, Anpassung, und Selbstorganisation beschreibt, basiert auf Agenten und Computersimulationen, die Multiagentensysteme (MAS) einschließen, die zu einem wichtigen Instrument bei der Erforschung von sozialen und komplexen Systemen wurden.

2.1.3. Verwandte Gebiete

Diese vier Hauptrichtungen haben Vorläufer, Unterabteilungen, Entwicklungen, Anwendungen in den Fachdisziplinen.

Informationstheorie

Die Informationstheorie wurde entwickelt von Claude Elwood Shannon und Warren Weaver. Wichtige Begriffe sind: Information, Entität, Entropie, Informationsübertragung, Datenkompression, Kodierung, Kryptographie, Komplexitätstheorie.

Chaostheorie

Die Chaosforschung (David Ruelle, Edward N. Lorenz, Mitchell Feigenbaum, Stephen Smale, James Yorke) beschäftigt sich mit bestimmten nichtlinearen dynamischen Systemen, die eine Reihe von Phänomenen aufweisen, die man Chaos (genauer: *chaotisches Verhalten*) nennt. Eines dieser Phänomene ist der Schmetterlingseffekt, der besagt, dass kleine Änderungen unerwartet große Effekte haben können. Benannt wurde der Effekt von Edward N. Lorenz. Weitere Vertreter sind Benoît Mandelbrot und Henri Poincaré. Chaotische Systeme seien ihrer Meinung nach zum Beispiel Wetter, Klima, Plattentektonik, Turbulenz, Wirtschaftskreisläufe, Internet und das Bevölkerungswachstum.

Katastrophentheorie

Die Katastrophentheorie (René Thom, Erik Christopher Zeeman) ist ein Zweig der Mathematik, der sich mit den Verzweigungen von dynamischen Systemen beschäftigt und beschreibt plötzliche Veränderungen, die sich aus kleinen Veränderungen von Umständen ergeben.

Konnektionismus

Der Konnektionismus versteht ein System als Wechselwirkungen vieler vernetzter, einfacher Einheiten. Die meisten konnektionistischen Modelle beschreiben die Informationsverarbeitung in Neuronennetzen. Sie bilden eine Brücke zwischen biologischer Forschung und technischer Anwendung.

weitere

- **Medizinische Kybernetik**

1.Die Medizinische Kybernetik umfasst die Anwendung systemtheoretischer, nachrichtentheoretischer, konnektionistischer und entscheidungsanalytischer Konzepte für biomedizinische Forschung und klinische Medizin.

- **Medizinische Systemtheorie**

1.Das Ziel der Medizinischen Systemtheorie ist es, die komplexen Zusammenhänge des physischen Systems und deren spezifische vernetzte Funktionsweise besser zu verstehen. Dabei werden physiologische Dynamiken im gesunden und erkrankten Organismus identifiziert und systemtheoretisch modelliert.

- **Philosophie lebender Systeme**

1.Die „Philosophie lebender Systeme“ interpretiert menschliches Verhalten als Resultat zweier gegensätzlicher Gruppen von Regelkreisen. Regelkreise mit negativer Rückkopplung steuern die Selbsterhaltungsprozesse (Stoffwechsel), Regelkreise mit positiver Rückkopplung steuern Wachstumsprozesse. Diese belohnen den erwünschten Effekt: der sexuelle Orgasmus belohnt das Verhalten, das zum Wachstum des Systems höherer Ordnung führt (Bevölkerungswachstum). Erst der Mensch ist durch seine geistigen Fähigkeiten in der Lage, dieser biologischen Steuerung entgegenzuwirken. [3]

2.1.4. Universalitätsanspruch

Ein Charakteristikum dieser theoretischen Ansätze ist der Anspruch, eine formale Theorie zu erarbeiten, die möglichst umfassend anwendbar ist. Dieser Anspruch geht vor allem aus Ludwig v. Bertalanffys Werk *Allgemeine Systemtheorie* hervor: *„Wenn wir ... den Begriff des Systems entsprechend definieren, so finden wir, daß es Modelle, Prinzipien und Gesetze gibt, die für verallgemeinerte Systeme zutreffen, unabhängig von der Natur dieser Systeme.“* Auch heute ist es diese Ausrichtung, die systemtheoretische Ansätze attraktiv erscheinen lässt, auch wenn das Ziel bislang unerreicht ist. So verbindet etwa das Santa Fe Institute mit seiner „Theorie komplexer adaptiver Systeme“ einen universellen Erklärungsanspruch.

Die „Theorie Sozialer Systeme“ Niklas Luhmanns teilt diese Ausrichtung nicht unmittelbar, weil sie sich auf stabile soziale Systeme beschränkt und vor allem die Mechanismen ihrer Selbstreproduktion (Autopoiesis) untersucht.

2.1.5. Begriffe der Systemtheorie

Der zentrale Grundbegriff der Systemtheorie ist das System (nach gr. *to systeme* = Zusammenstellung). Die Annahme, es gäbe Systeme, kann als Grundaxiom dieses Ansatzes betrachtet werden.

Ein System ist etwa wie folgt definiert:

1. Ein System ist begrenzt und abgrenzbar (System/Umwelt-Differenz). Es besteht aus einer Systemgrenze („Boundary“), einem Systemkern, Systemelementen, dem Zusammenwirken dieser Elemente sowie aus Energie oder Signalen. Wird etwas über die Systemgrenzen hinweg transportiert ist dieses System ein offenes, sonst ein geschlossenes System. Alles außerhalb der Systemgrenze Liegende ist nicht Teil des Systems, sondern dessen Umwelt.

[3] Rudi Zimmerman: Das System Mensch. 2003, ISBN 3-00-012784-4.

2. Ein System ist eine Menge von Elementen, die in einem abgegrenzten oder abgrenzbaren Bereich so zusammenwirken, dass dabei ein vollständiges, sinnvolles, zweck- und zielgerichtetes Zusammenwirken in einem funktionellen Sinne erzielbar wird.

3. Aufbau und Funktionsweise eines Systems hängen von dem Standpunkt des Betrachters ab.

2.1.6. Beispiele

Im Folgenden einige Beispiele für systemtheoretisches Denken aus der Ingenieurswissenschaft. Diesen Beispielen ist gemein, dass sie sich mit *derselben* Art von Differentialgleichungen lösen lassen. Diese Verwendung eines universellen Werkzeugs zur Lösung verschiedener, zunächst nicht verwandt erscheinender, Probleme ist Teil des „systemtheoretischen" Denkens.

- Beschreibung von Schwingungen (und deren Fortpflanzung), zum Beispiel:
    1. Luft (Akustik),
    2. Wärme (Thermodynamik),
    3. Elektronen (Elektrotechnik),
    4. elektromagnetische Wellen,
    5. quantenmechanische Objekte (im Sinne der Schrödinger Wellenmechanik),
    6. Geräten (zum Beispiel mechanischen Federn),
- Beschreibung des Verhaltens elektrischer Schaltkreise,
- Beschreibung mechanischer Vorgänge (zum Beispiel Verteilung von Kräften).

Literatur

Klassische Literatur

- Norbert Wiener: *Cybernetics or Control and Communication in the Animal and the Machine.* Hermann Editions, Paris 1948.
- Ludwig von Bertalanffy: *Zu einer allgemeinen Systemlehre, Biologia Generalis.* 195, MIT Press/Wiley & Sons, New York/Cambridge 1948, S. 114–129.
- Claude Shannon, Warren Weaver: *A mathematical theory of communication.* Illinois 1949, ISBN 0252725484.
- William Ross Ashby: *Introduction to Cybernetics.* 1956.
- Ludwig von Bertalanffy: *Allgemeine Systemtheorie.* In: *Deutsche Universitätszeitung.* Nr. 12, 1957, S. 8–12.
- Ludwig von Bertalanffy: *General System Theory.* New York 1976.

- Georg Klaus, *Wörterbuch der Kybernetik*, Berlin (Dietz), Frankfurt (Fischer Taschenbuch, 1968
- Rolf Unbehauen: *Systemtheorie Bd. 1.* 8. Auflage, Oldenbourg 2002, ISBN 3486259997.
- Rolf Unbehauen: *Systemtheorie Bd. 2 – Mehrdimensionale, adaptive und nichtlineare Systeme.* Oldenbourg 1998, ISBN 3486240234.
- George Spencer-Brown: *Laws of Form.* 1969, ISBN 0045100284.
- Ervin László: *Introduction to Systems Philosophy.* 1973, ISBN 0061317624 (Vorwort von Ludwig von Bertalanffy).
- Gerald M. Weinberg: *An Introduction to General Systems Thinking.* 1991, ISBN 0932633498 (Silver Anniversary Edition).
- Humberto R. Maturana, Francisco J. Varela: *Autopoiesis and Cognition The Realization of the Living.* 1980, ISBN 9027710163.
- Ernst von Glasersfeld: *Wissen, Sprache, Wirklichkeit.* 1987.
- Anatol Rapoport: *Allgemeine Systemtheorie.* Darmstädter Blätter, Darmstadt 1988.
- Joël de Rosnay : *Das Makroskop: Systemdenken als Werkzeug der Ökogesellschaft. Mit e. Vorwort von Frederic Vester.* Rowohlt, Reinbek 1979, ISBN 3-499-17264-X

Aktuelle Literatur

- Heinz von Foerster: *Wissen und Gewissen.* Suhrkamp, 1993.
- Thomas Allgeier: *Kommunikationswissenschaftliche Systemanalyse: Eine kommunikationswissenschaftliche Integration systemtheoretischer und einstellungstheoretischer Konzepte zur empirischen Analyse des Gesellschaftssystems der Bundesrepublik Deutschland.* Diss. Univ. München, 1995.
- Heinz von Foerster: *Cybernetics of Cybernetics, The Control of Control and the Communication of Communication.* 1995, ISBN 0964704412.
- David J. Krieger: *Einführung in die allgemeine Systemtheorie.* Stuttgart 1996, ISBN 3825219046.
- Fritjof Capra: *The Web of Life – A new Scientific understanding of Living Systems,* Anchor, 1997 (deutsch als *Lebensnetz – Ein neues Verständnis der lebendigen Welt* Scherz Verlag/Knaur-München, 1999.)
- Georg Hörmann (Hrsg.): *Im System gefangen – zur Kritik systemischer Konzepte in den Sozialwissenschaften.* 2. Auflage, Klotz, Eschborn 1997, ISBN 3-88074-278-2.
- John Biggart, Peter Dudley, F. King: *Alexander Bogdanov and the Origins of Systems Thinking in Russia.* In: *The Proceedings of a Conference at the University of East Anglia.* Ashgate Publishing Group, 1998, ISBN 185972678X.
- Norbert Bischof: *Struktur und Bedeutung. Eine Einführung in die Systemtheorie für Psychologen.* 2. Auflage, 1998 ISBN 3456830807 (mit einer Einführung in die Methoden der mathematischen Systemanalyse – einschließlich Z-Transformation – nur mit Abiturmathematik als Voraussetzung)
- Helmut Willke: *Systemtheorie, I. Grundlagen, II. Interventionstheorie, III. Steuerungstheorie* 3. Auflage, Stuttgart 2001, ISBN 3825218406
- Gerald M. Weinberg: *An Introduction to General Systems Thinking.* (25th Anniversary Edition), 2001, ISBN 0932633498.
- Heinz von Foerster: *Understanding Systems: Conversations on Epistemology and*

Ethics. 2002, ISBN 0306467526.
- Andreas Häuslein: *Systemanalyse.* 2003, ISBN 3800727153,
- Dieter M. Imboden, Sabine Koch: *Systemanalyse.* Berlin 2003, ISBN 3540439358,
- Christian Schuldt: *Systemtheorie*, Hamburg: Europäische Verlagsanstalt, 2003, ISBN 3434461841.
- Dominique Aubier: *Die Entschlüsselung der Gehirnstruktur* 2 Bände, Viamala-Verlag Ch., 2003, ISBN 3952166421.
- Rudi Zimmerman: *Das System Mensch. Konstruktion und Kybernetik des neuen ganzen Menschen.* Berlin 2003, ISBN 3-00-012784-4.
- Bernhard Poerksen: *The Certainty of Uncertainty.* 2004, ISBN 0907845819.
- Thomas Frey, Martin Bossert: *Signal- und Systemtheorie.* 2004, ISBN 3519061937.
- Diederich Hinrichsen, Anthony J. Pritchard: *Mathematical Systems Theory.* Springer 2005, ISBN 978-3-540-44125-0.

Weblinks

- Geschichte des Systemdenkens und des Systembegriffs (http://www.muellerscience.com/SPEZIALITAETEN/System/systemgesch.htm)
- Systemtheorie Hausarbeit (http://www.neurop.ruhr-uni-bochum.de/~porr/luhmann3/luhmann3.html)
- Glossar „Vernetztes Denken und Handeln“(http://glossar.lindig.de/)
- Skriptum Einführung in die Systemwissenschaft, Universität Osnabrück (http://www.usf.uos.de/archive/~vberding/syswi/skript10.pdf)

2.2. Systeme

Ein **System** (von griechisch σύστημα, altgriechische Aussprache *sýstema*, heute *sístima*, „das Gebilde, Zusammengestellte, Verbundene“; Plural *Systeme*) ist eine Gesamtheit von Elementen, die so aufeinander bezogen sind und in einer Weise wechselwirken, dass sie als eine aufgaben-, sinn- oder zweckgebundene Einheit angesehen werden können und sich in dieser Hinsicht gegenüber der sie umgebenden Umwelt abgrenzen.

Systeme organisieren und erhalten sich durch Strukturen. *Struktur* bezeichnet das Muster (Form) der Systemelemente und ihrer Beziehungsgeflechte, durch die ein System entsteht, funktioniert und sich erhält. Eine *strukturlose* Zusammenstellung mehrerer Elemente wird hingegen als Aggregat bezeichnet.

2.2.1. Allgemeines zu Systemen

Ein System ist ein nach Prinzipien geordnetes Ganzes.

1. Jedes System besteht aus Elementen (Komponenten, Subsystemen), die zueinander in Beziehung stehen. Meist bedeuten diese Relationen ein *wechselseitig*es Beeinflussen – aus der Beziehung wird ein Zusammenhang.

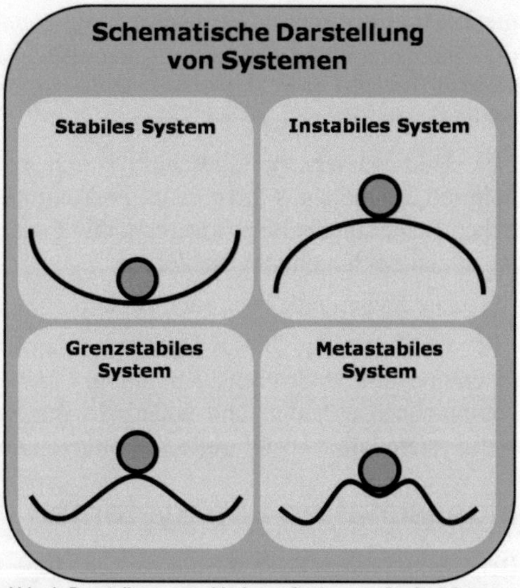

Abb. 1: Darstellung verschiedener Systeme – Grafik CC-by-sa Grochim

2. Ein System in diesem Sinn lässt sich durch die Definition zweckmäßiger Systemgrenzen von seiner Umwelt (den übrigen Systemen) weitgehend abgrenzen, um es modellhaft isoliert beobachten und das Geschehen reflektieren zu können. Diese (vorübergehende) Einschränkung ist zweckmäßig, weil das menschliche Bewusstsein in seiner Auffassungsgabe systemischer Abläufe begrenzt ist.

3. Bei Systemen unterscheidet man die Makro- und die Mikroebene: Auf der Makroebene befindet sich das System als Ganzes. Auf der Mikroebene befinden sich die Systemelemente.

4. Strukturierung, Eigenschaften und Wechselwirkungen der Elemente auf der Mikroebene bestimmen die Eigenschaften des Gesamtsystems auf der Makroebene. Diese von der Mikroebene bestimmten Eigenschaften des Gesamtsystems bilden zugleich strukturelle Rahmenbedingungen, die steuernd auf die Elemente der Mikroebene einwirken.

5. Die Beziehungen (Relationen) zwischen den Elementen der Mikroebene sind Wirkungen von Austauschprozessen, wie zum Beispiel Stoff-, Energie- oder Informationsflüssen.

6. Auf der Makroebene lassen sich Beobachtungen machen, die aus dem Verhalten der Elemente auf der Mikroebene nicht erklärbar sind. So lassen sich beispielsweise Konvektionszellen, die beim Erwärmen einer Flüssigkeit entstehen können, nicht aus dem Verhalten einzelner Moleküle der Flüssigkeit ableiten. (*„Das Ganze ist mehr als die Summe seiner Teile!“*). Man spricht in diesem Zusammenhang auch von Emergenz.

7. Das System selbst ist wiederum Teil eines Ensembles von Systemen und bestimmt mit ihnen die Eigenschaften eines übergeordneten Systems.

8. Viele Systemtheoretiker verstehen ein System nicht als realen Gegenstand, sondern als Modell der Realität. Ein Modell ist nicht richtig oder falsch, sondern mehr oder weniger zweckmäßig.

9. Die Abgrenzung von Systemen gegeneinander, das Herausgreifen bestimmter Elemente und bestimmter Wechselwirkungen und das Vernachlässigen anderer Elemente und Beziehungen und damit die Identifikation eines bestimmten Systems und seiner Umwelt ist stets vom Betrachter abhängig, also subjektiv, und dem jeweiligen Untersuchungszusammenhang angepasst.

10. Jede Wissenschaft beschäftigt sich mit Systemen. Jede Wissenschaftsrichtung definiert Systeme aus ihrer Sicht. So kommt es, dass gleiche Begriffe mit unterschiedlichen Bedeutungen belegt werden. Die Entwicklung einer einheitlichen Systemtheorie ist zurzeit noch nicht abgeschlossen.

11. Die Kybernetik oder auch Biokybernetik beschäftigt sich intensiv mit Systemen.

12. Der Soziologe Niklas Luhmann unterschied in Hinblick auf soziale Sinnsysteme Operation und strukturelle Kopplung. Operationen sind systeminterne Vorgänge, die autopoietisch ablaufen und außerhalb des Systems nicht beobachtbar sind, während sich Systeme über strukturelle Kopplungen nach außen vermitteln.

Eigenschaften von Systemen

Bei einem System können verschiedene Eigenschaften unterschieden werden:

- Komplexität
- Dynamik
- Wechselwirkung mit Systemumfeld
- Determiniertheit
- Stabilität
- autark (ohne Energiezufuhr von außen / mit Energiezufuhr von außen)
- diskret (zeit- oder zustandsdiskret) – kontinuierlich
- zeitvariant (Verhalten des Systems ändert sich mit der Zeit) – zeitinvariant (Systemverhalten ist zeitunabhängig)
- linear - nichtlinear
- geregelt oder ungeregelt.
- adaptiv (sich an Umweltbedingungen anpassend)
- autonom (unabhängig von äußerer Steuerung)
- selbstregulierend (Selbstregulation)
- selbstkonfigurierend (Selbstkonfiguration)
- autopoietisch (sich selbst erzeugend)
- selbstreferentiell (keine Information von der Umwelt, d. h. seine eigenen Informationen erzeugend)

• denkend

• lernend

• sozial: Kommunikationen und Handlungen von individuellen und kollektiven Akteuren im Kontext von personalen Beziehungen, Gruppenzusammenhängen, Organisationen und Gesellschaften

• kognitiv

• soziotechnisch: ein System, das aus Personen und Maschinen besteht. Ein solches soziotechnisches System ist beispielsweise ein Unternehmen mit seinen Arbeitsplätzen.

Struktur von Systemen

Unter der Struktur eines Systems versteht man die Gesamtheit der Elemente eines Systems, ihre Funktion und ihre Wechselbeziehungen.

Für die Strukturbildung und -analyse sind insbesondere die Relationen *besteht_aus* und *interagiert_mit* von Interesse. Die Relation *besteht_aus* beschreibt die hierarchische (baumartige) Zusammensetzung des Systems aus seinen Komponenten. Wohingegen die Relation *interagiert_mit* (in Form von: Informations- bzw. Datenfluss und/oder Befehls- bzw. Steuerfluss) die Strukturbeziehung für die Interaktion der Komponenten untereinander beschreibt

Verhalten von Systemen

Vom Verhalten eines Systems spricht man dann, wenn eine Veränderung des Zustandes bzw. der Zustandsgrößen des Systems von außen beobachtet werden kann.

2.2.2. Erläuterung modellhafter Beispiele

Naturwissenschaft (Experiment als System)

Experimente sind Anordnungen von Gegenständen, die einen Ausschnitt aus der Natur darstellen. Das Experiment bildet ein System, der Rest der Natur wird Umgebung genannt. Zwischen dem System und der Umgebung befindet sich die Systemgrenze. Systeme, die sich längere Zeit am gleichen Ort unter gleichen äußeren Bedingungen befinden, sind in einem

. Durch Veränderung der äußeren Bedingungen kann man das Systemgleichgewicht verändern. Ziel der Naturwissenschaften ist es, Gesetzmäßigkeiten für die Veränderung des Gleichgewichts zu finden. Betrachtet werden dabei vorwiegend Masse- und Energieänderungen.

Thermoskanne (Isoliertes System)

In erster Näherung kann eine mit Zitronenlimonade gefüllte Isolierkanne als Beispiel für ein isoliertes System gelten. Isolierte Systeme spielen nur eine theoretische Rolle bei der Untersuchung komplexer Systeme und bei der Entwicklung von wissenschaftlichen Theorien und Modellen. Meist interessiert man sich für offene Systeme.

Die Isolation soll so gut sein, dass innerhalb des Beobachtungszeitraumes keine messbare Wechselwirkung (Stoff- und Energieaustausch) mit der Umwelt stattfindet.

• Diese Kanne wird zunächst als Ein-Speicher-System mit dem Füllstand als Zustandsgröße betrachtet. Da kein Austausch mit der Umwelt stattfindet, wird sich auch der Füllstand nicht ändern, das System ist statisch.

• Eine differenziertere Betrachtung als Mehrspeichersystem deckt die Komplexität dieses einfach erscheinenden Systems auf. In Betracht gezogen werden jetzt die Subsysteme und weitere Zustandsgrößen. Speicher ist dann die *flüssige Phase* mit den Unterspeichern Wasser als Lösungsmittel und Zitronensäure als Geschmacksgeber. Zugeordnete Zustandsgrößen sind die Stoffmengen von Wasser und Zitronensäure, der pH-Wert und die Temperatur. Sollte der Füllstand nicht dem Maximum entsprechen, ist auch noch der Speicher *gasförmige Phase* zu berücksichtigen mit den Unterspeichern Luftmoleküle und Wassermoleküle. Zugeordnete Zustandsgrößen sind dann zusätzlich Druck, Temperatur und Volumen der Gasphase sowie die Stoffmengen beziehungsweise Partialdrücke der Gasmoleküle. Jetzt stellt sich das System als dynamisches System dar, das bei seiner Entwicklung vom Zeitpunkt t_0 an einem bestimmten Gleichgewichtszustand zustrebt. Da alle Speicher voneinander abhängen, lässt sich das System nur schwer mit einer einzigen mathematischen Differentialgleichung modellieren, obwohl es streng deterministisch ist, da jede einzelne Wechselwirkung der Systeme untereinander bekannt und berechenbar ist. In der flüssigen Phase wird sich ein chemisches Gleichgewicht einstellen, da Wasser mit Zitronensäure in einer Protolysereaktion reagiert. Dabei wird sich der pH-Wert ändern und die Stoffmengen von Wasser und Zitronensäure sowie der entstehenden Zitrat-Anionen und Oxoniumionen einem Gleichgewichtswert zustreben. Gleichzeitig steht die Gasphase mit der flüssigen Phase in Wechselwirkung: Wasser kann verdampfen oder kondensieren, Gasmoleküle können sich physikalisch oder chemisch im Wasser lösen. Auch hier werden sich Gleichgewichte einstellen. Das System ist dann im Gleichgewichtszustand durch bestimmte Werte der Zustandsgrößen charakterisiert. Liegen diese Werte zum Zeitpunkt t_0 bereits vor, ist auch bei dieser Betrachtung von t_0 an das System im Gleichgewicht. Es genügt, dass nur eine der Zustandsgrößen bei t_0 nicht den Gleichgewichtswert aufweist, damit eine kontinuierliche Entwicklung des Systems vom Ausgangszustand in den Gleichgewichtszustand beobachtbar ist.

Zisterne (Einspeicher-System)

Eine Zisterne stellt ein Ein-Speicher-System dar mit dem Füllstand als Zustandsgröße. Von Wasserverlust durch Verdunstung oder Versickerung soll abgesehen werden. (In der Regel sind Zisternen gut abgedichtet und abgedeckt.)

• Der Füllstand ist von der Regenmenge abhängig: Je mehr Regen fällt, desto höher wird der Füllstand sein. Die Zuflussmenge steuert direkt proportional den Füllstand, sie wird deshalb als *positive Steuergröße* bezeichnet. Die Geschwindigkeit, mit der die Füllhöhe steigt, hängt einerseits von der Zuflussgeschwindigkeit, andererseits auch vom Querschnitt der Zisterne ab: je größer der Querschnitt der Zisterne ist, desto geringer ist die Füllgeschwindigkeit.

• Der Füllstand hängt auch von der Wasserentnahme als *negative Steuergröße* ab: Je mehr Wasser geschöpft wird, desto niedriger ist der Füllstand.

• Da das System negative und positive Steuergrößen aufweist, ist ein Fließgleichgewicht möglich. Es liegt dann vor, wenn Zufluss- und Entnahme-Menge gleich sind. Wird mehr abgeschöpft als zufließt, sinkt der Pegel, wird weniger abgeschöpft, steigt er wieder. Bei welchem Füllstand das Gleichgewicht vorliegt, hängt nur von den Anfangsbedingungen, also dem Füllstand zur Zeit des Beginns der Wasserentnahme ab.

• Der maximale Füllstand ist nur von der Geometrie der Zisterne abhängig: Erreicht der Pegel eine Überlaufkante, fließt alles zugeflossene (und nicht abgeschöpfte) Wasser ab, ohne den Füllstand zu verändern.

analoge Systeme:

• Hydromechanik: Brunnen, Wasserfall, Wildbachverbauung, See, Überschwemmungsbecken, Glas Bier, Sektflasche

• Autobahnstau bei Totalsperrung, Rückstau bis zur davor liegenden Ausfahrt als „Überlaufkante".

• Ökologie: Eine wandernde Tierherde, die aus einem schmalen Tal in einen weiten Talkessel gelangt wird dort solange verweilen, bis das Fassungsvermögen des Kessels erschöpft ist. Dann werden die ersten Tiere durch den Talausgang wieder abwandern. Die maximale „Füllmenge" (Kapazitätsgrenze K) des Talkessels hängt dabei von der Individualdistanz der Tiere ab. Da K auch vom Nahrungsangebot abhängt, wird bei zunehmender Beweidung auch die Kapazitätsgrenze abgesenkt.

• Siedende Flüssigkeit: Wärmezufuhr erhöht die Temperatur der Flüssigkeit bis zur Siedetemperatur. Dann ist die Wärmekapazität erschöpft, überschüssige Wärme wird durch Verdampfen abgeführt und trotz weiterer Zufuhr von Wärme erhöht sich die Temperatur nicht mehr.

Allgemeiner Fall eines Wasserspeichers

Im allgemeinen Fall eines Wasserspeichers lassen sich neun theoretische Kombinationsmöglichkeiten unterscheiden. (...ausführen welche ...aufgrund von Rückkoppelungsart etc.)

• Das hydromechanische System besteht zunächst aus einem Speicher mit einem Abfluss am Boden. Der Füllstand (Zustandsgröße) hängt von der Abflussmenge (negative Steuergröße) ab: Je größer die Abflussmenge ist, desto niedriger ist der Füllstand. Andererseits hängt aber auch die Abflussmenge vom Füllstand ab: Je mehr Wasser im Speicher ist, umso größer ist der hydrostatische Druck, umso größer ist die Abflussmenge. Je geringer der Füllstand ist, umso geringer ist auch die Abflussmenge. Es handelt sich hier um eine positive Rückkopplung. (Vergleiche dazu auch: Radioaktiver Zerfall, Emigrationsdruck bei Populationen, negativer Exponentieller Vorgang)

• Wird ein konstanter Zulauf (positive Steuergröße) hinzugefügt, kann sich ein Gleichgewicht dann einstellen, wenn Zulauf und Ablauf gleich sind. Der Gleichgewichtszustand ist nur vom Verhältnis der Zulauf- und Ablaufrate abhängig.

analoge Systeme:

- Raumheizung (negative Steuergröße ist Wärmeverlust durch die Wände)
- Aufladung eines Kondensators über einen ohmschen Widerstand
- Staudruckmesser, Staurohr, Fallrohr der Dachrinne
- allgemein: Regelkreis

Aggregation und exponentielles Wachstum

Eine positive Rückkopplung der Systemgröße zu einer positiven Steuergröße wird als Aggregation bezeichnet und führt zu einem exponentiellen Wachstum: Je mehr bereits vorhanden ist, desto mehr fließt auch zu.

Beispiele:

• **Zins**: Ein Bankguthaben wächst durch Zins und Zinseszins. Bei einem angenommenen Zins von 7 % verdoppelt sich das Vermögen ca. alle 10 Jahre.

• **Massenzunahme**: Bei der Entstehung der Erde erfolgten Meteoriteneinschläge. Je größer die Erde wurde, umso größer wurde auch ihre Massenanziehung und umso mehr Objekte konnten eingefangen werden. (Dass dabei eine Wachstumsgrenze erreicht wurde, kann mit der Beobachtung erklärt werden, dass alle offenen dynamischen Systeme auf eine optimale Wachstumsgrenze hinsteuern, die durch die umgebenden Systeme mitbestimmt wird, um ein übergeordnetes dynamisches Gleichgewicht zu erhalten.)

Fälle von Dispersion

Eine negative Rückkopplung der Systemgröße auf eine positive Steuergröße kann zu einem Verteilungsgleichgewicht führen: Je mehr bereits vorhanden ist, desto weniger fließt auch zu.

Beispiele:

• In einer Brutkolonie steht auf Grund des Individualabstandes nur eine begrenzte Zahl an Brutplätzen an einem Ort zur Verfügung. Je mehr belegt sind, umso schwieriger wird es, einen freien Brutplatz zu finden, umso eher wird auf einen anderen Ort ausgewichen, umso langsamer wächst also die Kolonie.

• Lösungsgleichgewicht: Wird ein Salzkristall in Wasser aufgelöst, dann nimmt der Zufluss an Ionen in die Lösung durch Auflösen des Kristalls mit zunehmender Konzentration der Lösung immer mehr ab.

Temperatur-Regulation

Im folgenden Beispiel soll die Regulation offener Systeme mit Rückkopplung über spezielle Informationsbahnen am Beispiel der Regulation der Zimmer- bzw. Körperkerntemperatur gleichwarmer Wirbeltiere veranschaulicht werden. Dabei wird schrittweise ein einfaches Durchfluss-System zu einem Regulations-System ausgebaut.

1. Thermodynamisches Gleichgewicht

Ein leeres Zimmer (*Stauglied*) ändert seine Temperatur (beobachtete *Systemgröße*) entsprechend der Außentemperatur. Ist sie niedriger als die aktuelle Zimmertemperatur, fließt Wärmeenergie ab (*vermindernde Störgröße* —), ist sie höher, erwärmt sich der Raum (*erhöhende Störgröße* +). In einem bewohnten Zimmer sind die Bewohner selbst, sowie Geräte wie Computer, offen liegende Warm- und Kaltwasserleitungen und geöffnete Kühlschränke ebenfalls Störgrößen.

Die Geschwindigkeit und die Stärke, mit der diese Veränderungen ablaufen, hängt von der Temperaturdifferenz zwischen innen und außen sowie von der Wärmekapazität und Wärmeleitfähigkeit der Wände und der Luftfeuchtigkeit ab. So kann in kalten Regionen durch Maßnahmen der Wärmedämmung der Wärmeverlust verzögert, durch geeignete Fenster der Glashauseffekt genutzt werden oder in heißen Regionen ebenfalls durch Wärmedämmung, aber auch durch Beschattung und Lüftung die Temperaturschwankung im Raum gedämpft werden.

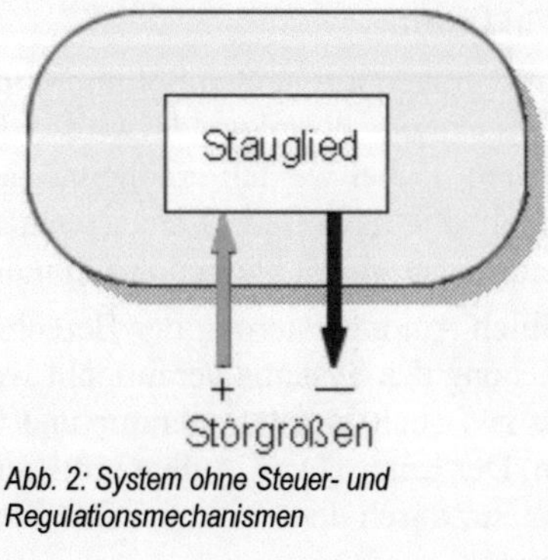

Abb. 2: System ohne Steuer- und Regulationsmechanismen

Die Raumtemperatur wird aber immer entsprechend der Außentemperatur verändert. Bleibt diese längere Zeit konstant, kann sich ein thermodynamisches Gleichgewicht einstellen, Innen- und Außentemperatur sind dann gleich.

Wärmedämmung (nicht nur bei gleichwarmen Wirbeltieren) ist im Tierreich durch isolierende Luftpolster (Behaarung, Daunengefieder) oder durch Unterhautfettgewebe realisiert. Durch entsprechende Färbung von Fell, Federn oder Haaren kann die Aufnahme von Wärmestrahlung beeinflusst werden. (Beispiel: dunkle Haut der Eisbären)

Um eine konstante, von den Umweltschwankungen unabhängige Raumtemperatur zu erreichen müssen geeignete Geräte installiert werden:

2. Steuerung

In Regionen mit kaltem Winter und gemäßigtem Sommer kann durch Einbau einer Heizquelle (*erhöhendes Stellglied*, *Zustrom-Stellglied* +) der Abkühlung in der kalten Jahreszeit entgegengesteuert werden. Die Bewohnerin oder der Bewohner als *Führungsglied* hat dabei eine Vorstellung von der als angenehm empfundenen Raumtemperatur (zum Beispiel 20 °C), die erreicht und eingehalten werden soll (*Sollwert*). Mit Hilfe eines Zimmerthermometers (*Messglied*) wird die aktuelle Zimmertemperatur festgestellt (*Istwert*). Istwert und Sollwert werden miteinander verglichen. Ist die Raumtemperatur zu niedrig, wird durch Bewohner oder Bewohnerin (berechnendes und entscheidendes *Steuerglied*) die Heizung angemacht. Bei sehr einfachen Heizungen gibt es nur zwei Stellwerte (an oder aus). Bei einer „regulierbaren" (eigentlich steuerbaren) Heizung, hängt der Wert, um den die Heizung aufgedreht wird (*Stellwert*), von der Differenz zwischen Istwert und Sollwert ab. Hier kann sich das System differenzierter (in diskreten Stufen oder stufenlos, je nach technischer Verwirklichung) und ökonomischer an die jeweiligen Bedingungen anpassen.

In Regionen mit heißen Sommern und gemäßigten Wintern wird statt der Heizung ein Kühlsystem (*absenkendes Stellglied*, *Ausstrom-Stellglied* -) eingebaut. Dies können Verdunstungsgefäße sein, wobei der abkühlende Effekt durch einen Ventilator verstärkt wird.

In Regionen mit heißen Sommern und kalten Wintern oder sehr starken tageszeitlichen Temperaturschwankungen wird die Raumtemperatur nach dem Zweizügelprinzip gesteuert. Dabei werden erhöhende und absenkende Stellglieder installiert und vom Regelglied je nach Bedarf angesteuert. Erst dadurch ist eine unabhängig von der Außentemperatur gleich bleibende Zimmertemperatur erreichbar.

Durch Automatisierung der Berechnung und Generierung der Stellwerte kann die Bedienung des Systems vereinfacht werden. Ein Thermostat stellt selbsttätig Unterschiede zwischen Innentemperatur und Sollwert fest und steuert selbsttätig das Stellglied an. Der Eingriff von Außen reduziert sich damit auf die Einstellung der Sollwert-Temperatur durch den Benutzer. Das Steuerglied ist damit in das zu steuernde System integriert.

Bienen und Ameisen sind zwar wechselwarme Organismen, können aber die Nesttemperatur unabhängig von der Außentemperatur konstant halten:

Ameisen öffnen oder verschließen je nach Bedarf Eingänge auf der Sonnen- oder Schattenseite ihres Nestes. Ein aktiver Wärmetransport ins Nest findet vor allem in Frühjahr statt: Dabei heizen sich die Tiere durch Sonnen auf und geben die Wärmeenergie im kühleren Nest wieder ab.

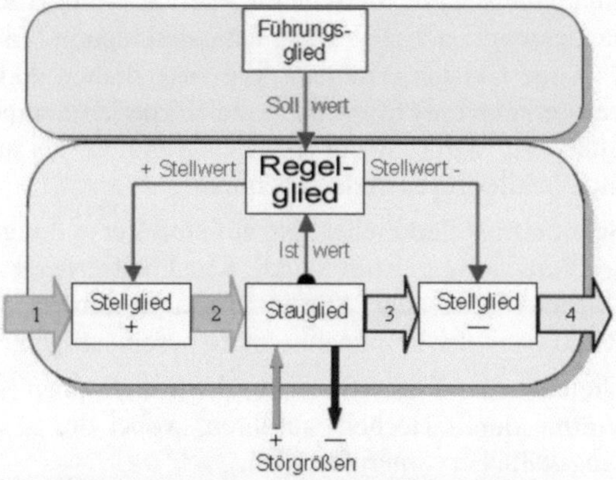

Abb. 3: Regulations-System mit externem Führungsglied

Bienen erzeugen im Winter durch Bewegung der Flugmuskulatur (Flügelzittern) Wärme. Im Sommer verteilen Stockbienen im Nest Wasser und erzeugen am Flugloch durch Flügelschlag einen Luftstrom, der die Verdunstung fördert und das Nest abkühlt.

3. Regulation

Wird auch das Führungsglied als Sollwertgeber in das System integriert, entsteht ein Regulationssystem. Bei technischen Systemen muss allerdings das *Programm* des Führungsglieds von außen implementiert werden, bei Lebewesen ist es als genetisches Programm angeboren. Bei zahlreichen Regulationsvorgängen der Lebewesen beeinflussen allerdings auch Lernvorgänge und Mutationen das Programm. Dadurch ist eine selbsttätige Anpassung des Systems im Zeitrahmen der Ontogenie und der Phylogenie gegeben.

Regulation der Körperkerntemperatur beim Menschen Führungs- und Regelglied ist das Temperatur-Zentrum im Hypothalamus. Der Sollwert beträgt beim gesunden Menschen ungefähr 37 °C. Messglieder befinden sich im Hypothalamus und in der Haut. Als erhöhende Stellglieder fungieren Leber und Muskeln, als absenkende die Blutgefäße der Haut (werden sie erweitert, wird vermehrt Wärme über die Haut abgegeben) und die Schweißdrüsen. Störgrößen

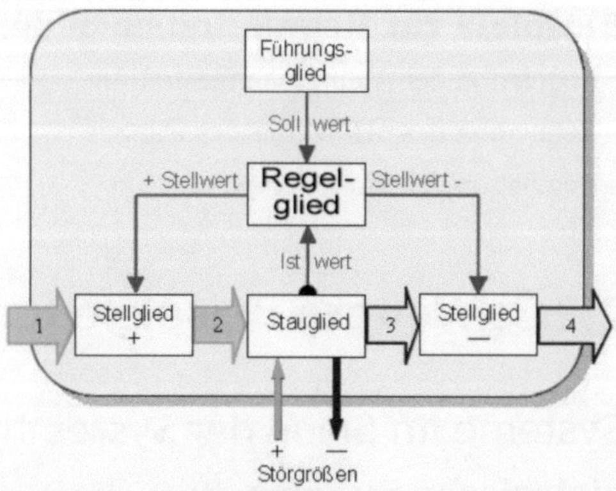

Abb. 4: System mit Selbstregulation

sind Unterschiede zwischen Körperkern- und Außentemperatur. Bereits der Grundumsatz erzeugt so viel Wärme, dass abkühlende Maßnahmen bereits oberhalb von 20 bis 22 Grad Celsius erfolgen. Alle zusätzlichen Aktivitäten (Stoffwechsel, Muskeltätigkeit) erhöhen als Störgrößen die Körperkerntemperatur. Als Informationswege für die Stellwerte wird sowohl das Nervensystem als auch das Hormonsystem (Hypothalamus-Schilddrüsen-Achse) genutzt.

Schüttelfrost und Fieber sind auf eine Verstellung des Sollwertes zurückzuführen. Diese Veränderung kann durch Krankheitserreger durch die Ausschüttung pyrogener (Fieber erzeugender) Stoffe verursacht werden, oder durch den Körper selbst, um die Reaktionen der Immunantwort zu beschleunigen.

Gleichwarme Tiere, die nicht schwitzen können (Hunde, Vögel) können überschüssige Wärme durch Hecheln abführen, wobei der abkühlende Effekt durch die Verdunstungskälte hervorgerufen wird.

Beim Afrikanischen Elefanten wird über die großen, gut durchbluteten Ohren Wärme abgegeben. Vergleiche dazu die ökologische Regel von Allen, die besagt, dass in heißen Regionen die Tiere relativ große Ohren und Schnauzen haben, in kalten Regionen sind sie dagegen klein. Kleine Tiere haben eine relativ große Körperoberfläche, über die sie relativ mehr Wärme abstrahlen können.

Eine weitere Möglichkeit zur Regulation der Körpertemperatur stellt das Verhalten von Tieren dar, die aktiv wärmere oder kältere Orte ihres Lebensraumes aufsuchen können.

Bei Pflanzen dient die Verdunstung von Wasser über die Spaltöffnungen der Blätter ihrer Abkühlung.

Weitere Beispiele der Regulation nach dem Zweizügelprinzip:

- Regulation des Blutzuckergehalts (die Hormone Insulin und Glucagon dienen hier als Stellwertübermittler)

Beispiele zur Regulation nach dem Einzügelprinzip:

- Regulation der Atemgaskonzentration
- Regulation des pH-Wertes des Darmes
- Regulation der Muskellänge

2.2.3. Weitere Beispiele für Systeme

Systeme im Sinne der Systemtheorie

biologische Systeme

- Immunsystem
- Lebewesen (Organismen)
- Mensch (Verdauungssystem, Nervensystem)
- Philosophie lebender und toter Systeme

Das Individuum ist ein lebendes System, dessen Selbstregulation durch Regelkreise mit negativer Rückkopplung gesteuert wird (s.o.). Diese regeln die Selbsterhaltung. Die Selbstentfaltung des Menschen hingegen wird durch Regelkreise mit positiver Rückkopplung gesteuert. Derartige Regelkreise belohnen das erwünschte Verhalten. Vermehrungsverhalten wird mit Lusterleben belohnt, die Einordnung in das lebende System höherer Ordnung (die Gemeinschaft) wird durch narzisstisches Befriedigungserleben gesteuert.

- Ökosystem

mathematisch-technische Systeme und Informationssysteme

- Systeme aus Zellulären Automaten

Technische Systeme, Theorien und Konstrukte

mathematisch-technische Systeme und Informationssysteme

- Betriebssystem
- Computersystem
- Dynamisches System
- Telematiksystem
- Mathematik

Literatur

- Thomas Frey, Martin Bossert: *Signal- und Systemtheorie.* Vieweg+Teubner, 2004, ISBN 978-3-5190-6193-9.

Weblinks

- Skriptum Einführung in die Systemtheorie, Universität Osnabrück (http://www.usf.uos.de/archive/~vberding/syswi/skript10.pdf)

2.3. Selbstorganisation

Als **Selbstorganisation** wird in der Systemtheorie hauptsächlich eine Form der Systementwicklung bezeichnet, bei der die formgebenden, gestaltenden und beschränkenden Einflüsse von den Elementen des sich organisierenden Systems selbst ausgehen.

Im politischen Gebrauch bezeichnet Selbstorganisation die Gestaltung der Lebensverhältnisse nach flexiblen, selbstbestimmten Vereinbarungen und ähnelt dem Autonomiebegriff.

Konkret eingesetzt wird der Begriff bei sich selbstorganisierenden Karten.

2.3.1. Eigenschaften

Selbstorganisierte Systeme haben i. d. R. vier Eigenschaften [4]:

1. Komplexität: Sie sind komplex, wenn ihre Teile durch wechselseitige, sich permanent ändernde Beziehungen miteinander vernetzt sind. Die Teile selbst können sich ebenfalls jederzeit verändern. Komplexität erschwert es, das Verhalten von Systemen vollständig zu beschreiben oder vorherzusehen.

2. Selbstreferenz: Selbstorganisierende Systeme sind selbstreferentiell und weisen eine operationale Geschlossenheit auf. Das heißt, „jedes Verhalten des Systems wirkt auf sich selbst zurück und wird zum Ausgangspunkt für weiteres Verhalten". Operational geschlossene Systeme handeln nicht aufgrund externer Umwelteinflüsse, sondern eigenständig und eigenverantwortlich aus sich selbst heraus. Selbstreferenz stellt aber keinen Widerspruch gegenüber der Offenheit von Systemen dar.

3. Redundanz: In selbstorganisierenden Systemen erfolgt keine prinzipielle Trennung zwischen organisierenden, gestaltenden oder lenkenden Teilen. Alle Teile des Systems stellen potentielle Gestalter dar.

4. Autonomie: Selbstorganisierende Systeme sind autonom, wenn die Beziehungen und Interaktionen, die das System als Einheit definieren, nur durch das System selbst bestimmt werden. Autonomie bezieht sich nur auf bestimmte Kriterien, da eine materielle und energetische Austauschbeziehung mit der Umwelt weiterhin besteht.

---

[4] Probst, Gilbert J.B.: Selbstorganisation - Ordnungsprozesse in sozialen Systemen aus ganzheitlicher Sicht. Verlag Paul Parey, Berlin, Hamburg, 1987.

2.3.2. Geschichte

Der Begriff der Selbstorganisation wurde in den 50er-Jahren von W. A. Clark und B. G. Farley geprägt:

> „Sie erkannten, daß sich Operatoren, die in einer geschlossenen Beziehung stehen, irgendwie stabilisieren und beobachteten – noch ohne eine Theorie der rekursiven Funktionen oder des Eigenwertes zu kennen – das Phänomen, daß bestimmte geschlossene Systeme nach einer gewissen Zeit stabile Formen des Verhaltens entwickeln"
>
> *– Heinz von Foerster und Bernhard Pörksen: Wahrheit ist die Erfindung eines Lügners, 1998, S. 92.*

In sozialen Systemen lässt sich beobachten, wie Ordnung – unabhängig von den Handlungen eines Organisators – aus dem System selbst heraus entsteht. Diese Erscheinung wird als Selbstorganisation bezeichnet. Die Selbstorganisation ist ein nicht nur in der Systemtheorie populärer Begriff. Ihm kommt sowohl in sozialen als auch in natürlichen, physikalischen, biologischen, chemischen oder ökonomischen Systemen Bedeutung zu. Auch geht das Konzept der Rätedemokratie und ihrer sozio-politischen Ansätze davon aus, dass die zur Selbstorganisation erforderlichen Handlungsspielräume gegen bestehende Formen der Fremdbestimmung erkämpft werden müssen. Diesem Ansatz zufolge können die Menschen nur dann ihr Leben selbst in die Hand nehmen, wenn sie auch die Produktionsmittel kontrollieren und nicht hierarchischen Organisationen unterworfen sind.

Die Vor- oder Urgeschichte der Selbstorganisation umfasst den Zeitraum vom griechisch-römischen Altertum bis etwa zur Mitte des zwanzigsten Jahrhunderts. Schon im alten Griechenland spekulierten Philosophen über Chaos und Turbulenz als Ursache von Ordnung. In der Philosophie des Aristoteles könnte man Selbstorganisation auch als Entelechie bezeichnen. Die platonisch orientierte Naturphilosophie Isaac Newtons (Philosophiae naturalis principia mathematica, 1687) nimmt schon im Ersten Bewegungsgesetz an, dass die Materie absolut passiv ist. Sie ist deshalb auch zu keiner Selbstbewegung und Selbstorganisation fähig. Aktive Ursachen materieller Veränderungen sind hier die immateriellen "Kräfte der Natur". In den Naturwissenschaften des achtzehnten, neunzehnten und frühen zwanzigsten Jahrhunderts dominierten dagegen materialistisch-mechanistische Denkweisen, die sich unter anderem auch in Darwins Evolutionstheorie widerspiegeln. Die eigentliche Entstehungsgeschichte der Selbstorganisation beginnt jedoch erst in der zweiten Hälfte des 20. Jahrhunderts. Der relativ späte Zeitpunkt hat mehrere Ursachen, zunächst verhinderte das vorherrschende mechanistische Paradigma das notwendige Umdenken, außerdem wurden mit Selbstorganisation in Verbindung stehende Phänomene ignoriert. Gegenwärtig kann noch nicht von einer Theorie selbstorganisierender sozialer Systeme oder von empirisch getesteten Hypothesen gesprochen werden.

Der universellen Anwendbarkeit verdankt der Begriff der Selbstorganisation seine breite Resonanz.

2.3.3. Selbstorganisation in der Systemtheorie

Selbstorganisation ist das spontane Auftreten neuer, stabiler, effizient erscheinender Strukturen und Verhaltensweisen (Musterbildung) in offenen Systemen. Das sind Systeme, die sich fern vom thermodynamischen Gleichgewicht befinden, die also Energie, Stoffe oder Informationen mit der Außenwelt austauschen. Ein selbstorganisiertes System verändert seine grundlegende Struktur als Funktion seiner Erfahrung und seiner Umwelt. Die interagierenden Teilnehmer (Systemkomponenten, Agenten) handeln nach einfachen Regeln und erschaffen dabei aus Chaos Ordnung, ohne eine Vision von der gesamten Entwicklung haben zu müssen.

Ein einfacher Fall von (physikalischer) Selbstorganisation ist z. B. das Auftreten von Konvektionszellen beim Erhitzen von Flüssigkeiten (Bénard-Experiment).

Das Konzept der Selbstorganisation findet man in verschiedenen Wissenschaftsbereichen wie z. B. Chemie, Biologie (Gerichtete Faltung und Assoziation von Proteinen, Helix-Bildung der DNA, ...), Soziologie usw.

Kriterien

Um von Selbstorganisation sprechen zu können, müssen folgende (nicht voneinander unabhängige) Kriterien erfüllt sein:

1. Die Evolution eines Systems in eine räumlich/zeitlich organisierte Struktur ohne äußeres Zutun
2. Die autonome Bewegung in immer kleinere Regionen des Phasenraumes (sogenannte Attraktoren)
3. Die Entwicklung von Korrelationen oder raumzeitlichen Mustern zwischen vorher unabhängigen Variablen, deren Entwicklung nur unter dem Einfluss lokaler Regeln steht

Natur/Technik

Das emergente Verhalten eines selbstorganisierenden Systems zeigt oft sehr gute Eigenschaften bezüglich der Skalierbarkeit und der Robustheit gegenüber Störeinflüssen oder Parameteränderungen, weshalb sich selbstorganisierende Systeme gut als Paradigma für zukünftige komplexe technische Systeme eignen. Allerdings gibt es keinen einfachen Algorithmus, um die notwendigen lokalen Regeln für ein erwünschtes globales Verhalten zu erzeugen. Bisherige Ansätze bauen zum Beispiel auf manuellem Versuch und Irrtum auf und erwarten ein grundsätzliches Systemverständnis durch den

Ingenieur. Als andere Alternative werden oft existierende Systeme in der Natur kopiert, was jedoch das Vorhandensein eines geeigneten Beispiels voraussetzt. Ein naturinspiriertes Beispiel ist die Ausnutzung eines Effekts, der in der Natur bei sog. Rippelmarken in Dünen auftritt. Dieser Effekt wird beim Schichtwachstum ausgenutzt. Quantenpunkte werden so gewachsen.

Aktuelle Forschung[5] zielt auf die Anwendung von evolutionären Algorithmen zum Entwurf eines selbstorganisierenden Systems.

Literatur

- Aristoteles, Über die Seele
- Per Bak, *How Nature Works: The Science of Self-Organized Criticality*, Copernicus Books, 1996, ISBN 0387947914, ISBN 038798738X.
- Elisabeth Göbel: *Theorie und Gestaltung der Selbstorganisation*. Duncker und Humblot, Berlin 1998 ISBN 3-428-09434-4
- Wolfgang Krohn/Günter Küppers: *Selbstorganisation: Aspekte einer wissenschaftlichen Revolution*. Vieweg, Wiesbaden 1990 ISBN 3-528-06371-8
- Niklas Luhmann: *Soziale Systeme: Grundriß einer allgemeinen Theorie*. Suhrkamp, Frankfurt 1987 ISBN 3-518-28266-2
- Christian Prehofer und Christian Bettstetter: *Self-Organization in Communication Networks: Principles and Design Paradigms*. IEEE Communications Magazine, Jul 2005.
- Farley, B. G.; Clark, W. A. (1954): *Simulation of self-organizing systems by digital computer*. I.R.E. Transactions on Inf. Theory 4, 76-84.
- Korotayev A., Malkov A., Khaltourina D. *Introduction to Social Macrodynamics: Compact Macromodels of the World System Growth*. Moscow: URSS, 2006. ISBN 5-484-00414-4 [1].
- Peter-Ulrich Wendt: *Selbstorganisation Jugendlicher und Selbstorganisationsförderung durch kommunale Jugendarbeit*. Dr. Kovac, Hamburg 2006 ISBN 3-8300-2064-3
- Falko Dressler: *Self-Organization in Sensor and Actor Networks*. Wiley & Sons 2007, ISBN 978-0470028209
- Paslack Rainer: *Urgeschichte der Selbstorganisation: zur Archäologie eines wissenschaftlichen Paradigmas*. Vieweg Braunschweig 1991
- Schattenhofer, Karl: *Selbstorganisation und Gruppe: Entwicklungs- und Steuerungsprozesse in Gruppen*, 1992.
- Schmitt, Reinhard; Zagel, Mathias: *Produktentwicklung als selbstorganisierender Geschäftsprozess*. CAD-CAM-Report 10/2009, S. 36 ff, ISSN 0930-7117

Weblinks

- calresco.org – FAQ zu *self-organizing systems* (englisch) (http://www.calresco.org/sos/sosfaq.htm)

[5] DEMESOS - Design Methods for Self-Organizing Systems. Forschungsprojekt: http://www.demesos.tk/

- Herbert Hörz: *„Selbstorganisation sozialer Systeme. Ein Verhaltensmodell zum Freiheitsgewinn“*: Kapitel Verhaltensmodell (http://www.bertramkoehler.de/Verhaltensmodell.htm)
- Konzentration auf das Wesentliche - Selbstorganisation zur Beschleunigung der Zusammenarbeit (insbesondere bei Abstimmungs- und Entscheidungsvorgängen) (http://consentor.net/cns_scope_collaboration.html)
- Simulation der Selbstorganisation einer Ameisenstrasse: Unterrichtseinheit für den Biologieunterricht (http://www.lehrer-online.de/ameisenstrasse.php)
- Substrate Registry in Disordered Layers of Large Molecules (http://dx.doi.org/10.1002/cphc.200901028)
- Self-organization auf Scholarpedia, geschrieben von Hermann Haken, dem Begründer der Synergetik (http://www.scholarpedia.org/article/Self-organization)
- Selbstorganisation von großen organischen Molekülen dargestellt in Echtzeit mit einem Rastertunnelmikroskop (http://www.uni-ulm.de/~hhoster/personal/self_assembly.htm)

2.4. Selbstreplikation

Selbstreplikation ist ein Prozess in einem System, durch den ein Objekt oder eine Struktur eine Kopie von sich selbst herstellt. Die Selbstreplikation bezeichnet im Unterschied zur Autoreplikation dabei eine vollständig autonome Vervielfältigung ohne äußere Hilfe.

2.4.1. Natürliche Selbstreplikation in der Biologie

Der Prototyp eines selbstreplizierenden Systems ist die DNA. Die Zellteilung ist ein lebenswichtiger Prozess für das Wachstum des gesamten Körpers. Vor jeder Zellteilung wird die DNA verdoppelt und ein Teil an die neue Zelle weitergegeben. Damit ist sichergestellt, dass die gesamte Erbinformation in jeder Zelle gespeichert ist. Dieser Vorgang der Selbstreplikation dauert nur wenige Minuten. Dabei findet Selbstreplikation von Molekülen statt, so dass genetische Information übertragen wird (Vererbung). Dies geschieht dadurch, dass größere Moleküle als Template für ihre Bildung aus kleineren Molekülen fungieren. Selbstreplizierende Moleküle können somit ihre eigene Bildung katalysieren.

Bei der DNA-Replikation wird ein Strang der Doppelhelix zunächst in einen komplementären Strang übersetzt. Erst bei der Replikation dieses Stranges entsteht eine Kopie des Originals. Im Gegensatz dazu sind die meisten synthetischen replizierenden Systeme selbstkomplementär, d.h. bei der Replikation entsteht direkt eine Kopie des Ausgangsmoleküls.

Ein wichtiges Kriterium für eine Selbstreplikation, der ein autokatalytischer Prozess zugrunde liegt, ergibt sich aus dem sogenannten Quadratwurzelgesetz. Danach ist die

Geschwindigkeit zu Beginn der Reaktion (also bei geringem Umsatz) proportional zur Wurzel der Konzentration des zugesetzten Templates. Experimentell kann dies überprüft werden, indem man die Reaktionsgeschwindigkeit in Anwesenheit unterschiedlicher Mengen des vorgebildeten Templates misst.

2.4.2. Künstliche Selbstreplikation in der organischen Chemie

Am Anfang des Lebens standen vermutlich RNA- oder RNA-artige Moleküle, die alle lebensnotwendigen Funktionen inklusive die ihrer eigenen Selbstreplikation erfüllt haben mussten. Das jedenfalls impliziert die Hypothese einer „RNA-Welt", die unserer heutigen „DNA-RNA-Protein-Welt" vor mehr als 3.5 Milliarden Jahren vorausgegangen sein soll. Für die RNA-Welt spricht die mit dem Nobelpreis für Chemie gewürdigte Entdeckung von Ribozymen, d.h. Ribonucleinsäuren (RNA) als Enzymen, sowie der Befund, dass kurze Stücke von Nucleinsäuren zur enzymfreien Selbstreplikation befähigt sind.

Beide Entdeckungen haben zu wichtigen Entwicklungen in der Chemie geführt: Katalytisch aktive RNA-Moleküle sowie RNA-Moleküle mit gewünschten Eigenschaften können heute ebenso wie Proteine durch evolutive Biotechnologie im Reagenzglas maßgeschneidert werden. Die Aufklärung der enzymfreien Selbstreplikation hat dafür gesorgt, dass Chemiker das Prinzip Selbstreplikation inzwischen in „fremde" Strukturklassen, etwa den Peptiden und sogar den abiogenen Molekülen, übertragen haben. Auch die Nutzung von Biomolekülen für eine programmierbare Nanotechnologie gehört zu den Arbeitsfeldern, die inzwischen im Kontext chemischer Forschung stehen.

2.4.3. Künstliche Selbstreplikation in der Technik und Informatik

Selbstreplikation ist primär das Kennzeichen lebender Systeme, obwohl nicht länger mehr in Ausschließlichkeit. Wenngleich die meisten Versuche von selbstreplikativen Automaten oder Algorithmen eher unter den Begriff der Autoreplikation fallen, hat im Laufe der Zeit eine zunehmende Autonomisierung stattgefunden, welche die Grenzen zunehmend unscharf werden lässt.

Wissenschaftliche Studien über selbstreplizierende Strukturen oder Maschinen wurden zuerst 1929 von J. D. Bernal und von Mathematikern wie Stephen C. Kleene veröffentlicht, der die Rekursionstheorie in den 1930er Jahren zu entwickeln begann. Obwohl ursprünglich von einem anhaltenden Interesse an Biologie getrieben, waren viele seiner Arbeiten vom Verlangen beseelt, die fundamentalen informationsverarbeitenden Prinzipien und Algorithmen zu verstehen, die bei der Selbstreplikation beteiligt sind, sogar unabhängig von ihrer physikalischen Realisierung.

Bei der Diskussion um die Selbstreplikation von Automaten ist es wesentlich, von Anbeginn an wichtige Grundregeln festzulegen. Zum Beispiel gilt nach Kemeny: „Wenn wir mit dem Begriff 'Reproduktion' die Kreation eines Objektes wie sein Original aus dem Nichts meinen, dann kann sich keine Maschine selbst reproduzieren – aber genauso wenig kann es ein Mensch. Das charakteristische Merkmal der Reproduktion des Lebens ist, dass der lebende Organismus einen neuen Organismus, wie er selbst einer ist, aus unbeweglicher, ihn umgebender Materie schaffen kann."

John von Neumann war aus Sicht der Informatik einer der ersten, der in den 1940er Jahren wissenschaftlich fundierte Überlegungen zu einem hypothetischen, replikationsfähigen Roboter anstellte. Dieses rein theoretische Konzept war praktisch jedoch nicht umsetzbar. 1953 entwickelte er daher die Theorie selbstreproduzierender Automaten (nach seinem Tod von Burks im Jahre 1966 als Theory of Self-reproducing Automata herausgegeben), als ein mit Computertechnologie umsetzbares Modell für eine softwarebasierte Lösung von Selbstreplikation.

Künstliche selbstreplizierende Software erschien zum ersten Mal in den Sechziger Jahren, und vermehrte sich in späteren Jahrzehnten sehr schnell in Form von Viren, Würmern und vor allem bei Programmen, die sich mit künstlichem Leben befassten.

Weblinks

- Biologische Selbstreplikation TU Kaiserslautern (http://www.chemie.uni-kl.de/forschung/oc/kubik/index.php?lan=de&act=0lecoc9&sub_act=anw&sub_sub_act=sel)
- Informatik und Selbstreplikation TU Cottbus (http://www-gs.informatik.tu-cottbus.de/al_v05b.pdf)
- Chemische Evolution und Selbstreplikation uni-protokolle (http://www.uni-protokolle.de/nachrichten/id/23900/)

2.5. Evolution (Systemtheorie)

Evolution (vom lateinischen *evolvere* = abwickeln, entwickeln; PPP *evolutum*) ist in der Systemtheorie ein Prozess, bei dem durch Reproduktion oder Replikation von einem System Kopien hergestellt werden, die sich voneinander und von ihrem Ursprungssystem durch Variation unterscheiden und bei dem nur ein Teil dieser Kopien auf Grund von Selektion für einen weiteren Kopiervorgang zugelassen werden.

2.5.1. Evolution im Allgemeinen

Voraussetzungen der Evolution

Die Evolution ist an drei notwendige Voraussetzungen gebunden:

1. Das Vorhandensein von *Replikatoren,*
2. eine schwankende Kopiergenauigkeit, *Variation* genannt, sowie
3. eine unterschiedliche Wahrscheinlichkeit einer jeden Variante, als Element in jene Stichprobe zu gelangen, aus der die nachfolgende Population zusammengesetzt wird: *Selektion*.

Diese Voraussetzungen sind hinreichend trivial, so dass man logisch ableiten kann, dass sie an vielen Orten und Gelegenheiten im Universum gegeben sind. Die Ansichten darüber, ob sich Leben daraus entwickeln *muss*, gehen jedoch weit auseinander. Weitgehend Einigkeit hingegen besteht in der Evolutionsbiologie darüber, dass die biologische Evolution nicht zwangsläufig zur Entwicklung von bewusster Intelligenz führt, denn diese ist nur ein Spezialfall, der an weitere, vermutlich sehr selten gegebene Bedingungen geknüpft ist. Der einzige Fall, von dem sicher bekannt ist, dass dies dort eintrat, ist unsere Erde. Aber auch hier wurden die Bedingungen der Evolution von Intelligenz erst nach mindestens 530 Millionen Jahren erfüllt, obwohl die fortschreitende Evolution von Vielzellern schon zuvor eine Reihe notwendiger Voraussetzungen für Intelligenzentwicklung bereitstellte.

Die Schwankung von Replikatorenhäufigkeiten in einer Population

Als Evolution bezeichnet man heute allgemein jenen statistischen Vorgang, bei dem die Zusammensetzung einer Replikatoren-Population P2 aus einer Stichprobe einer zuvor bestehenden, anderen Replikatoren-Population P1 bestimmt wird. Wird aus P1 eine Stichprobe unterschiedlicher Replikatoren gezogen und aus ihr die Zusammensetzung von P2 bestimmt, so liegt Evolution vor. Läuft dieser Vorgang wiederholt ab, so weisen spätere Populationen – wie beispielsweise P5 oder P100 – jeweils schwankende Zusammensetzungen auf. Die Evolution kann auch als *kumulierender Stichprobenfehler* bezeichnet werden.

Eine evolutionsfähige Population ist eine Menge von Replikatoren. Letztere sind irgendwelche Objekte, von denen Kopien entstehen.

Die Evolution als statistischer Vorgang ist ein logisch und empirisch jederzeit beweisbares Faktum und in der Wissenschaft *nicht bestreitbar*. Evolution läuft niemals an Objekten, sondern immer nur an Häufigkeiten von Objekten ab. Er kann grundsätzlich an allen Mengen ablaufen, die nicht einmal den bekannten physikalischen Gesetzen gehorchen müssen.

2.5.2. Verlauf der Evolution auf der Erde

Evolution im hier definierten Sinn findet auf der Erde besonders im Reich der Lebewesen und in Computersimulationen statt.

Der Begriff "Evolution" wird außerhalb der Fachgebiete Biologie und Systemtheorie auch mit anderen Definitionen verwendet, für Vorgänge, die nach völlig anderen Gesetzmäßigkeiten als "Replikation –> Variation –> Selektion" verlaufen.

Dies betrifft in den Naturwissenschaften beispielsweise die Entstehung und Entwicklung von Galaxien, Sternen und Planeten inklusive der Erde; in den Gesellschaftswissenschaften unter anderem die soziokulturelle Entwicklung des Menschen.

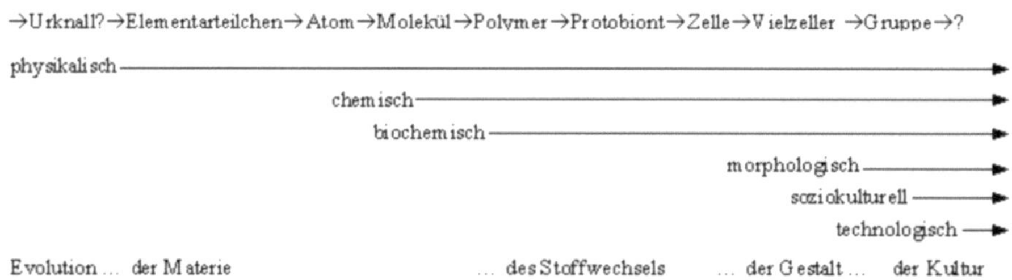

Die Gemeinsamkeit aller Vorgänge beruht hier auf einer geschichtlichen Entwicklung und häufig einer Entwicklung in Richtung höherer Komplexität.

Aus naturwissenschaftlicher Sicht kann die einheitliche Verwendung desselben Begriffes für verschiedene Vorgänge in verwandten Wissenschaftsgebieten leicht zu Missverständnissen führen und sollte vermieden werden.

2.5.3. Teilbereiche der Evolution

Evolution der unbelebten Materie

Dieses Thema beschäftigt sich mit dem Ursprung und der Entwicklung des Universums, dessen Teilchen und Elementen. Folgende Artikel befassen sich mit der Thematik:

- Kosmologie
- Chemische Evolution

Evolution der Lebewesen

Die Evolution der Lebewesen ist ihre Entwicklung im Laufe großer Zeitspannen innerhalb der Erdgeschichte.

Evolution des Geistes

In der Philosophie über lebende Systeme betrachtet man die wissenschaftliche Entwicklung als eine Fortsetzung der biologischen Evolution und spricht von einer Evolution des Geistes:

Lebewesen seien Träger genetisch gespeicherter Informationen. In der Evolution sammle sich mehr und genauere Information in den Lebewesen an. Der Mensch sei als einziges Lebewesen in der Lage, seine geistigen, im Gehirn gespeicherten Informationen auch außerhalb des Körpers zu speichern, zum Beispiel in Büchern oder auf Disketten. Diese Informationen, unter anderem die wissenschaftlichen Ideen (als "geistige Gene" betrachtet), könnten an alle Menschen und die Nachwelt „vererbt“ werden. Die Mittel der Evolution, nämlich Vermehrung mit Varianten und deren Selektion, setzten sich fort als wissenschaftliche Hypothesenbildungen und deren Prüfung im Versuch.

Evolution der Meme

Aufgrund zahlreicher empirischer Belege glaubt man heute einheitlich, dass die Evolution auf unserem Planeten nicht immer an denselben Replikatoren abgelaufen sein muss. Die Welt der Lebewesen, wie wir sie heute kennen, basierte zwar auf weiten Strecken auf einem chemischen Replikator, der DNA, sie ist jedoch nicht der einzige Replikator. Als weitere Replikatoren erwiesen sich beispielsweise Kristallstrukturen, die ebenfalls Kopien von sich selbst herstellen können. Auch informationstragende Einheiten, die nicht an eine chemische, sondern an eine (bio-)informatische Grundlage gebunden sind, werden als Replikatoren begriffen und wurden von Richard Dawkins 1976 als Meme bezeichnet.

2.5.4. Beispiele

Kettenbriefe

1. **Kopieren**: Ein Kettenbrief, der auf konventionelle Art als Brief per Post verschickt wird, muss zunächst vervielfacht werden. Dies geschah früher mit Durchschlagpapier, später mit Hilfe des Fotokopierers. Beide Verfahren erzeugen noch keine Varianten, sondern identische Kopien, führen aber dazu, dass früher oder später Briefe entstehen, die an manchen Stellen unleserlich sind.

2. **Variieren**: Solche Briefe werden neu abgeschrieben. Dabei führt das Rekonstruieren der unleserlichen Stellen oft zum Einsetzen von Wörtern, die nicht im Ursprungsbrief enthalten waren. Auch wird von einigen Personen, die Kettenbriefe weiterleiten, der Inhalt bewusst verändert, zum Beispiel bei der Höhe des Gewinns, wenn

der Kettenbrief weitergeleitet wird oder bei der Art der Sanktionen, wenn er nicht weitergeleitet wird.

3.**Auswählen**: Eine Selektion wird durch den Empfänger vorgenommen. Er entscheidet, ob er den Brief kopiert, in welcher Stückzahl er ihn kopiert oder ob er ihn nicht verschickt und damit die Kette für die entsprechende Version des Kettenbriefes abbrechen lässt.

Bei Kettenbriefen, die als E-Mail verbreitet werden, entfällt die Kopierungenauigkeit. Es gibt für diese Art der Kettenbriefe noch keine Untersuchungen darüber, ob Empfänger den Text bewusst ändern, um ihrer Version eine größere Verbreitung zu ermöglichen.[6]

Selbstreplizierende künstliche organische Moleküle

1.**Kopieren**: Selbstkomplementäre Moleküle haben die Voraussetzung, die Synthese von gleichen oder ähnlichen Molekülen autokatalytisch zu ermöglichen. Dabei bilden Matrizenmolekül („*Replikator*“) und Bausteine einen Komplex, der stabil genug ist, die Verknüpfung der Bausteine zu einem neuen Replikatormolekül zu ermöglichen, das sich vom Matrizenmolekül wieder löst und selbst als Matrize für die Bildung eines weiteren Moleküls dienen kann. Das in der Abbildung angegebene Beispielmolekül ist zwar replikationsfähig, nicht aber evolutionsfähig, da es nur exakte Kopien seiner selbst katalysiert.

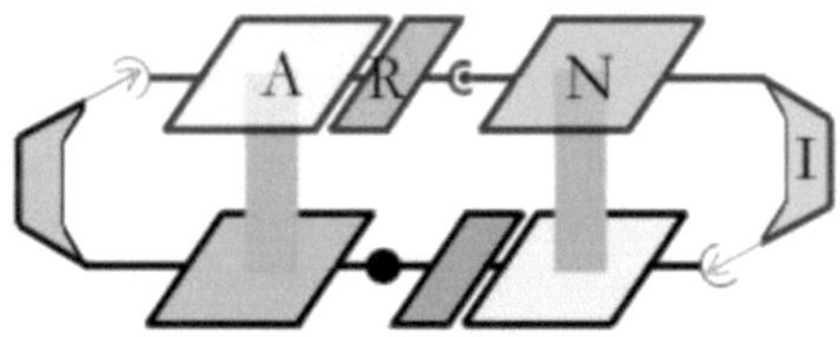

Abb. 5: Komplex aus einem Replikatormolekül (unten) und den zwei Bausteinen (oben), die zu einem vollständigen Molekül verknüpft werden. Die intermolekularen Bindungen sind Wasserstoffbrückenbindungen und Van-der-Waals-Wechselwirkungen. – A = Adenin-, R = Ribose-, N = Naphthalin-, I = Imid-Baustein. (Als Ribose-Baustein wurde ein Derivat eines 2,3-Di-O-isopropyliden-β-D-ribofuranosids verwendet, der Imid-Baustein basierte auf der (1α, 3α, 5α)-1,3,5-Trimethyl-1,3,5-cyclohexantricarbonsäure.)

2.**Variieren**: Katalysiert ein Replikatormolekül nicht nur exakte Kopien seiner selbst sondern auch Varianten, die selbst wieder als Matrizen dienen, können in einem entsprechenden Versuchsansatz verschiedene Arten von Replikatormolekülen entstehen.

3.**Auswählen**: Unter geeigneten Bedingungen kommt es zur Ausbildung von Replikatormolekülen, die sich in ihrer Replikationsgeschwindigkeiten unterscheiden und in Konkurrenz um Bausteinmoleküle unterschiedlich „erfolgreich“ sind. Befinden sich zum Beispiel in einem Reaktionsgefäß die Bausteine DIX (ein Diaminotriazin-Xanthen), AR (Adenin-Ribose), T (Thymin) und BI (Biphenylamid) finden sich nach

[6] Charles H. Bennett et al.: Die Evolution der Kettenbriefe. In: Spektrum der Wissenschaft. Januar 2004, S. 78 ff.

einiger Zeit Replikatormoleküle in einer ihrer Replikationsgeschwindigkeit entsprechenden Konzentration: DIXBI (nicht replikationsfähig), DIXT, ARBI und ART (größte Replikationsgeschwindigkeit).[7]

Literatur

- Jörg Blech, Rafaela von Bredow, Johann Grolle: *Darwins Werk, Gottes Beitrag*. In: *Der Spiegel*. Ausgabe 52/2005, S. 136-147, ISSN 0038-7452.
- Richard Dawkins: *The selfish Gene*. Oxford University Press, Oxford 1976.
- Hoimar von Ditfurth: *Im Anfang war der Wasserstoff*. Knaur. ISBN 3-426-03395-X.
- Hoimar von Ditfurth: *Der Geist fiel nicht vom Himmel*. Hoffmann und Campe. ISBN 3-455-08967-4.
- Klaus Dose: *Chemische Evolution und der Ursprung lebender Systeme*. In: W. Hoppe, W. Lohmann, H. Markl, H. Ziegler (Herausgeber): *Biophysik*. Springer-Verlag, Heidelberg, ISBN 3-540-11335-5.
- Werner Ebeling: *Physik der Evolutionsprozesse*. Akademie-Verlag, Berlin, ISBN 3-05-500622-4.
- Lothar Kleine-Horst: *Evolutionär-psychologische Theorie des Sehens. Auftakt zu einem neuen wissenschaftlichen Weltbild*. Köln 1992, ISBN 3-928955-40-3.
- Georg Litsche: *Theoretische Anthropologie – Grundzüge einer Rekonstruktion der menschlichen Seinsweise*. Berlin 2004.
- Ernst Walter Mayr: *Das ist Evolution*. C. Bertelsmann, ISBN 3-570-12013-9.
- Werner Schwemmler (1979): *Mechanismen der Zellevolution. Grundriß einer modernen Zelltheorie*. de Gruyter, 1979.
- Sven P. Thoms: *Ursprung des Lebens*. Frankfurt 2005.
- Franz M. Wuketits: *Evolution. Die Entwicklung des Lebens*. 2., aktualisierte Auflage. (= Beck Wissen), Beck, München 2005, ISBN 3-406-44738-4.

Weblinks

- Eintrag in der *Stanford Encyclopedia of Philosophy* (englisch, inklusive Literaturangaben) (http://de.wikipedia.org/w/index.php?title=Stanford_Encyclopedia_of_Philosophy)
- ZDF Special – Die Evolution des Menschen (http://modul.evolution.zdf.de/)
- Understanding Evolution Hervorragende Seite rund um das Thema Evolution (englisch) (http://evolution.berkeley.edu/)
- Christa Tamara Kaul: Der Papst, die Evolution und der Kreationismus (http://www.heise.de/tp/r4/artikel/23/23547/1.html)
- The Society for the Study of Evolution Hervorragende Seite der 1946 gegründeten Gesellschaft *The Society for the Study of Evolution* (englisch) (http://www.evolutionsociety.org/)
- Evolutorische Ökonomik, TU Dresden (http://www.tu-dresden.de/wwvwlme/html/evo/evo.html)

[7] Julius Rebek jr.: Künstliche Moleküle, die sich vermehren. In: Spektrum der Wissenschaft. September 1994, S. 67 ff.

2.6. Emergenz

Emergenz ist die spontane Herausbildung von neuen Eigenschaften oder Strukturen auf der Makroebene eines Systems infolge des Zusammenspiels seiner Elemente. Dabei lassen sich die emergenten Eigenschaften des Systems nicht – oder jedenfalls nicht offensichtlich – auf Eigenschaften der Elemente zurückführen, die diese isoliert aufweisen. Synonyme sind *Übersummativität* und *Fulguration.*

2.6.1. Etymologie

Das Wort Emergenz ist abgeleitet vom lateinischen Verb *emergo*, das in seiner transitiven Form im Deutschen *auftauchen lassen* bedeutet. Als *emergere* meint es auch *auftauchen, emporkommen*. Als intransitives Verb hat es die Bedeutung von *sich zeigen, sich herausarbeiten.*[8] Zum ersten Mal verwendet wurde Emergenz im Zusammenhang mit der Erklärung von Bewusstsein durch George Henry Lewes.[9] [10] Als eine philosophische Kategorie haben sodann die englischen Philosophen Samuel Alexander und Conwy Lloyd Morgan das Wort in ihrer Theorie einer *emergent evolution* herausgebildet.[11]

2.6.2. Schwache und starke Emergenz

Emergenz ist grundsätzlich in einer schwachen und einer starken Form denkbar. Die *schwache Form* der Emergenz entspricht einer nur vorläufigen Nichterklärbarkeit emergenter Systeme auf der Grundlage der Beschreibung ihrer Elemente. Dagegen wird bei der *starken Form* von einigen Philosophen und Naturwissenschaftlern wie beispielsweise Philip W. Anderson[12], Robert B. Laughlin[13] oder Stuart Kauffman[14] auch die prinzipielle Nichterklärbarkeit angenommen. Eine ähnliche Position der

[8] Wörterbuch Lateinisch: Lemma emergo. Langenscheidt, Berlin 1985.

[9] G. H. Lewes: Problems of Life and Mind (First Series), vol. 2, Trübner, London 1875.

[10] Siehe dazu auch das Zitat von Murray Gell-Mann unter den hier angeführten Zitaten oder

[11] Georgi Schischkoff (Hrsg.): Philosophisches Wörterbuch. Kröner, Stuttgart 1991, Lemma Emergenz.

[12] Philip W. Anderson: Beitrag in: John Brockman (Hrsg.): Die wichtigsten Erfindungen der letzten 2000 Jahre. Ullstein, Berlin 2000, S. 178

[13] Robert B. Laughlin stellt Emergenz als unverzichtbares Grundprinzip von Naturerscheinungen an den Beginn seiner Nobel Lecture (pdf). Eine leicht verständliche Darstellung der Notwendigkeit des Emergenzprinzips zur Ermöglichung einer Vielfalt von im Grunde kollektiven physikalischen Erscheinungen findet sich in seinem Buch Abschied von der Weltformel. Die Neuerfindung der Physik (Piper Verlag, München 2007, ISBN 978-3-492-04718-0) – mit mehr als 30 Referenzen zum Stichwort Emergenz.

[14] Kauffman, Beyond Reductionism, www.edge.org, 2006

grundsätzlichen Unvollständigkeit der Erklärung komplexer Systeme wird seit den 1960er Jahren in der Diskussion über den Laplaceschen Dämon vertreten. Damit im Zusammenhang steht auch die von Donald Davidson in der Philosophie des Geistes entwickelte Vorstellung der „abwärtsgerichteten“ Kausalität von geistigen auf physikalische Prozesse.

Gegner der starken Emergenzthese argumentieren, dass viele ehedem als emergent erklärte Eigenschaften des menschlichen Bewusstseins sich durch die Kenntnis der Eigenschaften der Bestandteile des Gehirns (z. B. der Nervenzellen und der Synapsen) erklären ließen. Allerdings ist selbst bei vergleichsweise einfachen, physikalischen Phänomenen, wie etwa Wetterereignissen, die vollständige Erklärung von Makrophänomenen auf der Ebene von Elementarteilchen praktisch so fernliegend, dass der Unterschied zwischen schwacher und starker Emergenz aktuell wenig Relevanz hat.

2.6.3. Emergenz als disziplinübergreifendes Konzept

Das Phänomen der Emergenz wird oft als Argument gegen einen reduktionistischen naturwissenschaftlichen Atomismus angeführt. Emergenztheoretiker bestreiten damit, dass eine vollständige Beschreibung der Welt allein aufgrund der Kenntnis der Elementarteilchen und allgemeiner physikalischer Gesetze prinzipiell möglich sei (vgl. Laplace'scher Dämon). Die Anerkennung emergenter Phänomene muß allerdings nicht zu einem Verzicht auf wissenschaftliche Erklärungen führen. Vielmehr zeigen die Entwicklungen in der Systemtheorie und der Chaostheorie, dass emergenzverwandte Phänomene wie Selbstorganisation und ihre Entstehungsbedingungen durchaus systematischen und objektiv nachvollziehbaren Erklärungen zugänglich sind. Allerdings tritt an die Stelle der hierarchischen Ableitung aus universalen Gesetzen ein transdisziplinärer Dialog, dessen Ziel es ist, analoge Strukturen komplexer Systeme auf unterschiedlichen Emergenzebenen zu vergleichen.

2.6.4. Kritik

Konrad Lorenz hat den Begriff *Emergenz* kritisiert, da seine deutsche Bedeutung (Auftauchen) suggeriere, etwas bereits Existentes, lediglich bislang Verborgenes, komme zum Vorschein. Er hat stattdessen den Begriff Fulguration vorgeschlagen.

2.6.5. Allgemeine Eigenschaften von Emergenzen

Irreduzibilität

Manche emergente Eigenschaften können dann bei einer reduktionistischen Betrachtungsweise nicht entdeckt werden, wenn sie erst im Zusammenwirken mit anderen Subsystemen auftreten. (Im Beispiel des Wolfes kann Sozialverhalten erst dann untersucht werden, wenn die Gemeinschaft der Mitglieder eines Wolfsrudels beobachtet wird.) Es ist in manchen Fällen möglich, bestimmte Elemente oder Wirkzusammenhänge zu ändern oder gar zu eliminieren, ohne dass sich bestimmte emergente Eigenschaften des Systems verändern, während andere sich sehr wohl ändern können. Beispiel: Die Fahrtüchtigkeit eines Autofahrers hängt nicht von der Farbe der Sitzbezüge ab, wohl aber von der Innenraumtemperatur bei Sonneneinstrahlung.

Ob also bestimmte Elemente oder Wirkzusammenhänge reduzibel sind, hängt davon ab, wie essentiell oder bedeutend sie für die Ausbildung der emergenten Eigenschaft sind.

Systeme, die aus repetitiven Einheiten zusammengesetzt sind, sind numerisch reduzierbar: Man kann die Anzahl der Elemente bis zu einer Grenzzahl von Einheiten verringern, ohne dass emergente Eigenschaften verloren gehen. Dies ist vor allem bei chemischen Stoffen und ihren spezifischen Eigenschaften der Fall. Beispiel: Wasser ist bei Zimmertemperatur flüssig, ein einzelnes Wassermolekül ist es nicht. Diese Eigenschaft ist daher emergent, weil sie sich erst aus dem Zusammenspiel vieler Wassermoleküle ergibt. Nach dem gleichen Denkmuster ist ein Baum kein Wald. Viele Eigenschaften eines Waldes lassen sich in den Eigenschaften eines einzelnen Baumes nicht wiederfinden.

Es existiert für jedes System eine Mindestanzahl von interagierenden Bausteinen, die für die Entwicklung einer emergenten Eigenschaft notwendig ist.

Unvorhersagbarkeit

Wird ein neues Subsystem in ein bestehendes System integriert, also mit den anderen Systemelementen durch Wirkbeziehungen verknüpft, kann das System neue, emergente Eigenschaften aufweisen, die nicht vorhersehbar waren. So definiert der Evolutionsbiologe Ernst Mayr: *[Emergenz ist] In Systemen das Auftreten von Merkmalen auf höheren Organisationsebenen, die nicht aufgrund bekannter Komponenten niedrigerer Ebenen hätten vorhergesagt werden können.*[15]

Gründe hierfür:

---

[15] Ernst Mayr: Das ist Biologie – Die Wissenschaft des Lebens, Spektrum Akademischer Verlag Heidelberg – Berlin, 2000, S. 403. ISBN 3-8274-1015-0

• Das System ist bereits so komplex, dass es ohne Reduktion nicht untersuchbar oder simulierbar ist.

• Es entstehen zwischen den Systemelementen neue Verbindungen, Wirkbeziehungen und Prozesse, die nicht implementiert (vorgeplant) waren.

• Die Kopplungen oder Wirkbeziehungen zwischen allen Elementen werden durch die Integration des neuen Elementes verändert.

Kontextbedingungen

Die Kontextbedingungen emergenter Systeme stimmen weitgehend mit den Eigenschaften selbstorganisierter Systeme überein. Eine wichtige Rolle spielen dabei Rückkopplungsprozesse auf der Basis von Selbstreferenz oder zirkulärer Kausalität. Ein einfaches Beispiel ist die Entstehung von Rippelmarken auf einer Sandfläche, die von Luft oder Wasser überströmt ist. Durch wechselseitige Verstärkung von zunächst minimalen Unterschieden in der Oberflächenstruktur und Turbulenzen in der Strömung kommt es zur Herausbildung von Mustern.

2.6.6. Geschichte der Emergenztheorie

Anfänge in Philosophie und Psychologie

Emergenz bezeichnet in Philosophie und Psychologie das Phänomen, dass sich bestimmte Eigenschaften eines Ganzen nicht aus seinen Teilen erklären lassen. Ein früher Vorläufer der Theorie von emergenten Eigenschaften eines Systems findet sich in der Metaphysik des Aristoteles:[16]

- *"Das was aus Bestandteilen so zusammengesetzt ist, dass es ein einheitliches Ganzes bildet, ist nicht nach Art eines Haufens, sondern wie eine Silbe, das ist offenbar mehr als bloss die Summe seiner Bestandteile. Eine Silbe ist nicht die Summe ihrer Laute: ba ist nicht dasselbe wie b plus a, und Fleisch ist nicht dasselbe wie Feuer plus Erde."*

Vereinfacht wird das entsprechende Zitat in dem populären Ausdruck „Das Ganze ist mehr als die Summe seiner Teile“ wiedergegeben. Als weitere Vorstufen der Emergenztheorie können auch pantheistische Vorstellungen etwa bei Giordano Bruno und Baruch de Spinoza angesehen werden. Ihnen zufolge basiert die natürliche Ordnung weder auf einem personalen, intelligenten Wesen, noch kann sie auf isolierte materielle Elemente reduziert werden.

---

[16] Aristoteles, Metaphysik, Buch 8.6. 1045a: 8-10.

Aber auch in der liberalen angelsächsischen Tradition finden sich emergenztheoretische Vorstellungen. So schrieb John Stuart Mill über die Emergenz neuer Eigenschaften in chemischen Reaktionen.[17]

Zusammen mit dem britischen Philosophen Samuel Alexander entwickelte Conwy Lloyd Morgan die sogenannte Emergenz-Theorie, welche die Bewusstseinsbildung als ein evolutionäres Phänomen ansieht, das sich biologisch nicht hinreichend erklären lässt. Neben Morgan und Alexander ist C. D. Broad ein Vertreter der „Emergenzphilosophie"[18]. Die Emergenztheorie spielt in der neuzeitlichen Ontologie, bei der Erklärung des Bewusstseins, des Ich und des subjektiven Geistes eine bedeutende Rolle. Vor allem in der Philosophie des Geistes kam es seit den 1970er Jahren zu einer Renaissance des Emergenzbegriffes.

Abb. 6: Durch Wechselwirkungen zwischen Wind und Oberflächenstruktur bilden sich in der Sandwüste emergente Rippelmuster und Dünenlandschaften aus. Foto cc-by-sa Rosino (via Flickr)

Prozesstheorie Norbert Elias

Der Soziologe und Humanwissenschaftler Norbert Elias geht im Rahmen seines Prozessmodells der Großen Evolution auf den Mechanismus ein, durch den bei Evolutionssprüngen Neues entsteht: die Integration bzw. Kombination bestehender Phänomene und die Funktionsteilung zwischen ihnen. Dabei füllt Elias die in der Literatur häufig vorkommende, aber oft relativ abstrakte Behauptung mit Leben: „*Das Ganze ist mehr als die Summe seiner Teile.*" Durch die Verbindung relativ einfacher Einheiten entstehen zusammengesetzte, komplexere Einheiten, deren Teile in gegenseitiger Abhängigkeit voneinander stehen, so dass kein Teil entfernt werden kann, ohne mehr oder weniger gravierende Folgen für die ganze Einheit und ihre Teileinheiten zu haben, im Extremfall den Zerfall beider in einfachere Einheiten zu verursachen.

Diese Integration und Funktionsteilung, die gegenseitige Abhängigkeit und Komplexität ist im physikalisch-chemischen Bereich noch relativ locker, die „*nächstniedere(n) Teileinheiten (sind) noch nicht funktionsteilig aneinander gebunden, so daß die Syn-*

[17] "The chemical combination of two substances produces, as is well known, a third substance with properties different from those of either of the two substances separately, or of both of them taken together" Mill (1843)

[18] Brockhaus Enzyklopädie, Band 5, S. 489, F. A. Brockhaus, Wiesbaden 1968. ISBN 3-7653-0000-4

these reversibel ist, ohne daß diese Teileinheiten ihre Eigenschaften ändern".[19] Elias spricht hier vom „reversiblen Integrationstyp" und nennt als Beispiele Kleinmoleküle.

Die Intensität der Integration und der Funktionsteilung steigt im Bereich der biologischen Evolution stark an. Hier entstehen „*komplexere Gebilde, deren nächstniedere Teileinheiten funktionsteilig aneinander gebunden sind – die Struktur dieser Teileinheiten ist demgemäß auf ein Funktionieren im Rahmen einer bestimmten zusammengesetzten Einheit höherer Ordnung abgestimmt; die Teile verlieren in diesem Fall ihre Eigenstruktur, wenn die Einheit höherer Ordnung, die sie miteinander bilden, zerfällt*". Elias spricht hier vom „irreversiblen Integrationstyp" und nennt als Beispiel einzellige Lebewesen.

Integration und Funktionsteilung erreichen den bisher höchsten Stand im Bereich der sozio-kulturellen Evolution der Menschen. Hier ist eine weitere wissenschaftstheoretische Debatte der Sozialwissenschaften angesiedelt, die über das Verhältnis von „Individuum und Gesellschaft". Insbesondere hier verweist Elias darauf, dass jeweils sowohl das Einzelne als auch ein Ganzes, zu dem es gehört, angemessen begrifflich repräsentiert werden müssen. Es dürfen weder die Ganzheiten auf die Einzelteile reduziert noch die Einzelteile aus dem Bild des Ganzen gedanklich entfernt werden, weil erst die komplexen Wechselwirkungen und gegenseitigen Abhängigkeiten der Einzelteile das Ganze bilden.

Systemtheoretische Betrachtungsweise

Emergenz ist eine kennzeichnende Eigenschaft von hierarchisch strukturierten Systemen. Solche Systeme haben auf der Makroebene Eigenschaften, die auf der einfacheren Organisationsebene, der Mikroebene, nicht vorhanden sind. Sie entstehen durch synergetische Wechselwirkungen zwischen den Elementen auf der Mikroebene.

Theorie komplexer Systeme

Die Theorie komplexer Systeme baut auf systemtheoretischen und chaostheoretischen Erkenntnissen zur Emergenz auf.

2.6.7. Beispiele

Biologie

In der theoretischen Biologie spielen emergente Eigenschaften etwa bei der Definition des Lebens eine zentrale Rolle. Organismen stellen ein solches hierarchisches System

[19] Norbert Elias: Engagement und Distanzierung. Arbeiten zur Wissenssoziologie I. 2. Auflage. Suhrkamp, Frankfurt am Main 1987, S. 196

dar: Sie bestehen aus Organen, diese aus Zellen, diese wiederum aus Organellen und diese sind wiederum aus Makromolekülen zusammengesetzt. Ein Proteinmolekül besitzt Eigenschaften, die keines der Atome aufweist, aus welchen es zusammengesetzt ist.[20]

• Die isolierte Betrachtung eines männlichen Wolfes (zum Beispiel unter den Aspekten der Autökologie, Physiologie oder Anatomie) führt zur Erklärung vieler Strukturen, ihrer Funktionen und Verhaltensweisen. Die Bedeutung der Geschlechtsorgane ergibt sich aber erst dann, wenn auch der Zusammenhang zu den Weibchen erkannt wird. Damit werden aber Männchen und Weibchen als Elemente eines übergeordneten Systems, der Fortpflanzungsgemeinschaft, betrachtet.

• Für den Einzeller Chlamydomonas ist die Fähigkeit zur Photosynthese keine emergente Eigenschaft, da sie aus der Photosynthesefähigkeit bestimmter Teile, der Chloroplasten, resultiert.

• Räumliches Sehen mit zwei Augen (deren Sichtfeld sich nennenswert überschneidet; Stereoskopisches Sehen oder Binokularsehen) ist mit nur einem Auge so nicht möglich.

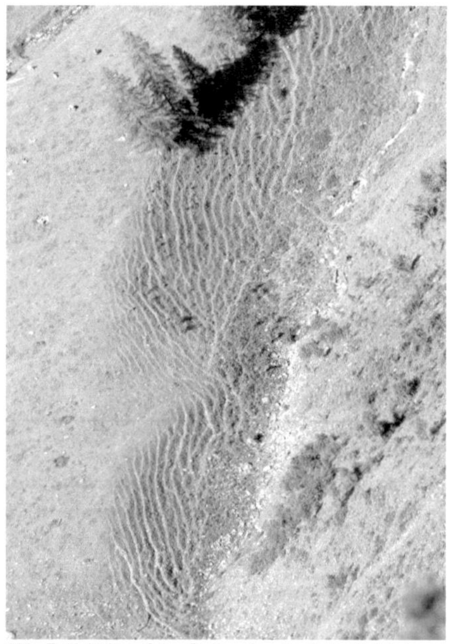

Abb. 7: Kuhtritt auf der Gruberalm: Auch die Entstehung von Hangstrukturen durch Kuhtritt beruht auf Selbstverstärkung – Kühe laufen offenbar bevorzugt auf ausgetretenen Pfaden. Foto CC-by-sa Herzi Pinki

Neurologie

Ein häufig verwendetes Beispiel stammt aus der Neurologie: Das Gehirn besteht aus sehr vielen, oberflächlich gesehen ähnlichen Elementen, den Nervenzellen, und weiteren Zellen, deren Funktion teilweise noch wenig erforscht ist. Aus dem Zusammenspiel dieser Bausteine emergieren Aktivitätsmuster, die die eigentliche Gehirntätigkeit ausmachen.

Denken und Kommunikation

Menschliche Gedankeninhalte (Ideen, Konzepte) besitzen Emergenzeigenschaften gegenüber den neurologischen Prozessen und psychischen Akten, aus denen sie entstehen. Ebenso sind Emergenzeffekte bei der Kommunikation von Gedankeninhalten zu erkennen, denn die Eigenschaften von Informationen lassen sich nicht linear aus den

[20] Neil A. Campbell, Jane B. Reece: Biologie, 6. Auflage, Spektrum Akademischer Verlag, Heidelberg 2003, S. 3

zugrunde liegenden grammatikalischen Strukturen (Buchstabe, Wort, Syntax) ableiten. Zwar ist Kommunikation auf Medien wie Papier und Tinte angewiesen, aber aus der physikalischen oder chemischen Beschaffenheit von Tinte und Papier lässt sich nichts über den Inhalt der damit geschriebenen Texte ableiten.

Die evolutionäre, multiplikative Wirkung solcher kommunizierten Gedankeninhalte versucht die Theorie der Memetik, eine Erweiterung der darwinschen Theorie der natürlichen Selektion bezogen auf den Bereich der Kultur, zu beschreiben. Die Grundeinheit eines kommunikationsfähigen Gedankens ist hierin das Mem, welches sich erst im Fühl- und Denkvermögen eines Individuums und dann durch Kommunikation und Austausch mit anderen Memen weiterentwickelt bzw. durch Variation diversifiziert. Eine zunehmende „Evolutionsgeschwindigkeit" der Meme ist nach dieser Theorie durch die Entwicklung der neuen Medien entstanden.

Neue Medien

In Zusammenhang mit den Neuen Medien wie dem Internet wird ebenfalls von *Emergenz* gesprochen. Das Internet lässt neue Effekte entstehen, die man als *emergent* bezeichnen kann. Durch weitere Vernetzung werden diese Effekte verstärkt. Beispiele sind Netzkunst, Smart Mobs, Online-Spiele und Internetforen.

Auch in den zeitgenössischen technikzentrierten und kybernetisch-systemtheoretisch orientierten Medientheorien der Medienwissenschaften bildet die *Emergenz* einen Schlüsselbegriff, der meist als *Selbstentfaltung* gelesen werden kann. Dabei sind Formulierungen wie *„Seit Medienenvironments aus sich selbst emergieren ..."* zu finden (Norbert Bolz in *Computer als Medium*, München 1994, S. 11.).

Auch Friedrich Kittler und Michael Giesecke (in Der Buchdruck in der frühen Neuzeit) verwenden den Begriff.

Am radikalsten ist vielleicht die These von George Dyson, der in seinem Buch *Darwin among the Machines* voraussagt, dass im Internet eine Art künstlicher kollektiver Intelligenz emergieren wird.

Physik

Insbesondere in der Physik finden sich Beispiele für die Emergenz von Merkmalen, da die Eigenschaften der gesamten makroskopischen Welt emergente Eigenschaften sind.

Ein Trupp Soldaten erlangt im Gleichschritt die Fähigkeit, eine Brücke zum Schwingen, dann zum Einsturz zu bringen.

In einem einfachen Fall betrachtet man etwa die Eigenschaften eines Gases und die Eigenschaften der Moleküle, aus denen jenes Gas besteht. Während das Gas über Eigenschaften wie etwa *„Temperatur"* oder *„Druck"* verfügt, ist dies für *keines* der konstituierenden Moleküle der Fall. (Ein einzelnes Molekül hat weder eine *„Temperatur"*, noch einen *„Druck"*.) Die genannten Attribute sind emergent, da sie nicht Kennzeichen der Bestandteile sind, die das Gesamtsystem „Gas“ bilden. Dies gilt darüber hinaus für die gesamte Thermodynamik.

Auch solche Phänomene wie etwa der Paramagnetismus, das Gefrieren von Wasser zu Eis, Supraleitfähigkeit, die Eigenschaften schwerer Sterne, das Wetter, das Spektrum eines schwarzen Strahlers (z. B. das Sonnenlicht) und selbst die vertikale Verteilung von Luftmolekülen in der Erdatmosphäre sind emergente Eigenschaften. Das Forschungsgebiet, welches die makroskopische Welt auf mikroskopischer Ebene untersucht und begründet, ist die statistische Physik.

Dynamisches Beispiel ist die Bildung von Strudeln in Flüssigkeiten oder Gasen (Windhose/Tornado in Luft), die nicht einmal aus denselben Einzelelementen bestehen, die in einen Strudel hineingeraten und ihn wieder verlassen, während der Strudel bestehen bleibt.

Die Emergenz spielt auch eine herausragende Bedeutung in der Clusterphysik, weil hier die Eigenschaften des Festkörpers evolutionär oder spontan durch die Vergrößerung der Atomanzahl bei Atomaggregaten (Cluster) entstehen.

Im Bereich der Elektronik stelle man sich eine Spule und einen Kondensator in Parallel- oder Serienschaltung vor. Die Eigenschaften des resultierenden Schwingkreises lassen sich durch Betrachtung der einzelnen Bauelemente nicht erahnen.

Der Nobelpreisträger (1998) Robert B. Laughlin versteht unter Emergenz ein *physikalisches Ordnungsprinzip* und erachtet sogar Einsteins spezielles Relativitätsprinzip als *nicht fundamental*, sondern als emergent.[21]

Mathematik

Vor allem in der Mathematik lassen sich emergente Phänomene leicht veranschaulichen: Conways Spiel des Lebens ist ein System vieler kleiner Zellen, die entweder lebendig oder tot sein können. Sehr einfache Regeln geben für jede einzelne Zelle an, wie diese mit der Zeit ihren Zustand (lebendig/tot) ändert. Das gesamte System kann dabei – je nach Anfangskonfiguration – ein außerordentlich komplexes, geordnetes und erstaunliches Verhalten aufweisen, das nicht darauf schließen lässt, dass die Einzelkomponenten (die Zellen) sehr primitiven Regeln gehorchen.
Ein weiteres erstaunliches emergentes Verhalten zeigt Langtons Ameise.

2.6.8. Zitate

- Philip W. Anderson:
    1. *„In jedem Stadium entsteht die Welt, die wir wahrnehmen, durch »Emergenz«. Das heißt durch den Prozeß, bei dem beträchtliche Aggregatio-*

[21] Siehe dazu auch die beiden von Robert B. Laughlin unter angeführten Zitate

nen von Materie spontan Eigenschaften entwickeln können, die für die einfacheren Einheiten, aus denen sie bestehen, keine Bedeutung haben. – Eine Zelle ist noch kein Tiger. Ebensowenig ist ein einzelnes Goldatom gelb und glänzend.“

2. *"Dieses Prinzip der Emergenz ist eine ebenso alles durchdringende philosophische Grundlage moderner wissenschaftlicher Betrachtungsweise wie Reduktionismus."*

- Murray Gell-Mann:

   1. *„Es braucht nicht noch mehr, um mehr zu bekommen. Das ist was Emergenz bedeutet. Leben kann aus Physik und Chemie und einer Vielzahl von Zufälligkeiten emergieren (hervorgehen). Das menschliche Bewusstsein kann durch Neurobiologie und einer Vielzahl von Zufälligkeiten entstehen. Ebenfalls: die chemische Bindung entsteht durch Physik und gewissen Zufälligkeiten. Die Wichtigkeit dieser Dinge wird nicht etwa geschmälert, nur weil wir wissen, dass sie aus noch grundlegenderen Gegebenheiten, plus Zufälligkeiten, folgen. Es ist eine allgemeine Regel! Und dies zu erfassen ist von grösster Wichtigkeit. Es braucht nicht noch mehr, um mehr zu bekommen!“*

- Robert B. Laughlin

   1. *„Aus physikalischer Sicht macht es besonders viel Spass über das Leben zu reden, weil es den extremsten Fall der Emergenz von Gesetzmässigkeiten darstellt.“*[22]
   2. *„Leider sind dem Ausdruck Emergenz einige Bedeutungen zugewachsen, die für unterschiedliche Dinge stehen, darunter übernatürliche Erscheinungen, die den physikalischen Gesetzen nicht unterworfen sind. So etwas meine ich nicht. Ich verstehe darunter ein* physikalisches *Ordnungsprinzip.“*[23]
   3. *„Einstein war Künstler und Gelehrter, aber vor allem war er Revolutionär. ... Die unbegründete Überzeugung seiner Zeit war der Äther, genauer gesagt, die der Relativität vorangehende, naive Version des Äthers. Die unbegründete Überzeugung unserer Zeit ist die Relativität selbst. Es würde vollkommen seinem Naturell entsprechen, sich die Fakten erneut vorzunehmen, sie im Geiste umzuwerfen und zu dem Schluss zu kommen, dass sein geliebtes Relativitätsprinzip keineswegs fundamental, sondern emergent ist.“*[24]

[22] Robert B. Laughlin: Abschied von der Weltformel. Piper, 2007, ISBN 978-3492047180, S. 235.

[23] Robert B. Laughlin: Abschied von der Weltformel. Piper, 2007, ISBN 978-3492047180, S. 25.

[24] Robert B. Laughlin: Abschied von der Weltformel. Piper, 2007, ISBN 978-3492047180, S. 190.

Literatur

- Philip Clayton: *Emergenz und Bewusstsein. Evolutionärer Prozess und die Grenzen des Naturalismus.* Vandenhoeck & Ruprecht, Göttingen 2008, ISBN 978-3-525-56985-6
- Jochen Fromm: *The Emergence of Complexity.* Kassel University Press, Kassel 2004, ISBN 3-89958-069-9
- John H. Holland: *Emergence. From Chaos to Order.* Oxford University Press, Oxford/New York 1998, ISBN 0192862111
- Andrey Korotayev, Artemy Malkov, Daria Khaltourina: *Introduction to Social Macrodynamics: Compact Macromodels of the World System Growth.* URSS, Moscow 2006, ISBN 5-484-00414-4
- Wolfgang Krohn, Günter Küppers (Hrsg.): *Emergenz. Die Entstehung von Ordnung, Organisation und Bedeutung.* Suhrkamp, Frankfurt am Main 1992 ISBN 978-3518285848
- Robert B. Laughlin: *Abschied von der Weltformel.* Piper, München/Zürich 2007, ISBN 978-3-492-04718-0
- Niklas Luhmann: *Die Gesellschaft der Gesellschaft.* Suhrkamp, Frankfurt am Main 1997.
- Karl Popper u. John C. Eccles: *The self and its brain. An Argument für Interactionism.* Springer, Heidelberg/Berlin/London/New York 1977, ISBN 0-387-08307-3. Deutsche Ausgabe: *Das Ich und sein Gehirn.* Aus dem Englischen übersetzt von Angela Hartung (Eccels-Teile), Willy Hochkeppel (Popper-Teile). Piper, München/Zürich 1987, ISBN 3-492-02817-9
- Achim Stephan: *Emergenz. Von der Unvorhersagbarkeit zur Selbstorganisation.* Habilitationsschrift Universität Karlsruhe 1998. Universitäts Press, Dresden/München 1999, ISBN 3-933168-09-0 (Zweite Auflage: *Emergenz. Von der Unvorhersagbarkeit zur Selbstorganisation.* Mentis, Paderborn 2005, ISBN 3-89785-439-2). Kritik: Peter Janich: *Was ist Information? Kritik einer Legende.* Suhrkamp, Frankfurt am Main 2006, ISBN 978-3518584705

Weblinks

- Eintrag in der *Stanford Encyclopedia of Philosophy* (englisch, inklusive Literaturangaben). (http://de.wikipedia.org/w/index.php?title=Stanford_Encyclopedia_of_Philosophy)
- Eintrag im *Biblionetz*.(http://beat.doebe.li/bibliothek/w00505.html)
- Emergenz bei uni-protokolle.de (http://www.uni-protokolle.de/Lexikon/Emergenz.html)
- Bibliographie Jean-Louis Dessalles: präsente Texte und Literatur zum Thema Emergenz (Englisch). (http://perso.enst.fr/~jld/papiers/emerstru.html)
- Paul Hoyningen-Huene: Zu Emergenz, Mikro- und Makrodetermination. (http://www.unics.uni-hannover.de/zeww/058_Hoyningen_Emerg.pdf)
- Auszug aus dem Buch *Thinking about Thought* von Piero Scaruffi zur Entwicklung einer Wissenschaft der Emergenz (Englisch, inkl. Literaturangaben). (http://www.thymos.com/tat/emergenc.html)
- Simulation der Emergenz einer Ameisenstraße: Unterrichtseinheit für den Biologieunterricht. (http://www.lehrer-online.de/ameisenstrasse.php).

3. Steuerungsmechanismen und Modellierung emergenter Systeme

3.1. Evolutionärer Algorithmus

Ein **Evolutionärer Algorithmus** (EA) ist ein Optimierungsverfahren, das als Vorbild die biologische Evolution hat. Dabei werden Individuen durch ihre Eigenschaften (i.A. in Zahlenwerten) beschrieben; sie müssen sich bzgl. der Selektionsbedingungen als möglichst geeignet behaupten, und dürfen dementsprechend ihre Eigenschaften vererben - oder eben nicht. Im Laufe mehrerer Durchläufe entwickelt sich so die „Bevölkerung“ immer näher an das Optimum.

3.1.1. Verfahren

Während der Evolution wurden durch Veränderungen des Erbgutes hochkomplexe Lebensformen und Organismen an ihre Umwelt- und Lebensbedingungen angepasst. Es wird damit ein sehr schwieriges Optimierungsproblem gelöst. Das Erstaunliche daran ist die relative Einfachheit der Steuerungsmechanismen. In einem einfachen Modell lässt sich der Prozess auf lediglich drei biologische Prinzipien zurückführen, die iterativ immer wieder durchlaufen werden: Mutation, Rekombination und Selektion.

• Die **Mutation** des Erbgutes ist ein ungerichteter Zufallsprozess, der Alternativen und Varianten des Vorhandenen erzeugt. Aus Sicht der Optimierungstheorie kommt der Mutation die Aufgabe zu, lokale Optima zu überwinden. Genetisch entspricht dies neuem Erbgut, das in die Population eingeführt wird und deren Diversität steigert.

• Die **Rekombination** der Erbinformation erweitert die Vielfalt, da zuvor gekoppelte Eigenschaften zweier erfolgreicher Individuen nach dem Zufallsprinzip neu kombiniert werden. Ein *evolutionärer Algorithmus* kann ohne Rekombination auskommen (d.h. es gibt eine asexuelle Fortpflanzung der einzelnen Individuen mit nur einem Elternteil pro Kind), in bestimmten Fällen ist die Anwendung von *Rekombination* jedoch effizienter.

• Die **Selektion** bewertet die Ergebnisse des Zufallsexperimentes, und zwar ausschließlich anhand der aktuellen Umweltbedingungen. An dieser Stelle wird die Richtung der evolutiven Veränderungen gesteuert, indem optimierte Phänotypen sich stärker vermehren. Genetisch entspricht dies der Entfernung von weniger geeignetem Erbgut, das aus der Population entfernt wird und dessen Diversität vermindert.

Die Selektion wäre demnach, wenn es keine Störungen gäbe, eine deterministische Komponente innerhalb der Evolution. In der Natur wird die Selektion jedoch immer wieder durch zufällige Ereignisse gestört. Auch bestens an ihre Umgebung angepasste Individuen können durch ein Unglück sterben, bevor sie Nachkommen zeugen. Damit ginge die genetische Information, die ein Optimum darstellt, verloren. Zufallsstörungen dieser Art ließen sich allerdings über den Faktor Zeit noch beheben, da früher oder später das Optimum erneut entsteht, und sich dann per Selektion doch durchsetzt.

Eine weitere Eigenschaft macht die Selektion dagegen zu einem indeterministischen Faktor. Die Selektion ist keine konstante Größe, da sich die Umwelt- und Lebensbedingungen der Individuen während des Evolutionsprozesses ständig ändern. So zieht beispielsweise eine Optimierung der Tarnung einer Beuteart zwangsläufig eine Veränderung der Selektionsbedingungen bei der Räuberart nach sich; sind die Räuber an die verbesserte Beutetarnung angepasst, ist die zuvor optimale Tarnung nur noch suboptimal. Es gibt also eine Rückkopplung zwischen jedem einzelnen Individuum und seiner Umwelt, die vielfältigen Eigenschaften der Umweltfaktoren werden paradoxerweise auch durch die Eigenschaften der Individuen beeinflusst (die Umkehrung gilt trivialerweise sowieso). Diese hochkomplexen Veränderungen der biotischen Selektionsfaktoren wird nun durch globale Faktoren wie Klimaveränderungen, plattentektonische Prozesse etc. nochmals überformt. Beim Evolutionären Algorithmus werden diese variablen Selektionskriterien nun extrem vereinfacht, indem sie in der Regel als Invarianten definiert werden.

Algorithmisch kommt der **Repräsentation** der Individuen große Bedeutung zu. Wie wird eine potentielle Lösung genetisch kodiert? Was ist der Lösungsraum? Welche Variationsoperationen sind darin angebracht? Dies muss meist problemabhängig beantwortet werden, typische Repräsentationen sind Datenstrukturen wie Vektoren von Bits, reellen Parametern oder ganze Programme.

Daneben ist die **Bewertungsmethode**, auch Fitnessfunktion genannt, essentiell für die Leistung des EA. Sie muss in der Lage sein, die Qualität beliebiger Lösungen möglichst gut abzubilden, da sie das Selektionskriterium bildet und damit die Suchrichtung definiert. Grundregeln sind, dass die optimale Lösung maximal bewertet werden sollte, während ähnliche Lösungen ähnlich bewertet werden sollten. Außerdem helfen möglichst feine Abstufungen zwischen "schlechten" und "guten" Lösungen dem Suchvorgang. Typischerweise ist die Bewertung der rechenintensivste Teil eines EA. In der Regel werden einzelne Individuen unabhängig bewertet, indem sie auf einen reellen Wert abgebildet werden. Allerdings sind auch "Tournament"-Verfahren üblich, die jeweils eine Teilgruppe von Individuen betrachten und diese relativ vergleichen und Werte zuweisen. Je strenger das Bewertungsverfahren und die damit verbundene Selektion arbeiten, desto höher ist der **Selektionsdruck**. Je höher der Selektionsdruck, desto schneller konvergiert die Population gegen ein Optimum, desto höher ist jedoch auch die Gefahr, dass dies nur ein lokales Optimum ist.

3.1.2. Pseudocode

Auf einer Population P von möglichen Lösungen kann der EA-Pseudocode folgendermaßen aussehen:

```
t = 0
initialisiere P(0)
wiederhole bis Abbruchkriterien erfüllt sind:
bewerte P(t)
 selektiere P'(t)
 aus P(t)
 rekombiniere P'(t)
 mutiere P'(t)
 P(t+1) = P'(t)
 t = t+1
fertig
```

3.1.3. Geschichte

Bereits Anfang der sechziger Jahre begannen verschiedene Forschergruppen die Prinzipien der Evolution nachzuahmen, um effiziente Optimierungsalgorithmen zu entwickeln. So haben John H. Holland und David E. Goldberg die Genetischen Algorithmen (GA), Lawrence J. Fogel das Evolutionäre Programmieren (EP), Hans-Paul Schwefel und Ingo Rechenberg die Evolutionsstrategischen Algorithmen (ES) entwickelt. Diese unabhängig voneinander entstandenen Entwicklungen, die unter dem Sammelbegriff Evolutionäre Algorithmen (EA) zusammengefasst werden, haben die gemeinsame Eigenschaft, bewusst Prinzipien der Evolution nachzuahmen, um sie im Sinne von Optimierungsregeln einzusetzen.

3.1.4. Anwendungsgebiete

Die wichtigsten Anwendungsgebiete der Evolutionären Algorithmen sind Optimierungsprobleme, bei denen traditionelle Optimierungsverfahren aufgrund von Nichtlinearitäten, Diskontinuitäten und Multimodalität versagen (z.B. Nichtlineare Regression). Die Eigenschaft ihrer Robustheit liegt darin begründet, dass zum einen keine Annahmen über das gestellte Problem getroffen werden, und zum anderen stets mit einer Menge von zulässigen Lösungen (Population von Lösungen) gearbeitet wird. Dadurch werden gleichzeitig mehrere Wege zum Optimum ausprobiert, wobei auch noch Informationen über die verschiedenen Wege (durch Vererbung bzw. Rekombination) ausgetauscht werden. Auf diese Weise wird das Wissen über das zugrundeliegende Problem in der gesamten Population verteilt, wodurch eine frühzeitige Konvergenz während der Optimierung verhindert werden kann.

3.1.5. Eigenschaften

Zusammenfassend kann man die Vor- und Nachteile der Evolutionären Algorithmen wie folgt beschreiben:

• Sie bieten eine parallele Suche in einer Population von möglichen Lösungen, sodass immer mehrere potentielle Lösungen gefunden werden.

• Sie benötigen kaum Problemwissen, insbesondere keine Gradienteninformation, können also z.B. auch bei diskontinuierlichen Problemen angewendet werden.

• Sie gehören zur Klasse der stochastischen Suchverfahren und ermöglichen damit auch die Behandlung von Problemen, die mit traditionellen Optimierungsmethoden nicht mehr handhabbar sind.

• Evolutionäre Algorithmen bieten im Allgemeinen keine Garantie, das globale Optimum in vernünftiger Zeit zu finden.

• Großer Nachteil der EAs ist der oft sehr große Rechenzeitbedarf: Evolutionäre Algorithmen sind eher die schlechtere Wahl für Probleme, für die es spezielle Optimierungsverfahren gibt, da diese in der Regel effizienter arbeiten. So sind z.B. Newton-Raphson-Methoden, die Gradienten bei der Optimierung verwenden, bei der Suche lokaler Minima um ein Vielfaches schneller als Evolutionäre Algorithmen.

Zu den Evolutionären Algorithmen zählt man:

- Genetische Programmierung
- Genetische Algorithmen
- Evolutionsstrategien
- Evolutionäre Programmierung

Literatur

- Ingrid Gerdes, Frank Klawonn, Rudolf Kruse, *Evolutionäre Algorithmen: genetische Algorithmen - Strategien und Optimierungsverfahren - Beispielanwendungen* Wiesbaden: Vieweg. 2004. ISBN 3528055707
- Volker Nissen, *Einführung in evolutionäre Algorithmen: Optimierung nach dem Vorbild der Evolution* Braunschweig: Vieweg. 1997. ISBN 3528054999
- Hartmut Pohlheim, *Evolutionäre Algorithmen: Verfahren, Operatoren und Hinweise für die Praxis* Berlin: Springer. 1999. ISBN 3540664130
- Karsten Weicker, *Evolutionäre Algorithmen* Stuttgart: Teubner. 2002. ISBN 3519003627
- Kenneth A. de Jong, *Evolutionary Computation: A Unified Approach. A Unified Approach* MIT Press. 2006. ISBN 0262041944
- Langdon, W. B., Poli, R., *Foundations of Genetic Programming*, Springer-Verlag, 2002. ISBN 3540424512
- Poli, R., Langdon, W. B., McPhee, N. F. (2008), *A Field Guide to Genetic Programming*, freely available via Lulu.com. ISBN 978-1-4092-0073-4

Weblinks

- Karsten Weicker, Evolutionäre Algorithmen (pdf) (218 kB) (http://www.imn.htwk-leipzig.de/~weicker/publications/sctreff_ea.pdf)
- Evolutionäre Algorithmen - Begriffe und Definitionen. Online Version der VDI/VDE-Richtlinie-3550, Blatt C3 (http://ls11-www.cs.uni-dortmund.de/people/beyer/EA-terminologie/term.html)
- Evolutionary Algorithms - Terms and Definitions. Online Version der VDI/VDE-Richtlinie-3550, Blatt C3 (http://ls11-www.cs.uni-dortmund.de/people/beyer/EA-glossary/def-engl-html.html)
- Informationen zum Thema Evolutionsalgorithmen (http://www.EvoComp.de/themen/evolutionsalgorithmen/evoalg.html)
- Global Optimization Algorithms - Theory and Application (PDF-Datei; 13,14 MB) (http://www.it-weise.de/projects/book.pdf)

3.1.6. Implementierungen

- EvA2 (Java), umfassendes Framework für EA und heuristische Optimierung mit GUI. (http://www.ra.cs.uni-tuebingen.de/software/EvA2/)

3.2. Autopoiesis

Autopoiesis oder **Autopoiese** (altgriech. αὐτός „selbst“ und ποιέιν „schaffen, bauen“) ist der Prozess der Selbsterschaffung und -erhaltung eines Systems.

In der Biologie stellt das Konzept der *Autopoiesis* einen Versuch dar, das charakteristische Organisationsmerkmal von Lebewesen oder lebenden Systemen mit den Mitteln der Systemtheorie zu definieren. Der vom chilenischen Neurobiologen Humberto Maturana geprägte Begriff wurde in der Folge seiner Veröffentlichungen aufgebrochen und für verschiedene andere Gebiete wissenschaftlichen Schaffens abgewandelt und fruchtbar gemacht.

3.2.1. Naturwissenschaftliches Konzept der Autopoiese für die Biologie (Maturana/Varela)

Das Konzept der Autopoiese charakterisiert lebende Systeme als den Prozess, d.h. konkret die Form der Organisation, der diese verwirklicht,[1] anstatt sie über eine Aufzählung einzelner ihrer Eigenschaften zu definieren wie Beweglichkeit oder Reizbarkeit.

Autopoietische Systeme (beispielsweise Menschen und andere Säugetiere) sind rekursiv organisiert, das heißt das Produkt des funktionalen Zusammenwirkens ihrer Bestandteile ist genau jene Organisation, die die Bestandteile produziert. Durch diese besondere Form der Organisation lassen sich lebende von nicht-lebenden Systemen unterscheiden: nämlich dadurch, „dass das Produkt ihrer Organisation sie selbst sind, das heißt, es gibt keine Trennung zwischen Erzeuger und Erzeugnis. Das Sein und das Tun einer autopoietischen Einheit sind untrennbar, und dies bildet ihre spezifische Art von Organisation“.[2]

Kriterien des autopoietischen Systems

Um ein autopoietisches System zu sein, muss eine Einheit die folgenden Merkmale erfüllen:

- Sie hat erkennbare Grenzen.
- Sie hat konstitutive Elemente und besteht aus Komponenten.
- Sie ist ein mechanistisches System: Die Relationen zwischen den Komponenten bestimmen die Eigenschaften des Gesamtsystems.
- Die Komponenten, die die Grenze der Einheit darstellen, tun dies als Folge der Relationen und Interaktionen zwischen ihnen.

[1] Humberto R. Maturana, Francisco J. Varela: Der Baum der Erkenntnis. Die biologischen Wurzeln des Erkennens. Goldmann, München 1987, ISBN 3-442-11460-8, S. 83ff, insbes. S. 9.

[2] Humberto R. Maturana, Francisco J. Varela: Der Baum der Erkenntnis. Die biologischen Wurzeln des Erkennens. (Goldmann Taschenbuch) Goldmann, München 1987, ISBN 3-442-11460-8, S. 56

• Die Komponenten, die die Grenze der Einheit darstellen, werden produziert von Komponenten der Einheit selbst, oder entstehen durch Transformation von Elementen, die keine Komponenten sind, durch Komponenten.

• Alle übrigen Komponenten der Einheit werden ebenfalls so produziert oder sind anderweitig entstandene Elemente, die jedoch für die Produktion von Komponenten notwendig sind.

Maturana und Francisco Varela wollten mit diesem letzten Punkt die Tatsache betonen, dass Organismen zwar Substanzen aus der Umwelt in sich aufnehmen, diese dabei jedoch sofort in verwertbare Baustoffe umwandeln. Substanzen dagegen, die für die Selbstreproduktion des Organismus keine Bedeutung haben, werden vom Organismus sozusagen ignoriert.

Konsequenzen für Biologie und Kognition

Maturana und Varela liefern mit dem Begriff eines molekülbasierten autopoietischen Systems erstmals eine strenge Definition des Lebens, die z.B. einzelne Großmoleküle wie Viren oder die bisherigen künstlich von Menschen hergestellten Maschinen klar als Nichtlebewesen abgrenzt. Während biologische Zellen bei ihnen als autopoietische Systeme 1. Ordnung gelten, werden vielzellige Lebewesen als *Metazeller* und autopoietische Systeme 2. Ordnung aufgefasst, die selbst autopoietischen Charakter haben können.[3]

Das Konzept der Autopoiese ist integraler Bestandteil der biologischen Theorie der Kognition, die Maturana und Varela in *Der Baum der Erkenntnis* (Orig. *El Árbol del Conocimiento*, 1984) umfassend ausformuliert haben. Diese verabschiedet sich von einer Auffassung der Welt als einer Ansammlung von zu erkennenden beobachterunabhängigen Objekten[4] und verwebt die Prozesse der Autopoiese und der durch das Nervensystem hergestellten sensomotorischen Beziehungen (Korrelationen) des beweglichen Organismus zu einem ständigen Akt der Hervorbringung einer Welt im laufenden Prozess des Lebensvollzugs. Objekte tauchen demzufolge als fortlaufend erzeugte Konstanten oder Regelmäßigkeiten der Zustände des Nervensystems eines menschlichen Organismus auf in seinen insbesondere auch sprachlichen (sozialen) Handlungen in Bezug auf seine Umgebung, ohne dass auf eine Wirklichkeit außerhalb dieser Prozesse zurückgegriffen werden könnte („*operationale Geschlossenheit des Nervensystems*“).

Die Handlungen (Operationen), die jedes autopoietische System in seiner Umgebung ausführt, werden als *wirksame Handlungen* verstanden, sofern sie den Fortbestand des Systems in seiner Umgebung erlauben und es damit weiter „dort seine Welt hervor-

[3] Humberto R. Maturana, Francisco J. Varela: Der Baum der Erkenntnis. Die biologischen Wurzeln des Erkennens. Goldmann, München 1987, ISBN 3-442-11460-8, S. 83ff, insbes. S. 98.

[4] Humberto R. Maturana, Francisco J. Varela: Der Baum der Erkenntnis. Die biologischen Wurzeln des Erkennens. Goldmann, München 1987, ISBN 3-442-11460-8, S. 31.

bringt".[5] Maturana und Varela verstehen solche Systeme als *kognitiv*. Eine absolute Unterscheidung zwischen Realität und Illusion versteht Maturana anhand dieses mit dem Autopoiesebegriff unlösbar verbundenen Kognitionskonzepts als ausgeschlossen.

Literatur

Kognitionsbiologie

- Francisco J. Varela, Humberto R. Maturana, and R. Uribe "Autopoiesis: The organization of living systems, its characterization and a model", *Biosystems*, Vol. 5 (1974), pp. 187–196. (Eine der ursprünglichen Veröffentlichung zum Thema 'Autopoiese'. Enthält auch die Beschreibung eines konkreten Simulationsmodells eines autopoietischen Systems).
- Humberto R. Maturana & Francisco J. Varela: Der Baum der Erkenntnis: Die biologischen Wurzeln des menschlichen Erkennens; Goldmann Taschenbuch; 1990; ISBN 3-442-11460-8
- H. Maturana und F. Varela: *Autopoiesis and Cognition: The Realization of the Living*, Boston: D. Reidel, 1980

Weblinks

- Sehr umfangreiche (englischsprachige) Einführung in die Thematik der Autopoiesis (http://www.enolagaia.com/AT.html)
- Ausführliches Glossar zum Thema Autopoiesis (http://www.enolagaia.com/EA.html)
- *Biology of Cognition* (Link auf den Text), 1970 (http://www.enolagaia.com/M70-80BoC.html)
- Deutscher Idealismus, Autopoiese und Radikaler Konstruktivismus, 1. Teil: Eine ideengeschichtliche Rekonstruktion (http://electroneubio.secyt.gov.ar/Stefan_Schweizer_Autopoiesis.htm)

3.3. Rekursion

Als **Rekursion** (lat. *recurrere* „zurücklaufen") bezeichnet man die Technik in Mathematik, Logik und Informatik, eine Funktion durch sich selbst zu definieren (*rekursive Definition*). Wenn man mehrere Funktionen durch wechselseitige Verwendung voneinander definiert, spricht man von *wechselseitiger Rekursion*.

Nicht jede rekursive Definition ist eine Definition im eigentlichen Sinn, denn die zu definierende Funktion braucht nicht wohldefiniert zu sein. Jeder Aufruf der rekursiven Funktion muss sich durch Entfalten der rekursiven Definition in endlich vielen Schritten auflösen lassen. Umgangssprachlich sagt man, sie darf nicht in einen infiniten Regress (vulgo Endlosschleife) geraten.

---

[5] Humberto R. Maturana, Francisco J. Varela: Der Baum der Erkenntnis. Die biologischen Wurzeln des Erkennens. Goldmann, München 1987, ISBN 3-442-11460-8, S. 36.

Die Rekursion ist eine von mehreren möglichen Problemlösungsstrategien, sie führt oft zu eleganten Darstellungen. Auch in vielen Programmiersprachen sind rekursive Prozeduren als Sprachmittel verfügbar. Rekursion und Iteration sind im Wesentlichen gleichmächtige Sprachmittel. In ihrer Implementierung kann es Effizienzunterschiede geben.

Abb. 8: Rekursion in einem Bildschirm-Aufnahmeprogramm. Bild CC-by-sa jobu0101

3.3.1. Definition

(*Hinweis vorab: Rekursionsverfahren und rekursive Definitionen sind nicht auf Funktionen natürlicher Zahlen beschränkt. Hier sei auf das verallgemeinerte Rekursionsschema verwiesen.*)

Das Grundprinzip der rekursiven Definition einer Funktion f ist: Der Funktionswert $f(n+1)$ einer Funktion $f : \mathbf{N}_0 \rightarrow \mathbf{N}_0$ ergibt sich durch Verknüpfung bereits vorher berechneter Werte $f(n)$, $f(n-1)$, ... Falls außerdem die Funktionswerte von f für hinreichend viele Startargumente bekannt sind, kann jeder Funktionswert von f berechnet werden. Bei einer rekursiven Definition einer Funktion f ruft sich somit die Funktion so oft selbst auf, bis eine durch den Aufruf der Funktion veränderte Variable einen vorgegebenen Zielwert erreicht oder Grenzwert überschritten hat.

Die Definition von rekursiv festgelegten Funktionen ist eine grundsätzliche Vorgehensweise in der funktionalen Programmierung. Ausgehend von einigen gegebenen Funktionen (wie z. B. der Summen-Funktion) werden neue Funktionen definiert. Mit diesen können weitere Funktionen definiert werden.

Ein Spezialfall der Rekursion ist die primitive Rekursion, die stets durch eine Iteration ersetzt werden kann. Bei einer solchen Rekursion enthält der Aufruf-Baum keine Verzweigungen, das heißt er ist eigentlich eine Aufruf-Kette: das ist immer dann der Fall, wenn eine rekursive Funktion sich selbst jeweils nur einmal aufruft, insbesondere am Anfang (*Head Recursion*) oder nur am Ende (*Tail Recursion* oder Endrekursion) der Funktion. Umgekehrt kann jede Iteration durch eine primitive Rekursion ersetzt werden, ohne dass sich dabei die Komplexität des Algorithmus ändert.

3.3.2. Formen der Rekursion

Die häufigste Rekursionsform ist die *lineare Rekursion*, bei der in jedem Fall der rekursiven Definition höchstens ein rekursiver Aufruf vorkommen darf. Die Berechnung verläuft dann entlang einer Kette von Aufrufen.

Die primitive Rekursion ist ein Spezialfall der linearen Rekursion. Hier definiert man Funktionen auf den natürlichen Zahlen, wobei in jedem rekursiven Aufruf dessen erster Parameter um Eins ab- oder zunimmt. Jede primitiv-rekursive Definition kann unter Zuhilfenahme eines Stapels durch eine For-Schleife ersetzt werden.

Die *endständige* oder *repetitive* Rekursion (*Tail Recursion* oder Endrekursion) bezeichnet den Spezialfall der linearen Rekursion, bei der jeder rekursive Aufruf die letzte Aktion ist. Endrekursionen lassen sich unmittelbar durch While-Schleifen ersetzen und umgekehrt.

Unter *verschachtelter* Rekursion versteht man eine Rekursion, bei welcher rekursive Aufrufe in Parameterausdrücken rekursiver Aufrufe vorkommen. Diese Rekursionsform gilt als außerordentlich schwer zu durchschauen.

Kaskadenförmige Rekursion bezeichnet den Fall, in dem mehrere rekursive Aufrufe nebeneinander stehen. Die rekursiven Aufrufe bilden dann einen Baum. Kaskadenförmige Rekursion gilt als elegant, kann aber ohne weitere Maßnahmen einen exponentiellen Berechnungsaufwand nach sich ziehen. Sie wird also gern als Ausgangspunkt für eine andere effizientere Formulierung gebraucht.

Die *wechselseitige* Rekursion bezeichnet die Definition mehrerer Funktionen durch wechselseitige Verwendung voneinander. Sie lässt sich zurückführen auf die gewöhnliche Rekursion einer tupelwertigen Funktion.

3.3.3. Anwendung

Im Fall von primitiv-rekursiven Funktionen steht es dem Programmierer frei, eine iterative oder eine rekursive Implementierung zu wählen. Dabei ist die rekursive Umsetzung meist eleganter, während die iterative Umsetzung effizienter ist (insbesondere weil der Stack weniger beansprucht wird und der Overhead für den wiederholten Funktionsaufruf fehlt); siehe auch das Programmierbeispiel unten.

Manche Programmiersprachen (insbesondere in der Funktionalen Programmierung) erlauben keine Iteration, sodass immer die rekursive Umsetzung gewählt werden muss. Solche Sprachen setzen häufig zur Optimierung primitive Rekursionen intern als Iterationen um (insbesondere einige Interpreter für LISP und Scheme verfahren so).

Es ist zu beachten, dass eine naive Implementierung bei manchen Funktionen (z. B. den Fibonacci-Zahlen) bedingt, dass Teillösungen mehrfach berechnet werden. Abhilfe schafft in diesem Beispiel die Memoisation, die auf der Wiederverwendung bereits berechneter Zwischenlösungen beruht. Die Rekursion ist ein wesentlicher Bestandteil einiger Entwurfsstrategien für effiziente Algorithmen, insbesondere der Teile-und-herrsche-Strategie (*Divide and Conquer*). Andere Ansätze (zum Beispiel sogenannte Greedy-Algorithmen) verlangen ein iteratives Vorgehen. Rekursion und primitiv-rekursive Funktionen spielen eine große Rolle in der theoretischen Informatik, insbesondere in der Komplexitätstheorie und Berechenbarkeitstheorie.

Im Compilerbau ist der rekursive Abstieg (*Recursive Descent*) eine Technik, bei der eine Sprache rekursiv *geparst* wird.

3.3.4. Beispiele

Die Funktion $\text{sum}: N_0 \rightarrow N_0$ soll zu jeder Zahl n die Summe der ersten n Zahlen berechnen. Sie ist folgendermaßen *definiert*:

$$\text{sum}(n) = \sum_{i=0}^{n} i \cdot$$

Um eine gleichwertige rekursive Definition der Summenfunktion zu erhalten, bestimmen wir zunächst den einfachen Fall, den *Rekursionsanfang*. Im Beispiel handelt es sich um den Funktionswert für 0.

$$\text{sum}(0) = 0$$

Übrig bleibt der schwierige Fall, also hier der Funktionswert für $n > 0$. Den schwierigen Fall führen wir auf einen einfacheren Fall zurück, nämlich auf den Fall $n-1$. Dieser einfachere Fall wird unser rekursiver Aufruf. Die entsprechende Vorschrift heißt *Rekursionsschritt*. Beispielsweise lässt sich die Summe der ersten n Zahlen berechnen, indem man die Summe der ersten $n-1$ Zahlen berechnet und dazu die Zahl n addiert:

$$\text{sum}(n) = \text{sum}(n-1) + n$$

Diese beiden Gleichungen lassen sich zu einer rekursiven Definition der Summenfunktion zusammenfassen:

$$\text{sum}(n) = \begin{cases} 0 & \text{falls } n = 0 & \text{(Rekursionsanfang)} \\ \text{sum}(n-1) + n & \text{sonst} & \text{(Rekursionsschritt)} \end{cases}$$

Wir stellen fest, dass es sich hierbei um eine lineare Rekursion handelt, denn in jedem der beiden Fälle (Rekursionsanfang und Rekursionsschritt) gibt es höchstens einen sum-Aufruf. Es ist sogar eine primitive Rekursion. Es ist aber keine Endrekursion, denn nach dem rekursiven Aufruf $\text{sum}(n-1)$ muss noch n addiert werden.

Die Summe der Zahlen von 0 bis 3 berechnet sich dann wie folgt:

$$\begin{aligned}
\text{sum}(3) &= \text{sum}(2) + 3 && \text{(Rekursionsschritt)}\\
&= \text{sum}(1) + 2 + 3 && \text{(Rekursionsschritt)}\\
&= \text{sum}(0) + 1 + 2 + 3 && \text{(Rekursionsschritt)}\\
&= 0 + 1 + 2 + 3 && \text{(Rekursionsanfang)}\\
&= 6
\end{aligned}$$

Die Aufruf-Kette dazu sieht so aus:

$$\text{sum}(3) \rightarrow \text{sum}(2) \rightarrow \text{sum}(1) \rightarrow \text{sum}(0).$$

Es gibt auch eine Charakterisierung der Summenfunktion ohne Rekursion, denn die Gaußsche Summenformel besagt, dass $\text{sum}(n) = \frac{n(n+1)}{2}$.

Ein anderes klassisches Beispiel ist die Fibonacci-Folge

```
0,1,1,2,3,5,8,13,21,34,...
```

Die Fibonacci-Funktion $\text{fib}: N_0 \rightarrow N_0$, die jedem n die n-te Fibonacci-Zahl zuordnet, hat die einfachen Fälle $\text{fib}(0)=0$ und $\text{fib}(1)=1$ und genügt der Rekursionsgleichung

$$\text{fib}(n) = \text{fib}(n-1) + \text{fib}(n-2) \text{ für } n > 1.$$

Es ergibt sich die rekursive Definition:

$$\text{fib}(n) = \begin{cases} 0 & \text{falls } n = 0 & \text{(Rekursionsanfang)}\\ 1 & \text{falls } n = 1 & \text{(Rekursionsanfang)}\\ \text{fib}(n-1) + \text{fib}(n-2) & \text{sonst} & \text{(Rekursionsschritt)} \end{cases}$$

Diese rekursive Definition ist kaskadenförmig. Die dritte Fibonacci-Zahl wird zum Beispiel folgendermaßen berechnet:

$$\begin{aligned}
\text{fib}(3) &= \text{fib}(2)+\text{fib}(1) && \text{(Rekursionsschritt)}\\
&= \text{fib}(1)+\text{fib}(0)+\text{fib}(1) && \text{(Rekursionsschritt)}\\
&= 1+\text{fib}(0)+\text{fib}(1) && \text{(Rekursionsanfang)}\\
&= 1+0+\text{fib}(1) && \text{(Rekursionsanfang)}\\
&= 1+0+1 && \text{(Rekursionsanfang)}\\
&= 2
\end{aligned}$$

Die Berechnung für `fib(1)` wird hier mehrfach durchgeführt. Das deutet an, dass es Potential für Optimierungen gibt. Auch für die Fibonacci-Funktion gibt es einen gleichwertigen geschlossenen Ausdruck.

3.3.5. Programmierbeispiel I, Methodik rekursiver Implementierung

Implementierung, implementativ iterativ

Im folgenden Beispiel wird eine Zeichenkette von Offset 0 bis Offset n *implementativ iterativ* durchlaufen. Die Abbruchbedingung ist erfüllt, wenn der Iterator auf den Nullterminator der Zeichenkette stößt.

```
char* strKette = "foobar",
    * pTemp    = strKette;

 while( *pTemp != 0x0 )
 {
   // z. B. Buchstabe für Buchst. ausgeben
   ++pTemp;
 };
```

Implementierung, implementativ rekursiv

Jedoch lässt sich die Iteration einer Zeichenkette auch *implementativ rekursiv* darstellen, auch wenn die Aufgabenstellung nicht implizit *rechnerisch rekursiv* ist.

```
void fnTraverse( char* pString )
 {
   if( *pString == 0x0 )
     return;
   else
     // z. B. Buchstabe für Buchst. ausgeben
     fnTraverse( ++pString );
 }
```

3.3.6. Programmierbeispiel II, Fakultätsberechnung

Das Beispiel zeigt eine beliebte und einfache Implementierung der Fakultätsberechnung mittels Pseudocode. Der rekursiven Variante wird hier zur Verdeutlichung eine iterative Variante gegenübergestellt. Dabei ist n die Zahl, deren Fakultät berechnet werden soll.

```
fakultät_rekursiv(n)
{
  wenn n <= 1
      dann return 1
      sonst return ( n * fakultät_rekursiv(n-1) )
}
```

Die Rekursion kommt in der vorletzten Zeile zum Ausdruck, wo die Funktion sich selbst mit einem um 1 verringerten Argument aufruft. Hier im nächsten Beispiel wird die Funktion nur einmal aufgerufen und arbeitet dann linear den gegebenen Algorithmus ab:

```
fakultät_iterativ(n)
{
    fakultät = 1
    faktor = 2
    solange faktor <= n
    {
        fakultät = fakultät * faktor
        faktor = faktor + 1
    }
    return fakultät
}
```

3.3.7. Rekursive Grafiken

Nicht nur Funktionen, sondern auch Punktmengen können rekursiv definiert werden (Fraktale). Deren graphische Darstellung liefert ästhetisch ansprechende, *natürlich* aussehende Gebilde. Ein Beispiel ist der rekursive Pythagoras-Baum. Der rekursive Algorithmus sieht folgendermaßen aus:

Abb. 9: Pythagoras-Baum

- Errichte über zwei gegebenen Punkten ein *Quadrat*
- Auf der Oberseite zeichne ein *Dreieck* mit definierten Winkeln bzw. Höhe
- Rufe diese Funktion für die beiden Schenkel dieses Dreieckes auf

Der Algorithmus wird dann bis zu einer vorgegebenen *Rekursionstiefe* entfaltet. Bei Rekursionstiefe eins entsteht ein Dreieck mit je einem Quadrat über den drei Seiten. Das sieht wie die Illustration zum Satz des Pythagoras aus --- daher der Name. Je höher die Rekursiontiefe, desto mehr ähnelt das Gebilde einem Baum.

3.3.8. Lösen von Rekursionen

Beim Lösen einer Rekursion sucht man zum einen den Laufzeitaufwand, zum anderen die explizite Form der Rekursion.

Der Aufwand kann als asymptotische Θ- bzw. O-Schranke mittels Mastertheorem bzw. Substitutionsmethode bestimmt werden. Auch das *geschickte Raten* mit anschließender Induktion bietet eine Möglichkeit, eine Oberschranke der Laufzeit zu ermitteln.

Die explizite Form (oder auch geschlossene Form genannt) der Rekursionsgleichung lässt sich beispielsweise durch die Erzeugende-Funktion finden. Eine zweite Möglichkeit bietet das *Ableiten* durch Differenzenbildung aufeinanderfolgender Funktionswerte der Rekurrenz.

3.3.9. Probleme mit Rekursionen

Wird eine Rekursion zu häufig durchgeführt, so kann das, weil der Speicher irgendwann nicht mehr ausreicht. Bei jedem Aufruf wird der neu beschrieben, allerdings werden die alten Variablen und Adressen manchmal dabei nicht zerstört. Es empfiehlt sich daher den Speicher per Hand freizugeben (falls dies möglich ist).

3.4. Emergenz durch Chaos (Chaosforschung)

Die **Chaosforschung** (auch: Theorie komplexer Systeme oder Komplexitätstheorie) ist ein Teilgebiet der Mathematik und Physik und befasst sich im Wesentlichen mit dynamischen Systemen, deren Dynamik unter bestimmten Bedingungen empfindlich von den Anfangsbedingungen abhängt, sodass ihr Verhalten nicht langfristig vorhersagbar ist. Da diese Dynamik einerseits den physikalischen Gesetzen unterliegt, andererseits aber irregulär erscheint, bezeichnet man sie als deterministisches Chaos. Chaotische dynamische Systeme sind nichtlinear.

Beispiele sind der Schmetterlingseffekt beim Wetter, Turbulenzen, Wirtschaftskreisläufe, bestimmte Musterbildungsprozesse, wie beispielsweise Erosion, die Entstehung eines Verkehrsstaus sowie neuronale Netze und damit letztlich auch menschliches Verhalten.

Die Chaosforschung wurde bei ihrem Aufkommen von der Öffentlichkeit mit großem Interesse verfolgt. Die damit verbundenen oft überhöhten Erwartungen hat sie jedoch nicht erfüllen können. So wird der in der Öffentlichkeit populäre Begriff **Chaostheorie** in Fachkreisen eher vermieden. Die Erfolge der Chaosforschung bestehen im Wesentlichen in der Entdeckung bestimmter universeller Strukturen und Prinzipien im scheinbar regellosen Verhalten chaotischer Systeme wie beispielsweise verschiedenen „Wegen ins Chaos“ wie über Periodenverdopplung oder die Ausbildung sogenannter seltsamer Attraktoren.

Die Chaosforschung basiert unter anderem auf Arbeiten von Henri Poincaré, Edward N. Lorenz, Benoit Mandelbrot und Mitchell Feigenbaum. Die hier dargestellten Phänomene entsprechen dem Minimalkonsens darüber, was thematisch zur Chaosforschung zählt.

3.4.1. Grundlagen

Anders als der Begriff Chaos in der Umgangssprache charakterisiert die deterministische Chaostheorie nicht den Zustand eines Systems, wie beispielsweise seine Unordnung, sondern sein zeitliches Verhalten, das heißt seine Dynamik.

Definition

Ein dynamisches System (T, X, f) heißt *chaotisch*, wenn eine f-invariante Menge $Y \subseteq X$ existiert, d. h. für jedes $t \in T$ und jedes $y \in Y$ ist $f(t, y) \in Y$, für die gilt:

1. f besitzt sensitive Abhängigkeit von den Anfangsbedingungen auf Y.
2. f ist topologisch transitiv auf Y:

Zu allen offenen Mengen $U, V \subseteq X$ mit $U \cap Y \neq \varnothing \neq V \cap Y$ existiert ein $t > 0$, so dass $f(t, U) \cap V \neq \varnothing$.

3. Die periodischen Orbits von f liegen dicht in Y.

Grenzen der Vorhersagbarkeit

Liegt chaotisches Verhalten vor, dann führen selbst geringste Änderungen der Anfangswerte nach einer gewissen Zeit zu einem völlig anderen Verhalten (sensitive Abhängigkeit von den Anfangsbedingungen). Es zeigt sich also ein nichtvorhersagbares Verhalten, das sich zeitlich scheinbar irregulär entwickelt. Dabei kann das Verhalten des Systems bei bestimmten Anfangswerten völlig regulär sein, wenn es sich z. B. um einen periodischen Orbit handelt. Jede auch noch so kleine Änderung der Anfangswerte kann jedoch zu einem ganz anderen, auch vollkommen unregelmäßigen Verhalten führen. Um das Systemverhalten für eine bestimmte zukünftige Zeit berechnen zu können, müssen die Anfangsbedingungen deshalb mit unendlich genauer Präzision bekannt sein und berechnet werden, was praktisch unmöglich ist. Obwohl auch solche Systeme determiniert und damit prinzipiell bestimmbar sind, sind daher praktische Vorhersagen nur für mehr oder weniger kurze Zeitspannen möglich.

Dieses Phänomen ist auch unter dem Schlagwort Schmetterlingseffekt in der Öffentlichkeit bekanntgeworden, wonach selbst der Flügelschlag eines Schmetterlings auf lange Sicht zu einem anderen Ablauf des großräumigen Wettergeschehens führen kann.

Quantentheorie und Determinismus

Während im Sinne der klassischen Physik die Vorhersagbarkeit realer komplexer Systeme an praktisch nie vollkommen exakten Messungen der Anfangsbedingungen scheitert, zeigt die Berücksichtigung der Erkenntnisse der Quantentheorie, dass deren Verhalten prinzipiell nicht determiniert ist. So besagt die Heisenbergsche Unschärferelation, dass Ort und Impuls eines Objektes nicht gleichzeitig beliebig genau bestimmbar sind. Diese Einschränkung bezieht sich nicht auf Unzulänglichkeiten des Beobachtungsvorgangs, sondern ist prinzipieller Natur. Diese Unschärfe ist bei makroskopischen Systemen gewöhnlich vernachlässigbar. Da sie bei chaotischen Systemen jedoch beliebig wächst, nimmt sie früher oder später makroskopische Dimensionen an. Bei dem Gerät zur Ziehung der Lottozahlen mit Kugeln ist das bereits nach etwa 20 Stößen der Fall. Die Vorhersagbarkeit chaotischer Systeme scheitert daher spätestens an der Unschärferelation. Das bedeutet, dass reale Systeme prinzipiell nicht im klassischen Sinn deterministisch sein können im Gegensatz zu den sie beschreibenden mathematischen Modellen.

Nichtlineare Systeme

Chaotisches Verhalten kann nur in Systemen auftreten, deren Dynamik durch nichtlineare Gleichungen beschrieben wird. Solche Gleichungen sind meist nicht analytisch, d. h. nicht durch Angabe expliziter Größen, sondern nur numerisch lösbar. Ursache des exponentiellen Wachstums von Unterschieden in den Anfangsbedingungen sind dabei oft Mechanismen von Selbstverstärkung beispielsweise durch Rückkopplungen. Ist durch Reibung hinreichend Dissipation im Spiel, so kann sich in der Regel kein chaotisches Verhalten ausbilden. So könnten beispielsweise bei Jahrmarktsfahrgeschäften, die konstruktionsbedingt zu chaotischem Verhalten neigen, ohne entsprechende Bremsmaßnahmen unerwartete und unzumutbare Beschleunigungsspitzen auftreten. Dass dissipative Terme nicht ausschließlich stabilisierend wirken, zeigt sich am Beispiel einer Grenzschicht. Mit der linearen Stabilitätstheorie lässt sich zeigen, dass erst der Einfluss der Reibung das Wachstum kleiner Störungen ermöglicht. Dieses exponentielle Anwachsen stellt die erste Phase des laminar-turbulenten Umschlags dar.

Diskrete Systeme

Bisher wurde nur das zeitliche Verhalten kontinuierlicher physikalischer Systeme betrachtet. Chaos wird jedoch auch in Modellen studiert, bei denen jeder Zustand durch einen Iterationsschritt diskret in den Folgezustand übergeht. Beispiele sind die logistische Gleichung oder die Iterationsvorschrift, die zur Mandelbrot-Menge führt, die unter der Bezeichnung Apfelmännchen bekannt wurde. Dabei können die gleichen Grundphänomene wie bei kontinuierlichen Systemen auftreten.

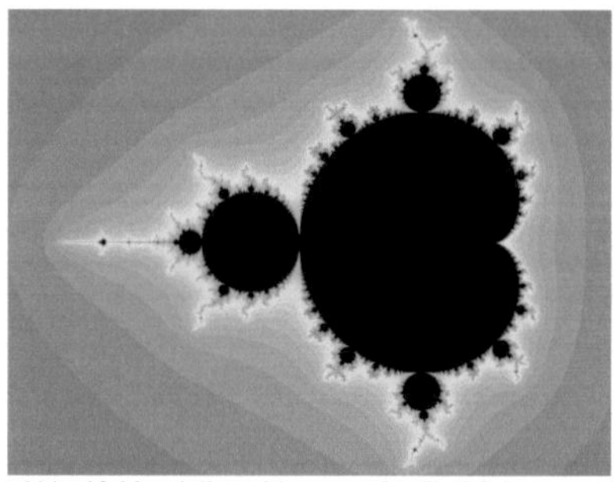

Abb. 10 Mandelbrot-Menge – Grafik CC-by-sa Wolfgang Beyer

Im Prinzip lässt sich einem kontinuierlichen System durch die Betrachtung bestimmter aufeinanderfolgender Zustände stets ein diskretes System zuordnen. Ein Verfahren ist die sogenannte Poincaré-Abbildung, mit der Henri Poincaré Ende des 19. Jahrhunderts die Stabilität der Planetenbewegung studierte.

3.4.2. Phänomene

Ein wesentliches Ergebnis der Chaosforschung ist die Entdeckung, dass chaotische Systeme trotz ihres langfristig nicht vorhersagbaren, scheinbar irregulären Verhaltens bestimmte typische Verhaltensmuster zeigen. Da sie bei völlig unterschiedlichen Systemen beobachtet werden, sind sie von universeller Bedeutung.

Seltsame Attraktoren

Ein typisches Phänomen bei chaotischen Prozessen sind sogenannte Seltsame Attraktoren. Für ihr Verständnis betrachtet man die Dynamik des Systems anhand von sogenannten Phasenraumdiagrammen.

Phasenraumdiagramme

Phasenraumdiagramme bieten einen anschaulichen Überblick über die Dynamik eines Systems. Der Zustand des Systems wird dabei zu jedem Zeitpunkt durch einen Punkt in einem Raum dargestellt, dessen Koordinatenachsen durch den Satz von unabhängigen Zustandsgrößen des Systems und deren Geschwindigkeiten gegeben sind. Die Dynamik lässt sich damit als die Bahn dieses Punktes im Phasenraum interpretieren. So wird beispielsweise der Phasenraum eines Pendels durch den Auslenkwinkel und die zugehörige Winkelgeschwindigkeit aufgespannt, und eine periodische Pendelbewegung entspricht einer geschlossenen Kurve um den Koordinatenursprung. Mathematisch lässt sich die Gesamtheit aller möglichen Verhaltensweisen als Strömungsfeld im Phasenraum interpretieren.

Attraktoren

In manchen Fällen streben Systeme mit verschiedenen Anfangsbedingungen zu demselben Verhalten. Die zugehörigen Bahnen im Phasenraum konvergieren dann zu einer bestimmten Bahn, die als Attraktor bezeichnet wird. Im Falle eines freien Pendel mit Reibung wäre das der Ruhezustand, das heißt der Koordinatenursprung im Phasendiagramm, zu dem alle Bahnen spiralförmig hinstreben. In diesem Fall handelt es sich um einen punktförmigen Attraktor, einen Fixpunkt. Attraktoren können jedoch auch Kurven sein, wie beispielsweise der periodische Grenzzyklus, der sich bei einem Pendel mit Reibung einstellt, das durch eine äußere periodische Kraft zu Schwingungen angeregt wird. Dieses Verhalten ist typisch für dissipative Systeme. Mathematisch betrachtet können Attraktoren immer dann auftreten, wenn die Divergenz des Strömungsfeldes in Bereichen des Phasenraums negativ ist.

Der seltsame Attraktor

Chaotische Systeme können nun eine besondere Form von Attraktoren haben, die als seltsame Attraktoren bezeichnet werden. Obwohl sie sich in einem begrenzten Gebiet des Phasenraumes aufhalten, sind sie unendlich lang und nicht periodisch. Bezüglich kleiner Störungen zeigen sie chaotisches Verhalten. Es sind Fraktale mit einer komplizierten und scheinbar irregulären inneren geometrischen Struktur. Sie sind in eine Teilmenge des Phasenraums eingebettet, die eine niedrigere Dimensionalität besitzt als der Phasenraum selbst. Das bedeutet, dass in der Dynamik trotz des chaotischen Charakters nur ein infinitesimaler und damit verschwindender Bruchteil aller möglichen Zustände vorkommt. Der Attraktor selbst hat, wie bei Fraktalen üblich, eine fraktale Dimension, die durch eine gebrochene Zahl dargestellt wird und die damit noch kleiner als die Dimension des Einbettungsbereiches ist.

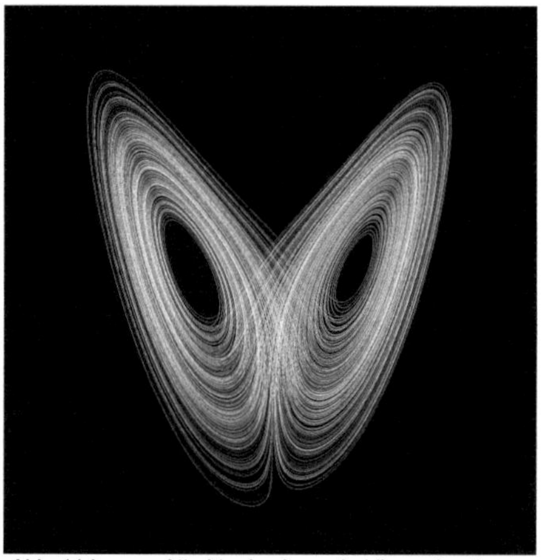

Abb. 11 Lorenz-Attraktor in einem dreidimensionalen Phasenraum, dem ein einfaches Wettermodell zugrunde liegt. Der Bahnpunkt kreist links im Uhrzeigersinn und rechts entgegen. Bei jedem Umlauf verbreitert sich das Band der Bahnen auf das Doppelte und wird anschließend bei der Abwärtsbewegung in der Bildmitte in zwei Hälften zerschnitten, wobei die Entscheidung fällt, ob der nächste Umlauf links oder rechts stattfindet. Auf diesem Mechanismus beruht der chaotische Charakter der Bahnen.

Das bekannteste Beispiel für einen seltsamen Attraktor ist der Lorenz-Attraktor, den Lorenz bei der Modellierung des Wettergeschehens entdeckte. Ein weiteres Beispiel ist der Rössler-Attraktor, auf den Otto E. Rössler durch die Betrachtung einer Bonbonknetmaschine stieß.

Nach dem Poincaré-Bendixson-Theorem können seltsame Attraktoren erst in Phasenräumen ab drei Dimensionen auftreten. Ursache ist der Umstand, dass Bahnen im Phasenraum, wie bei einem Strömungsfeld üblich, sich nicht kreuzen, was aber für ein chaotisches Verhalten in zwei Dimensionen erforderlich wäre. Seltsame Attraktoren können nur dann auftreten, wenn mindestens ein Ljapunow-Exponent negativ und mindestens einer positiv ist. Der negative sorgt in gewissem Sinne für Konvergenz bezüglich einer Dimension und damit für die Reduktion der Dimensionalität, der positive für das chaotische Verhalten.

Schnittflächen durch den Phasenraum, die senkrecht von Bahnen durchstoßen werden, werden als Poincaré-Abbildung bezeichnet. Im Fall von seltsamen Attraktoren bilden die Durchstoßpunkte Cantor-Mengen.

Auch bei diskreten chaotischen Systemen werden seltsame Attraktoren beobachtet wie beispielsweise der Hénon-Attraktor. Analog zu attraktiven Strukturen können auch repulsive Strukturen auftreten, die ebenfalls fraktal sind, wie beispielsweise die Julia-Mengen.

Störungen und Resonanzen

Systeme können sehr empfindlich auf Störungen reagieren und dadurch schnell ins Chaos übergehen. Erst das KAM-Theorem hat gezeigt, dass regelmäßige Einflüsse an sensiblen Stellen im Phasenraum nicht zwingend chaotisches Verhalten hervorrufen müssen. Sensibel sind z. B. rationale (ganzzahlige) Verhältnisse zwischen einer ungestörten Schwingung (z. B. eines Doppelpendels) zu einer periodischen Anregung. Diese rufen nämlich Resonanzen hervor, weshalb für das Theorem nur irrationale Verhältnisse betrachtet werden.

Aus mathematischer Sicht, gerade bei normalerweise vorherrschenden Messungenauigkeiten, kann man jede irrationale Zahl durch Brüche approximieren (Kettenbruchentwicklung). Daher scheint die Überlegung praktisch sinnlos zu sein. Man muss aber bedenken, dass sich ein System umso schneller durch Resonanzen aufschaukeln wird, je näher das Frequenzverhältnis an einem rationalen Wert liegt. Das heißt, die erwarteten Werte weichen noch schneller von den gemessenen ab, als es sonst der Fall wäre.

Besonders stabil gegenüber Störungen (zeitlich gesehen) sind daher irrationale Verhältnisse, die sich nur schlecht durch Brüche annähern lassen. Allgemein spricht man in diesem Zusammenhang von edlen Zahlen, wobei ein Verhältnis namens Goldener Schnitt die Zahl ist, die sich am schlechtesten mittels Kettenbruchentwicklung annähern lässt und somit am stabilsten gegen chaotische Einflüsse ist.

Der Übergang ins Chaos

Nichtlineare dynamische Systeme können neben Chaos auch andere Verhaltensweisen zeigen, wie beispielsweise Konvergenz gegen einen Ruhezustand oder gegen einen periodischen Grenzzyklus. Welches Verhalten auftritt, kann von den Anfangsbedingungen oder auch von anderen Kontrollparametern abhängen. Eine grafische Darstellung der entsprechenden Einzugsgebiete für bestimmte Verhaltensweisen als Funktion dieser Parameter ist oft fraktal. Der Übergangsbereich zu chaotischem Verhalten zeichnet sich dabei durch bestimmte Eigenschaften aus, wie beispielsweise plötzliche qualitative Änderungen des Verhaltens, die auch als Bifurkation bezeichnet werden.

Periodenverdopplung

Bei Übergang von periodischem Verhalten zum Chaos kann ein typisches Phänomen auftreten, das als Periodenverdopplung oder Feigenbaum-Szenario bezeichnet wird. Dabei nimmt zum chaotischen Bereich hin die Oszillationsperiode stufenweise um den

Faktor zwei zu. Die zugehörigen Parameterintervalle werden mit zunehmender Periode immer kürzer. Das Verhältnis der Längen aufeinander folgender Parameterintervalle unterschiedlicher Perioden strebt dabei gegen die Feigenbaum-Konstante δ≈4,669, eine irrationale Zahl. Dabei ist der chaotische Bereich oft auf fraktale Weise immer wieder von Intervallen mit periodischem Verhalten durchbrochen, die jeweils wiederum über Periodenverdopplung in das benachbarte Chaos übergehen. Dieses Verhalten und das zugehörigen Zahlenverhältnis hängen nicht von den Details des mathematischen oder physikalischen nichtlinearen Systems ab, sondern stellen ein universelles und damit fundamentales Gesetz vieler chaotischer Systeme dar.

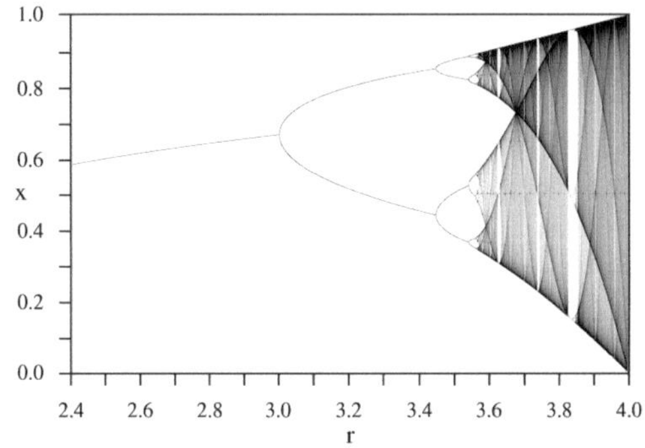

Abb. 12 Bifurkationsdiagramm der Zahlenfolge zur logistischen Gleichung. Dargestellt sind die Häufungspunkte x der Folge als Funktion des Kontrollparameters r. Links konvergiert die Folge, rechts ist sie chaotisch und dazwischen periodisch. An den Verzweigungsstellen im Übergangsbereich findet jeweils eine Periodenverdopplung statt.

Ein einfaches Beispiel ist ein tropfender Wasserhahn, betrachtet als diskretes System der aufeinanderfolgenden Zeitabstände zwischen zwei Tropfen. Die Stellung des Hahns ist dabei der Kontrollparameter. Bei hinreichend kleinem Leck fallen die Tropfen in regelmäßigen Abständen. Bei hinreichend großem dagegen ist keine Periodizität erkennbar, sondern die Folge der Zeitabstände ist chaotisch. Bei einer bestimmten Hahnstellung dazwischen lassen sich zwei verschiedene Zeitabstände beobachten, die abwechselnd aufeinanderfolgen. Das System befindet sich nicht nach jedem Tropfen wieder im selben Zustand sondern erst nach jedem zweiten. Eine solche Hahnstellung ist in der Praxis jedoch nur schwer zu finden.

Intermittenz

Neben der Periodenverdopplung werden auch andere Formen des Übergangs ins Chaos beobachtet, wie beispielsweise die sogenannte Intermittenz. Dabei wechseln sich bei einem Parameterwert im Übergangsbereich quasiperiodisches und chaotisches Verhalten ständig ab, wobei zu chaotischen Parameterwerten hin der chaotische Anteil ständig zunimmt.

3.4.3. Beispiele für chaotische Systeme

Naturwissenschaftliche Beispiele

Den meisten Vorgängen in der Natur liegen nichtlineare Prozesse zugrunde. Entsprechend vielfältig sind die Systeme, die chaotisches Verhalten zeigen können. Hier einige wichtige oder bekannte Beispiele:

• Das Wetter. Zur Zeit ist die Zuverlässigkeit der Wettervorhersage durch die grobe Kenntnis des Ausgangszustandes begrenzt. Aber auch bei vollständiger Information würde eine langfristige Wettervorhersage letztlich am chaotischen Charakter des meteorologischen Geschehens scheitern. Die Stabilität des Wetters kann stark schwanken. So sind bei bestimmten Wetterlagen Vorhersagen für eine Woche durchaus möglich, bei anderen dagegen kaum für 24 Stunden.

• Das Doppelpendel. Da es sich aufgrund von nur zwei unabhängigen Freiheitsgraden leicht modellieren und auch leicht herstellen lässt, ist es ein beliebtes Demonstrationsobjekt für überraschende Wechsel im chaotischen Bewegungsablauf. In Computersimulationen und bei den Versuchen lassen sich bestimmte Klassen von Systemverhalten identifizieren, wie beispielsweise die maximal mögliche Anzahl von Überschlägen in Abhängigkeit von der anfänglichen Energie und der Reibung.

• Das magnetische Pendel, bei dem eine an einem Faden aufgehängte Eisenkugel über mehreren Magneten pendelt.

• Systeme mit stoßenden Kugeln. Wichtig ist, dass die Kugeln entweder kollidieren oder an gekrümmten Hindernissen reflektiert werden, damit Störungen exponentiell anwachsen. Beispiele sind das Gerät zur Ziehung der Lottozahlen, der Flipperautomat und Billard.

• Das Dreikörperproblem und damit auch unser Sonnensystem oder Sternsysteme aus drei oder mehr Sternen wie beispielsweise Sternhaufen.

• Der Herzrhythmus wurde zeitweise als chaotisches Signal angesehen. Je nach Gesundheitszustand lässt sich der Herzrhythmus über chaostheoretische Kriterien klassifizieren. Die dabei berechneten Parameter stellen jedoch lediglich empirische Größen dar. Anwendungsgebiete sind die Vorhersage des plötzlichen Herztodes oder allgemein gesprochen die Diagnose von Erkrankungen, die durch das vegetative Nervensystem vermittelt werden. Hierbei wird angenommen, dass das System umso stabiler ist, je chaotischer das Verhalten ist. Die Betrachtung des Herz-Kreislaufsystems als "chaotisch" ist jedoch in verschiedener Hinsicht problematisch.

• Turbulenz wie beispielsweise beim Bénard-Experiment zur Konvektion.

• Die Belousov-Zhabotinsky-Reaktion, eine chemische Reaktion.

• Die Populationsdynamik in Räuber-Beute-Modellen.

• Die Bäcker-Transformation, ein diskretes System, das den Ort einer Rosine im Kuchenteig beim abwechselnden Auswalzen und Falten des Teigs betrachtet.

3.4.4. Geschichte

Ende des 19. Jahrhunderts gewann Henri Poincaré einen Preis mit dem Lösungsansatz für die Frage, ob das Sonnensystem stabil ist. Manche Quellen geben dies als die Geburtsstunde der Chaosforschung an, es dauerte jedoch bis in die Mitte des 20.Jahrhunderts bis der Lösungsansatz von Poincaré mit Hilfe von Computern brauchbar umgesetzt werden konnte.

Chaotische Phänomene sind schon seit langem bekannt, wie beispielsweise das Dreikörperproblem oder Turbulenz. Lange Zeit wurden diese Phänomene als eher weniger verbreitete Spezialfälle angesehen. Da eine angemessene Untersuchung ohne Computer wenig erfolgversprechend schien, und kaum jemand besondere Erkenntnisse erwartete, da die Phänomene vollständig auf den Konzepten der klassischen Physik beruhen, wurden sie wenig beachtet. Das änderte sich erst mit dem Aufkommen schneller Computer.

In den 1960er Jahren entdeckte Edward N. Lorenz die Phänomene, die heute als deterministisches Chaos bezeichnet werden, an einem Modell für das Wetter mit einem Gleichungssatz von drei Gleichungen zur Strömungsmechanik. Als er, um Zeit zu sparen, gerundete Werte einer früheren Berechnung verwendete, beobachtete er, dass winzige Änderungen der Anfangsbedingungen nach kurzer Zeit zu völlig unterschiedlichen Ergebnissen führten. Der daraus abgeleitete Schmetterlingseffekt und die Formulierung des Begriffs der sensiblen Abhängigkeit von Anfangsbedingungen wurden zu häufig missgedeuteten Metaphern der „Chaostheorie“.

Robert May simulierte 1976 eine Fischpopulation P mit einer Wachstumsrate R mit der Formel P(neu) = R * P(alt) * (1 – P(alt)), um mit dem zweiten Term „1 – P(alt)“ begrenzte Ressourcen abzubilden. Er wählte für seine rechnerische Simulation eine sehr kleine Anfangspopulation von 2 % und entdeckte, dass bei einer Wachstumsrate R um 3,8 ein chaotisches Verhalten seiner Modellrechnung einsetzt.[6]

In den 1970 - 80er Jahren entdeckte Mitchell Feigenbaum die Phänomene der logistischen Gleichung und die nach ihm benannte Feigenbaum-Konstante. Diese Gleichung korrespondiert mit der von Benoit Mandelbrot 1980 untersuchten Mandelbrot-Menge, da sie ebenfalls auf einer quadratischen Gleichung beruht.

Etwa zur selben Zeit arbeiteten Siegfried Großmann in Marburg und Hermann Haken in Stuttgart an der Formulierung ihrer Theorien, die bald von den Ideen um Mandelbrot und Feigenbaum inspiriert wurden. Großmann formulierte eine Beschreibung des Lasers mit Hilfe der nichtlinearen Dynamik, und Haken gilt als Begründer der

[6] Robert May: Simple Mathematical Models with Very Complicated Dynamics, Nature 261 (1976)

Synergetik und Entdecker des sogenannten Versklavungseffekts. Die Mandelbrot-Menge, populär „Apfelmännchen" genannt, gilt als eines der formenreichsten Fraktale, das überhaupt bekannt ist.

Ab den 1980er Jahren wurden an vielen Universitäten Arbeitsgruppen eingerichtet, wie z. B. in Graz, Wien oder Regensburg. In München wirkte die „Chaosgruppe der TU München" unter der Leitung von Alfred Hübler mit zahlreichen Forschungsprojekten am Lehrstuhl Physik E13 (Edgar Lüscher). Sie organisierte sich nach dem Tod Lüschers in einem Forschungsverein und veranstaltete eine Ringvorlesung und mehrere Jahrestagungen, bei denen versucht wurde, die gesamte Bandbreite der Chaosforschung zu repräsentieren und einen interdisziplinären Dialog zu ermöglichen. Es entstanden auch große Forschungsinstitute wie z. B. das Santa Fe Institute (USA) oder das Institut für nichtlineare Dynamik in Potsdam.

2006 wurde das Center for Nonlinear Science in Münster (Westfalen) gegründet.

Die aktuelle Forschung befasst sich eher mit einem uneinheitlichen Satz von Phänomenen und Theorien. Viele Forscher, die sich heute noch mit der Thematik beschäftigen, würden sich selbst nicht mehr als Chaosforscher bezeichnen (siehe Kritik).

3.4.5. Kritik

Großformatige und farbige Darstellungen z. B. der Mandelbrotmenge in den Medien erregten Ende der 1980er Jahre Aufsehen in der Öffentlichkeit. Durch diese Bilder und die von Laien vermutete Nähe der Chaosforschung zu scheinbar unverstandenen Phänomenen des Alltags bis hin zur Esoterik entwickelte sich in dieser Zeit ein großes Interesse der Öffentlichkeit an diesem Thema. Dabei entstanden überzogene Erwartungen, die die Chaosforschung nicht erfüllen konnte. Hinsichtlich der oft als neu und wesentlich für die Chaosforschung angesehenen Kritik an der Vorhersagbarkeit wurde meist übersehen, dass in der Physik bereits seit der Entwicklung der Quantentheorie in den 1920er Jahren der Determinismus kein grundlegendes Prinzip der Beschreibung der Natur mehr darstellt und dass in der Mathematik das komplizierte Verhalten der Differentialgleichungen seit noch längerer Zeit diskutiert wird. Ende der 1980er Jahre postulierte James Gleick in dem Buch „Chaos: making a new science" sogar einen Paradigmenwechsel in der Physik. Er bezog sich auf eine Abkehr von der Vorstellung einer besseren Beherrschbarkeit technischer Prozesse durch immer bessere Mess- und Berechnungsmethoden sowie von Großexperimenten hin zu kleinen Versuchsaufbauten, wie dem Doppelpendel oder dem tropfenden Wasserhahn, und zugehörigen Computerexperimenten. Dieses Buch wurde sehr populär und trug mit zu einem Hype der Chaosforschung bei. In den Medien wurde intensiv, aber eher weniger seriös „Chaostheorie" oder Chaosforschung thematisiert. Mitte der 1990er Jahre ließ folgerichtig das Interesse der Öffentlichkeit nach.

Kritiker wie der Wissenschaftstheoretiker Marco Wehr führen an, dass

• von einer Theorie im wissenschaftlichen Sinn nicht die Rede sein kann, Experten des Gebietes sich aber wenigstens über einige zentrale Eigenschaften einig sind

• eine übermäßige interdisziplinäre Orientierung eine Beliebigkeit des Forschungsgegenstandes zur Folge hatte (inzwischen hat man sich wieder in die einzelnen Gebiete wie z. B. Turbulenzforschung, Wetterforschung, Medizinforschung, Mathematik zurückgezogen)

• man mit mathematischer Sicherheit nur behaupten kann (und zwar seit langem), dass das chaotische Verhalten in den Modellen vorhanden ist, also zunächst eine Eigenschaft der Mathematik von Differentialgleichungen oder Iterationen darstellt

• durch die Eigenschaften der Empfindlichkeit der Abgleich von Modell und Experiment äußerst schwierig ist

• daher eine fatale Neigung besteht, weg vom Experiment, hin zu Simulationen (seit Galilei haben sich Theorien aber am Experiment zu bewähren)

• aus mathematischer Sicht im Chaos-Hype nur ein naiver Umgang von Wissenschaftlern mit ihrem Hilfswerkzeug Mathematik zum Vorschein kam. Denn wesentliche Eigenschaften von z. B. Iterationen, aber auch der Differentialgleichungen sind für Experten keineswegs überraschend durch die „unheimlichen" Eigenschaften der irrationalen Zahlen bedingt, die gerade der Computer aber nicht beherrscht

• die computergestützten Simulationen prinzipbedingt über lange Zeiträume das behauptete Verhalten **gar nicht** zeigen können, weil Computer mit einer endlichen Menge von Zahlen operieren, der Zustandsraum also aus endlich vielen Volumenelementen besteht und sich somit immer ein streng periodisches Verhalten einstellen muss, wobei die Periodendauer durchaus sehr lang sein kann.

• die Differentialgleichungen meist analytisch nicht lösbar sind, wir also in der Regel keine exakten Lösungen haben, numerische Integrationen aber blank als solche vorgestellt werden. Obwohl zwar das Schattenlemma garantiert, dass die Umformung der Differentialgleichung in eine Differenzengleichung nichts wesentlich verfälscht (obwohl dadurch ständig Fehler entstehen), gilt dies bereits nicht für eine numerische Behandlung mit endlicher Genauigkeit. Die folgenden Schritte der Linearisierung und numerischen Lösung der Linearen Gleichung verfügen ebenso über keine solche generelle Unbedenklichkeitsbescheinigung seitens der Mathematik. Selbst bei linearen Systemen mit einem Fixpunktattraktor ist seit langem bekannt, dass numerische Lösungsalgorithmen zu grob falschen, noch nicht einmal qualitativ richtigem Verhalten tendieren können, z. B. kann das Stabilitätsverhalten gegenüber dem realen System sich verbessern oder verschlechtern, aus einem Fixpunkt wird so eine ins Unendliche laufende Spirale und umgekehrt

• die behaupteten Eigenschaften sich gerade im Langzeitverhalten zeigen, das naturgemäß den größten Fehlern in der Simulation unterworfen ist

• Simulationen derselben Differentialgleichung unter verschiedenen Programmiersprachen, Betriebssystemen oder CPUs unterschiedliche Ergebnisse bringen müssen und auch bringen

• sich in Iterationen wie der logistischen Gleichung die Eigenschaften der reellen Zahlen zeigen. Es ist somit nicht erstaunlich, dass scheinbar nicht zusammenhängende Modelle auf gemeinsame Konstanten, wie etwa die Feigenbaum-Konstante führen können. Über die Physik, die von den Modellen beschrieben werden soll, ist damit nichts gesagt, denn Modelle sind Modelle und nicht die Wirklichkeit. So ist z. B. in der logistischen Gleichung die Population durch eine reelle Zahl modelliert, in der Wirklichkeit gibt es aber keine halben oder 3/8 Elefanten, also müsste man die natürlichen Zahlen zur Beschreibung heranziehen. Dies würde das Verhalten des Modells drastisch ändern

• die klassische Physik nicht mehr die fundamentale Beschreibung der Welt ist, sondern die Quantenmechanik. Die Beschreibung der Zustände von gebundenen quantenmechanischen Systemen, etwa von Atomen, erfolgt aber nicht mit den reellen Zahlen und darauf basierenden Funktionen, sondern mit Termsymbolen, die auf den ganzen Zahlen beruhen. Insofern ist es zweifelhaft, ob die chaotischen Phänomene auf dieser Ebene der Beschreibung überhaupt eine Rolle spielen

• die chaotisch nichtlinearen Modelle theoretisch weiterhin deterministisch sind. Wenn wir die Gleichungen exakt lösen und die Anfangswerte und Parameter exakt vorgeben, so kommt immer exakt nachvollziehbar dasselbe Verhalten heraus. Die Probleme entstehen praktisch, weil nur Näherungslösungen bestimmt werden können und weil auch die Anfangswerte und Parameter nur näherungsweise angegeben werden können. Es ist ein Unterschied, ob etwas praktisch oder sogar auch theoretisch unvorhersagbar ist. Der Wetterbericht wird umso genauer, je mehr Messdaten ermittelt werden und je besser die Modelle sind. Es gibt keinen theoretischen Grund, warum die Wettervorhersage für einen bestimmten Zeithorizont nicht beliebig verbessert werden kann. Mit der Unschärferelation löst sich dieser Kritikpunkt allerdings, da diese beweist, dass man die Anfangsbedingungen nicht beliebig genau bestimmen kann.

Literatur

• Paul Davies: *Prinzip Chaos. Die neue Ordnung des Kosmos.* („Cosmic Blueprint"). Goldmann, München 1991, ISBN 3-442-11469-1.

• Bruno Eckardt: *Chaos.* Fischer, Frankfurt am Main 2004, ISBN 3-596-15569-X.

• James Gleick: *Chaos, die Ordnung des Universums. Vorstoß in Grenzbereiche der modernen Physik.* („Chaos. Making a new science"). Droemer Knaur, München 1990, ISBN 3-426-04078-6.

• Günter Küppers (Hrsg.): *Chaos und Ordnung. Formen der Selbstorganisation in Natur und Gesellschaft.* Reclam, Ditzingen 1996, ISBN 3-15-009434-8.

• Wolfgang Metzler: *Nichtlineare Dynamik und Chaos*, B.G. Teubner, Stuttgart, Leipzig 1998,

ISBN 3-519-02391-1
- Gregor Morfill, Herbert Scheingraber: *Chaos ist überall... und es funktioniert. Eine neue Weltsicht.* Ullstein, Frankfurt am Main 1993, ISBN 3-548-35343-6.
- Peter Smith: *Explaining Chaos.* Cambridge University Press, Cambridge 1994.

Standardwerk der Philosophie der Chaostheorie
- Marco Wehr: *Der Schmetterlingsdefekt. Turbulenzen in der Chaostheorie.* Klett-Cotta, Stuttgart 2002, ISBN 3-608-94322-6.
- Karin S. Wozonig: *Chaostheorie und Literaturwissenschaft.* Studienverlag, Innsbruck, Wien 2008, ISBN 978-3-7065-4507-5.

Weblinks

- Einführung in die Chaos-Forschung ehemalige Vorlesung an der Fachhochschule München (http://www.eberl.net/chaos/Skript/)
- H.-D. Mutschler: Chaostheorie und Theologie (http://www.akademieforum.de/grenzfragen/open/Grundlagen/Mu_Chaos/frame.htm)
- Einführung in die Mathematik nichtlinearer dynamischer Systeme (http://www.katharinen.ingolstadt.de/chaos/index.htm)
- Frank Grotelüschen, DRadio 13. November 2005: Apfelmann im Abseits. Was wurde aus der Chaostheorie? Mit vier aktuellen Anwendungsbeispielen (http://www.dradio.de/dlf/sendungen/wib/437312/)
- Interaktives Ausprobieren chaotischer Prozesse Internetseite von Robert Doerner (http://www.robert-doerner.de/index.html)

3.5. Künstliches Leben

Als **Künstliches Leben** (**KL**, oder auch englisch AL=*Artificial life*) bezeichnet man durch den Menschen planmäßig geschaffene Systeme, die eine Reihe von Eigenschaften mit natürlichen Lebewesen teilen.

3.5.1. Geschichte

Die Idee künstlicher Lebewesen ist alt und ein Topos von Mythen und Legenden, Märchen und Sagen und Werken zwischen Kolportage- und Weltliteratur sowie der Filmkunst.

Die griechische Mythologie ist voll von künstlichen Kreaturen, die Menschen oder Übermenschen zur Seite gestanden haben. Neben den Schöpfungen der Götter spielen die Kreationen von Künstlern und Genies eine zentrale Rolle. Beispiele aus der Antike sind die Geschöpfe des Hephaistos, die Kreaturen des Daidalos und die Statue des Pygmalion.

In den Legenden und Sagen des Mittelalters tauchen zahlreiche angeblich lebendige und vielseitig talentierte künstliche Wesen auf. So gibt es zum Beispiel sprechende Köpfe, teilweise mit der Fähigkeit der Weissagung. Johann Wolfgang von Goethe spiegelt diese Ideen in der Figur des Homunculus in *Faust II*.

Im 17. und vor allem im 18. Jahrhundert, mit dem Durchbruch verschiedener technischer Neuerungen, vermehren sich schlagartig die Maschinenmenschen und Menschmaschinen, deren Ahnen bereits in der Antike zu bewundern gewesen waren. In Renaissance und Barock wurden verschiedene Automaten entwickelt, die teils komplizierte Aktionen ausführen konnten. Der Genfer Jacques de Vaucanson präsentierte 1738 einen künstlichen Flötenspieler, und im gleichen Jahr stellte Jacques de Vaucanson die mechanische Ente vor, die watscheln, fressen und verdauen konnte. Ingenieur Wolfgang von Kempelen entwickelte schließlich den schachspielenden Türken (der sich allerdings später als Schwindel herausstellte).

Heute sind uns die künstlichen Kreaturen in Form von Robotern und Software-Agenten selbstverständlich geworden. Ihre Einordnung in die Ideengeschichte des künstlichen Lebens ist eine plausible, aber keineswegs selbstverständliche Sicht.

3.5.2. Allgemeines

Künstliches Leben (KL) zielt darauf ab, Systeme oder Prozesse im Computer oder anderen meist nicht-biologischen Medien zu realisieren, die Eigenschaften und Fähigkeiten des Lebens aufweisen. Dabei können einige Eigenschaften von Lebewesen künstlich realisiert werden:

- Die Reproduktion (oder auch Vermehrung) kann durch Duplizierung der Datenstrukturen in Abhängigkeit von definierbaren Bedingungen erfolgen. Ebenso erfolgt der Tod eines Individuums durch Löschung der Datenstruktur in Abhängigkeit von definierbaren Bedingungen. Auch eine (sexuelle) Vermehrung mit Kombination der Eigenschaften der Datenstrukturen zweier Individuen ist möglich.

- Evolution kann realisiert werden durch Mutation bei der Vermehrung und Selektion bei Vermehrung und Tod. Durch die Definition von Bedingungen für diese Ereignisse entsteht ein Selektionsdruck.

- Ein Informationsaustausch zwischen den simulierten Lebewesen und ihrer simulierten Umwelt und auch untereinander ermöglicht sogar die Ausbildung von sozialen Strukturen.

• Entscheidungsfreiheit für simulierte Lebewesen kann durch Ausstattung mit künstlichen Gehirnen realisiert werden. Dazu können künstliche neuronale Netze oder andere Strukturen der Künstlichen Intelligenz (KI) eingesetzt werden.

In der Wissenschaft wird das Künstliche Leben genutzt, um bestimmte Aspekte des biologischen Lebens näher zu untersuchen. Dabei gestattet der Computer eine beliebige Modellierung der Lebensstrukturen und der Umwelt. Ein wissenschaftlich eingesetztes Programm zu Evolution künstlichen Lebens ist Avida der Michigan State University.

Kommerziell werden Formen des Künstlichen Lebens zunehmend in Computerspielen eingesetzt, z. B. im Computerspiel Creatures, bei dem primitive, lernfähige künstliche Lebewesen mit Stoffwechsel und Genom erzeugt wurden. Auch das Tamagotchi ist hier zu erwähnen.

Eine der berühmtesten sehr einfachen Simulationen ist Game of Life von John Horton Conway.

Als eine weitere, sehr verbreitete Form von künstlichem Leben können Computerwürmer und Computerviren bezeichnet werden. Sowohl Reproduktion als auch Evolution (die zwei Bedingungen für künstliches Leben) existieren in dieser Art von Computerprogrammen. Auch sind in Computerviren bereits primitive Wege zum Informationsaustausch entwickelt worden. Entscheidungsfreiheit ist jedoch noch in keinem dieser selbstverbreitenden Codes entdeckt worden.

3.5.3. Spezielle Methoden

Software-Agentensimulationen

Diese Simulationen bestehen aus einer Population von Individuen, die miteinander und mit ihrer Umgebung interagieren.

Zellulare Automaten

Bei diesem Simulationstyp entstehen in einem Zellulären Automaten Strukturen, die den Eigenschaften des künstlichen Lebens entsprechen.

Genetische Algorithmen

Genetische Algorithmen sind (Computer-)Programmabläufe, die mathematische Probleme optimieren. Bei diesem Verfahren werden einzelne Parameter der Lösung (z. B. Koordinaten) mutiert, rekombiniert und anschließend selektiert.

Literatur

- Christoph Adami, *Introduction to Artificial Life* with CD-ROM. TELOS, The Electronic Library of Science. 1998. XVIII, 374 p. Gebunden. 858gr. ISBN 0-387-94646-2, KNO-NR: 07 34 28 52 (Springer, Berlin)
- Steven Levy, *KL - Künstliches Leben aus dem Computer*, 1993, ISBN 3-426-26477-3, Droemer Knaur

Weblinks

- artificial life society (http://alife.org/)
- Artificial Life - Zeitschrift der MIT Press (http://www.mitpressjournals.org/loi/artl?cookieSet=1)
- Artificial Life Laboratory, Karl-Franzens-Universität Graz (http://zool33.uni-graz.at/artlife)

3.6. Zellulärer Automat

Zelluläre oder auch **zellulare Automaten** dienen der Modellierung räumlich diskreter dynamischer Systeme, wobei die Entwicklung einzelner Zellen zum Zeitpunkt *t*+1 primär von den Zellzuständen in einer vorgegebenen Nachbarschaft und vom eigenen Zustand zum Zeitpunkt *t* abhängt.

3.6.1. Beschreibung

Ein Zellularautomat ist durch folgende Größen festgelegt:

- ein Raum *R* (*Zellularraum*)
- eine endliche Nachbarschaft *N*
- eine Zustandsmenge *Q*
- eine lokale Überführungsfunktion $\delta : Q^N \rightarrow Q$

Der *Zellularraum* besitzt eine gewisse Dimensionalität, er ist in der Regel 1- oder 2-dimensional, kann aber durchaus auch höherdimensional sein. Man beschreibt das Aussehen eines Zellularautomaten durch eine *globale Konfiguration*, welche eine Abbildung aus dem Zellularraum in die Zustandsmenge ist, das heißt man ordnet jeder Zelle des Automaten einen Zustand zu. Der Übergang einer Zelle von einem Zustand (*lokale Konfiguration*) in den nächsten wird durch *Zustandsübergangsregeln* definiert, die deterministisch oder stochastisch sein können. Die Zustandsübergänge erfolgen für alle Zellen nach derselben Überführungsfunktion und gleichzeitig. Die *Zellzustände* können wie die Zeitschritte diskret sein. In der Regel ist die Anzahl der möglichen Zustände klein: Nur wenige Zustandswerte reichen zur Simulation selbst hochkomplexer Systeme aus.

Man unterscheidet zwei verschiedene Nachbarschaften (auch Nachbarschaftsindex genannt):

- Moore-Nachbarschaft
- Von-Neumann-Nachbarschaft

3.6.2. Geschichte der Zellularautomaten

Zellularautomaten wurden um 1940 von Stanislaw Ulam in Los Alamos vorgestellt. John von Neumann, ein damaliger Kollege Ulams, griff die Idee auf und erweiterte sie zu einem universellen Berechnungsmodell. Er stellte einen Zellularautomaten mit 29 Zuständen vor, der ein gegebenes Muster immer wieder selbst reproduzieren konnte. Er beschrieb damit als erster einen Zellularautomaten, der berechnungs- und konstruktionsuniversell ist.

Bis zu den 1960er Jahren waren die Analogrechner den Digitalrechnern bei einigen Fragestellungen überlegen. Ein analoger Zellulärer Automat zur Simulation von Grundwasserströmungen wird im Artikel Analogrechner genauer beschrieben.

In den 1970er Jahren erlangte John Horton Conways Game of Life Berühmtheit. Es besteht aus einem 2-dimensionalen Raum, auf dem die Moore-Nachbarschaft definiert wurde. Jede Zelle kann einen von zwei Zuständen annehmen Q = {0,1}, die man als tot oder lebendig interpretieren kann. Dann gilt folgende Überführungsfunktion:

$$\delta(l) = \begin{cases} 0 & \text{falls } \sum\limits_{n \in N} l(n) \leq 2, \\ 1 & \text{falls } \sum\limits_{n \in N} l(n) = 4, \\ l(0) & \text{falls } \sum\limits_{n \in N} l(n) = 3, \\ 0 & \text{falls } \sum\limits_{n \in N} l(n) \geq 5. \end{cases}$$

1969 veröffentlichte Konrad Zuse sein Buch „Rechnender Raum“, worin er annimmt, dass die Naturgesetze diskreten Regeln folgen und das gesamte Universum das Ergebnis eines gigantischen Zellularautomaten sei.

1983 veröffentlichte Stephen Wolfram eine Reihe von grundlegenden Arbeiten zu Zellularautomaten.

3.6.3. Wolframs 1-dimensionales Universum

Stephen Wolframs zellulärer Automat ist ein besonders schönes und einfaches Modell-Universum. Es besteht aus nur einer Raum- und einer Zeitdimension. Im Bild ist die Raumdimension waagrecht eingezeichnet und die Zeitdimension verläuft senkrecht nach unten. (Das Bild enthält drei verschiedene Bildausschnitte.) Die Raumdimension ist endlich, aber ohne Enden, denn ihr rechtes und linkes Ende sind topologisch miteinander verbunden.

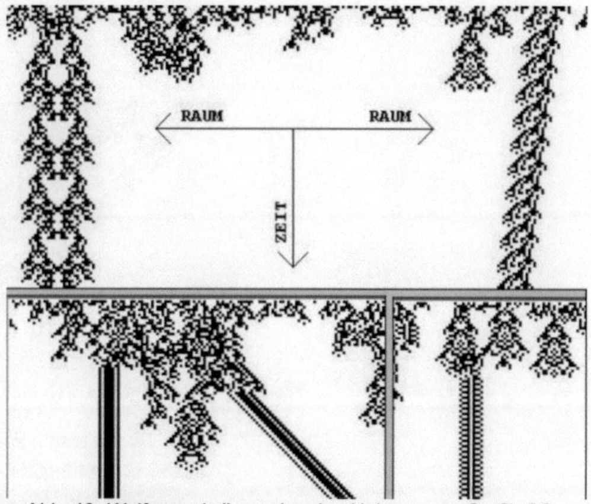

Abb. 13: Wolframs 1-dimensionales Universum - Grafik CC-by-sa Karl Bednarik

Die Raum-Zeit-Elemente dieses Universums können nur leer oder voll sein. Beim „Urknall“ (in den obersten Bildzeilen) werden diese Raum-Zeit-Elemente mit 50-prozentiger Wahrscheinlichkeit gefüllt. Es gibt nur ein Naturgesetz, das eine Nahwirkung darstellt. Der Nahbereich umfasst die linken zwei Nachbarn eines Raum-Zeit-Elements, das Raum-Zeit-Element selbst, und die rechten zwei Nachbarn des Raum-Zeit-Elements. Wenn zwei oder vier Raum-Zeit-Elemente im Nahbereich voll sind, dann ist im nächsten Zeitintervall dieses Raum-Zeit-Element auch voll, ansonsten ist es im nächsten Zeitintervall leer. Es existieren keine weiteren Regeln.

Obwohl es im Gegensatz zu Computer-Spielen keine Fernwirkung und keinerlei Kontrollinstanz gibt, entwickelt sich dieses Modell-Universum zu verblüffender Komplexität. Nach dem Urknall findet eine Eliminationsphase statt, so wie im echten Universum auch. Danach entstehen kurzlebige, aber geordnete Strukturen, die irgendwann erlöschen. Einige der geordneten Strukturen sind aber langzeitstabil, manche davon oszillieren, andere davon sind in der Zeit formstabil. Sowohl von den oszillierenden als auch von den formstabilen Strukturen existieren sowohl ortsfeste als auch bewegliche Arten. Die maximale Austauschgeschwindigkeit dieses Universums kann nur zwei Raumeinheiten je Zeiteinheit betragen. Wenn zwischen den stabilen bewegten Objekten Kollisionen stattfinden, dann setzt wieder Chaos ein, und eine weitere Eliminationsphase findet statt.

Vereinfacht man noch weiter und berücksichtigt neben dem Zustand des Elementes selbst nur jeweils das rechte und das linke Nachbarelement, gibt es genau 8 Regelelemente. Ein Beispiel dazu steht weiter unten. Insgesamt gibt es 256 solcher Regeln. Selbst unter diesen noch einfacheren Regeln zeigen einige eine erstaunliche Komplexität. Die interessanteste ist die „Regel 110“:

Regel 110

neuer Zustand der Zelle	0	1	1	0	1	1	1	0
momentaner Zustand	111	110	101	100	011	010	001	000

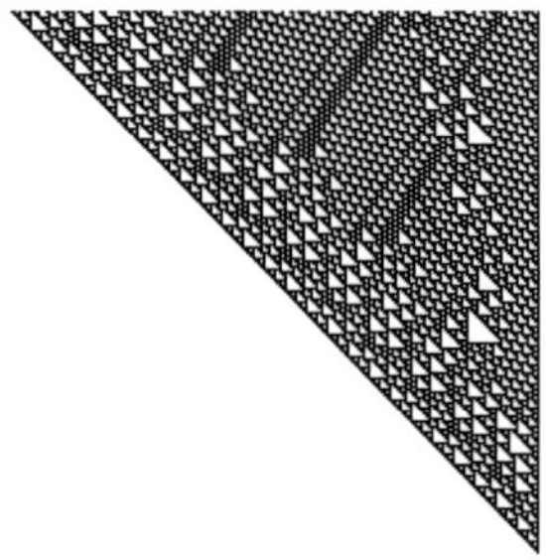

Abb. 14: Die ersten 200 Entwicklungsschritte (von unten nach oben) von Regel 110, wenn zu Beginn nur eine Zelle voll ist und alle anderen leer sind. - Grafik CC-by-sa Benutzer:AlterVista

3.6.4. Zelluläre Automaten programmieren

Dieses kurze Skript, geschrieben in der Programmiersprache Python, kann alle 256 eindimensionalen zellulären Automaten simulieren und erzeugt als Ausgabe ein Bild im Grafikformat Portable Graymap (.pgm). Beim Aufruf muss die gewünschte Regelnummer, 0 bis 255 eingegeben werden.

```
import sys

if len(sys.argv) != 2 or int(sys.argv[1]) not in
range(0,256):
    sys.exit()

w = 999
r = s = [0] * w
r[w/2] = 1
z = ""
d = 0
```

```
for j in range(0,w/2):
    n = (r[0] << 1) + r[1]
    o = ""
    for i in range(1,w):
        o += " 0 " if r[i]==1 else "15 "
    z = z + o + "\n"
    for i in range(2,w):
        n = (n << 1) + r[i]
        if n >= 8: n-=8
        s[i-1] = (int(sys.argv[1]) >> n)%2
    r = s
    d += 1

print "P2"
print str(w-1) + " " + str(d)
print "15"
print z
```

3.6.5. Beispiele für zelluläre Automaten

- Conways Spiel des Lebens (Game of Life) ist ein einfacher zweidimensionaler zellulärer Automat, der verblüffende Strukturen erzeugt.
- Langton-Schleifen simulieren zur Selbstreplikation fähige Organismen in einem zellulären Automaten.
- Das Pascalsche Dreieck kann ebenfalls als einfacher zellulärer Automat interpretiert werden.
- Das Nagel-Schreckenberg-Modell ist ein Zellularautomat zur Simulation des Straßenverkehrs insbesondere auf Autobahnen.
- Das FHP-Modell dient der Simulation von Gasen und Flüssigkeiten.
- Ein sehr einfacher Zellulärer Automat ist der ASEP.

Weblinks

- Polar Space – Ein auf einem zellulären Automaten basierendes interaktives Spiel. Videopräsentation der Spielregeln und Java-Applet zum Spielen mit Facebookintegration. (http://polarspace.appspot.com/fb/)
- Wolfram's 1-dimensionales Universum als C#-Implementierung

(http://download.chip.eu/de/Wolframs-Universum_6503402.html)
- http://www.ca.kaifranz.de 2.5d zellulärer Automat / 3d game of life – documentation, application and open source (http://www.ca.kaifranz.de/)
- http://www.entwurfsforschung.de/RaumProzesse/Grundlagen.htm (http://www.entwurfsforschung.de/RaumProzesse/Grundlagen.htm)
- Java-Applet eines Greenberg-Hastings-Automaten (http://de.wikipedia.org/w/index.php?title=Java-Applet) und (http://www.uni-tuebingen.de/uni/bcm/schoenfisch/green.html)
- Java-Applet eines Zyklischen Zellulären Automaten (http://de.wikipedia.org/w/index.php?title=Java-Applet) und (http://site2004.de/java/automat.html)
- Zellomat3D: einer der wenigen 3D zellulären Automaten (http://www.loop.li/zellomat3d)
- Agenten-basierte Modellierungs- und Simulationsumgebung (http://ccl.northwestern.edu/netlogo/)
- Konverter von Turing-Maschine zur Regel 110 (http://www.andrebetz.de/TuringMaschine.zip)
- Webseite von Jürgen Schmidhuber über Konrad Zuses Theorie des *Rechnenden Raumes* (Auszug aus *Elektronische Datenverarbeitung* 8 (1967) S. 336-344) (http://www.idsia.ch/~juergen/digitalphysics.html)
- Random Design Zufallserzeugte zelluläre Automaten (http://www.flowinguniverse.com/cellular_randomdesign_e/)
- Ordnungsprozess in einem Monte-Carlo-basierten zellulären Automat (Video) (http://www.youtube.com/watch?v=wdafwUKV5WI)

3.7. Conways Spiel des Lebens

Das **Spiel des Lebens** (engl. *Conway's Game of Life*) ist ein vom Mathematiker John Horton Conway 1970 entworfenes System, basierend auf einem zweidimensionalen zellulären Automaten. Es ist eine einfache und bis heute populäre Umsetzung der Automaten-Theorie von Stanisław Marcin Ulam.

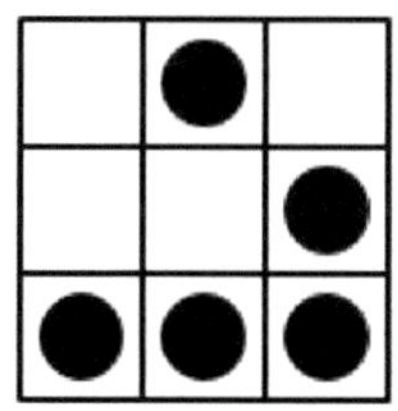

Abb. 15: Figur: Glider

3.7.1. Das Spielfeld

Das Spielfeld ist in Zeilen und Spalten unterteilt und im Idealfall unendlich groß. Jedes Gitterquadrat ist ein Zellulärer Automat (*Zelle*), der einen von zwei Zuständen einnehmen kann, welche oft als *lebendig* und *tot* bezeichnet werden. Zunächst wird eine Anfangsgeneration von lebenden Zellen auf dem Spielfeld platziert. Jede *lebende* oder *tote* Zelle hat auf diesem Spielfeld genau acht Nachbarzellen, die berücksichtigt werden (Moore-Nachbarschaft). Die nächste Generation ergibt sich durch die Befolgung einfacher Regeln.

Das Spiel kann manuell auf einem Stück Papier oder mit Computerhilfe simuliert werden. Da ein reales Spielfeld immer einen Rand hat, muss das Verhalten dort festgelegt werden. Man kann sich den Rand zum Beispiel durch tote Zellen belegt denken, so dass manche *Gleiter* ihre Bewegungsrichtung dort ändern. Eine andere Möglichkeit ist ein Torus-förmiges Spielfeld, bei dem alles, was das Spielfeld nach unten verlässt, oben wieder herauskommt und umgekehrt, und alles, was das Spielfeld nach links verlässt, rechts wieder eintritt und umgekehrt.

Alternativ kann man auch nur lebendige Zellen und ihre direkte Umgebung simulieren und bei Bedarf mehr Speicher allozieren, da große tote Flächen tot bleiben. So hat man zumindest ein quasi unendliches Feld.

Anstatt auf einer quadratisch gerasterten Ebene kann die Simulation auch auf einer sechseckig gerasterten Ebene erfolgen. Dann wäre die maximale Zahl der Nachbarn nicht acht sondern sechs. Es gab auch schon dreidimensionale *Game of Life*-Simulationen.

Eine weitere Variationsmöglichkeit ist die Vergrößerung der möglichen diskreten Zustände einer Gitterzelle.

3.7.2. Die Spielregeln

Die Folgegeneration wird für alle Zellen gleichzeitig berechnet und ersetzt die aktuelle Generation. Der Zustand einer Zelle, *lebendig* oder *tot*, in der Folgegeneration hängt nur vom Zustand der acht Nachbarzellen dieser Zelle in der aktuellen Generation ab.

Die von Conway zu Anfang verwandten Regeln sind:

1. Eine tote Zelle mit genau drei lebenden Nachbarn wird in der Folgegeneration neu geboren.
2. Lebende Zellen mit weniger als zwei lebenden Nachbarn sterben in der Folgegeneration an Einsamkeit.
3. Eine lebende Zelle mit zwei oder drei lebenden Nachbarn bleibt in der Folgegeneration lebend.
4. Lebende Zellen mit mehr als drei lebenden Nachbarn sterben in der Folgegeneration an Überbevölkerung.

Mit diesen vier einfachen Regeln entsteht aus bestimmten Anfangsmustern im Laufe des Spiels eine Vielfalt komplexer Strukturen. Einige bleiben unverändert, andere oszillieren und wieder andere wachsen oder vergehen. Manche Strukturen, sogenannte *Gleiter*, bewegen sich auf dem Spielfeld fort. Sogar für logische Funktionen wie UND und ODER lassen sich Anfangsmuster finden. Damit können dann sogar komplexe elektronische Funktionen nachgebaut werden.

Es existieren weitere Varianten des *Game of Life*, bei denen Conways Regeln geändert oder ergänzt werden. Beispiele sind im Abschnitt Abweichende Regeln aufgeführt.

3.7.3. Sichtweisen

Die Beschäftigung mit *Game of Life* kann unter verschiedenen Sichtweisen erfolgen, wie etwa:

1. **Das Verhalten als Gesamtes:** Für einen Teil der Leute ist es interessant, was für ein Verhalten bestimmte Regelwelten aufweisen, zum Beispiel ob sie explodieren oder implodieren, ob sie langsam schrumpfen oder ob sie langsam „aushärten".

2. **Der biologische Aspekt: *Game of Life* als Mikrokosmos:** Für einen anderen Teil ist *Game of Life* wie der Blick in ein Mikroskop. Man beobachtet die kleinen Strukturen, die man abzählen und bewerten kann. Für diesen Typus ist es immer eine Freude, wenn eine neue „Lebensform" auftaucht. Explodierende, expandierende oder gar „aushärtende" Regelwelten sind hierbei uninteressant.

3. **Der chemische Aspekt: Energie und Materie:** Wenn man die Häufigkeit, die Komplexität der *Game-of-Life*-Objekte mit dem Aufwand an Energie und Zwischenschritten vergleicht, die benötigt werden, um eine bestimmte chemische Verbindung zu erhalten, so kann man die unterschiedlichen Life-Objekte auf unterschiedliche *energetische* Niveaus setzen. Objekte, die bei jedem Ablauf vorkommen, wären dann auf dem Niveau von Wasser, Kohlenstoffdioxid und Natriumchlorid. Objekte, wie *Unruhe(2)* und *Fontäne* wären dann beispielsweise auf einem Niveau wie Salzsäure und Natronlauge, und Objekte wie die *Segler (LWSS, MWSS und HWSS)*, die auch zufällig entstehen können, wären schon auf dem Niveau relativ komplexer Verbindungen.

4. **Der physikalische Aspekt: Kräfte und Anfangswertproblem:** Selbst die einfachsten physikalischen Gesetze können beliebig komplexes Verhalten als Gesamtes zeigen. Rein deterministisch/mechanisch können (beliebig) kleine Abweichungen der Startbedingung zu ganz unterschiedlichen Ergebnissen führen. Somit lässt sich ein Anfangswertproblem formulieren, worauf chaotisches Verhalten folgt. Es folgen Endzustände, Schwingungen, Wachstum, aber auch dauerhaft unregelmäßiges Verhalten.

5. ***Game of Life* als Automat:** Es gibt den Typus des *Game-of-Life*-Interessierten, der hauptsächlich an der Konstruktion von Automaten interessiert ist, also solchen Strukturen, die wie eine Maschine oder Fabrik arbeiten. Es gibt einen Verband aus Strukturen, der entfernt Ähnlichkeit mit einem Rollfeld eines Flughafens hat, auf dem ständig Flugzeuge starten, und dazwischen die Fahrzeuge, die den Betrieb aufrechterhalten, zu ihren Stationen fahren.

6. **In der Theoretischen Informatik ist das *Game of Life* als Entscheidungsproblem interessant:** Man kann zeigen, dass es keinen Algorithmus gibt, der als Eingabe zwei beliebige *Game-of-Life*-Konfigurationen erhält und in allen

Fällen entscheiden kann, ob eine Konfiguration aus der anderen entstehen kann oder nicht. Diese Frage ist damit unentscheidbar.

3.7.4. Die Objekte

Auf dem Spielfeld zeigt sich mit jedem Generationsschritt eine Vielfalt komplexer Strukturen. Einige typische Objekte lassen sich aufgrund eventuell vorhandener besonderer Eigenschaften in Klassen einteilen: sie verschwinden, bleiben unverändert, verändern sich periodisch (oszillieren), bewegen sich auf dem Spielfeld fort, wachsen unaufhörlich usw.

Statische Objekte

Statische Objekte bilden die wohl langweiligste Klasse von Objekten, da sie nichts machen. Manche haben allerdings eine Aufgabe, indem sie zum Beispiel Gleiter „fressen“ oder umlenken können.

Beispiele für statische Objekte sind:

Oszillierende Objekte

Hierbei handelt es sich um Objekte, die sich nach einem bestimmten Schema periodisch verändern, d. h. nach einer endlichen, festen Anzahl von Generationen wieder den Ausgangszustand erreichen.

Die einfachste zyklische Konfiguration ist eine horizontale oder vertikale Reihe von drei lebenden Zellen. Beim horizontalen Fall wird direkt ober- und unterhalb der Zelle in der Mitte eine lebende Zelle geboren, während die äußeren beiden Zellen sterben; so erhält man eine vertikale Dreierreihe.

Eine Reihe von zehn horizontal oder vertikal aneinanderhängenden Zellen entwickelt sich sogar zu einem Objekt, das einen Zyklus von fünfzehn Generationen hat, dem *Pulsator*.

Beispiele oszillierender Objekte sind:

Blinker	Uhr	Kröte	Bipole	Tripole	Fünfzehn kämpfer	Tümmler	Oktagon
			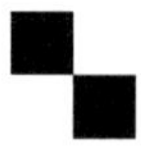			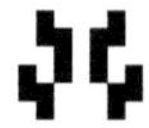	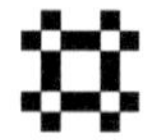

Der *Fünfzehnkämpfer* wird im englischen, aufgrund eines Zyklus aus 15 Schritten, *Pentadecathlon* genannt und ist ein *Gleiter*-Fresser. Der *Tümmler*, auch Stehaufmännchen wird im englischen als *Tumbler* bezeichnet.

Raumschiffe und Gleiter

Raumschiffe sind (zumeist oszillierende) Objekte, die eine feste Wegstrecke zurücklegen. Sie sind ein Beispiel der Emergenz-Erscheinungen des Spiels des Lebens; die wenigen Regeln des Spiels sagen nichts über Formen aus, die sich unendlich weit fortbewegen, und doch entstehen die Raumschiffe wegen dieser Regeln. Man kann zwischen den diagonalen Raumschiffen (zum Beispiel Gleiter und Qualle) und den vertikalen bzw. horizontalen Raumschiffen (zum Beispiel Segler) unterscheiden.

Beispiele für Raumschiffe sind:

Gleiter	Segler(1) (LWSS) (**L**ight-**W**eight **S**pace**s**hip)	Segler(2) (MWSS) (**M**iddle-**W**eight **S**pace**s**hip)	Segler(3) (HWSS) (**H**eavy-**W**eight **S**pace**s**hip)
	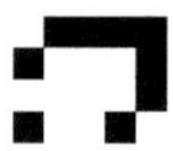	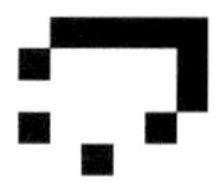	

Puffer

Die **Puffer** kann man zu den Raumschiffen zählen, wobei die Puffer im Gegensatz zu den Raumschiffen eine Spur von Objekten hinterlassen. Bei diesen Objekten kann es sich durchaus um andere komplexe Objekte, wie Gleiter oder Segler handeln.

Andere Objekte

Daneben gibt es noch Anfangskonfigurationen, die innerhalb endlicher Zeitschritte ein „leeres" Spielfeld erzeugen. Ein gutes Beispiel hierfür ist folgendes Startmuster.

Das Muster erzeugt innerhalb von 54 Generationen eine leere Welt:

Eine weitere Möglichkeit sind völlig chaotische oder „explodierende" Muster. Das f-Pentomino (oder r-Pentomino) bewirkt trotz seiner Einfachheit ein Wachstum, welches über 1.102 Generationen chaotisch erscheint, bis das Spielfeld vom 1103. Schritt an eine oszillierende Struktur bildet. (Ausgenommen ein paar wegfliegende Glider. Das Beispiel zeigt ein begrenztes Feld, in dem alles außerhalb immer tot ist.) Ein anderes solches Objekt ist die Zahl 42 (mit jeder Zahl auf 3 mal 5 Kästchen), die nach 350 Schritten einige statische und einige oszillierende Objekte sowie 3 Glider produziert.

Entwicklung aus einer zufälligen Anfangsbedingung

Das folgende Bild zeigt die ersten 1500 Entwicklungsschritte auf einem 100×100 torusförmigen Spielfeld. Die Anfangskonfiguration ist zufällig mit 31,25% lebenden Zellen. Jeder Zustand wird 0,1 Sekunden angezeigt. Jedes Pixel steht für genau eine Zelle.

3.7.5. Conways Herausforderung

Conway bot demjenigen einen Preis von 50 US-Dollar, der nachweisen konnte, dass mit dem *Game of Life* unbegrenztes Wachstum möglich ist. Da für einen Nachweis ein geordnetes Wachstum notwendig ist, waren die explosionsartigen Vermehrungen ungeeignet.

Die erste Lösung für dieses Problem - eine so genannte *Gleiterkanone*, die in regelmäßigen Abständen einen *Gleiter* hervorbringt - wurde 1970 von dem amerikanischen Mathematiker Bill Gosper präsentiert. Der *Gleiter* erzeugt innerhalb von vier Generationen eine verschobene Kopie von sich selbst, und somit kann die *Kanone* an derselben Stelle den nächsten Gleiter erzeugen.

Es ist möglich, aus Kollisionen von Gleitern eine Gleiterkanone zu erzeugen. Damit kann die Bewegungsrichtung der Gleiter geändert werden und es besteht die theoretische Möglichkeit selbstreplizierende Automaten zu konstruieren.

In der oberen Bildhälfte befindet sich die Gleiter-Kanone, die in 30 Generationen einmal pulsiert und dabei einen Gleiter erzeugt. Im rechten, unteren Teil des Bildes befindet sich der Gleiter-Fresser, der in 15 Generationen einmal pulsiert und bei jeder zweiten Pulsation einen Gleiter zerstört. Die Gleiter bewegen sich von der Bildmitte nach rechts unten. Links unten läuft der Generationen-Zähler mit. In der Bildbeschreibung befinden sich Links zu dem die Animation erzeugenden GW-BASIC-Programm und zu den Startdaten.

Abb. 16 GOSPERs Gleiterkanone mit Gleiter-Fresser

Mittlerweile wurden unüberschaubar viele Konstellationen gefunden, die ähnlich wie die einfache Gleiterkanone laufend Zellen produzieren. Neben Gleitern und verschiedenen Seglern sind sogar komplexe Kanonen gefunden worden, die selbst Gleiterkanonen "feuern". Zusammen mit anderen nützlichen Gebilden, wie sich fortbewegende Kanonen, Gleiter-Reflektoren oder Relays (Gebilde die etwa Gleiter für einige Generationen bremsen) bilden sie Werkzeuge für das Entwerfen komplexer Automaten wie etwa der Turingmaschine.

3.7.6. Abweichende Regeln

Man kann sich abweichende Regeln zum klassischen "Game of Life" vorstellen. Das folgende Regelwerk definiert beispielsweise ein sich reproduzierendes System, eine Kopierwelt.

- Todes-Regel: Eine Zelle mit genau 0, 2, 4, 6 oder 8 Nachbarn stirbt.
- Geburts-Regel: 1, 3, 5 oder 7 lebende Nachbarn erzeugen (oder erhalten) eine lebende Zelle.

Wenn man in dieser Kopier-Welt eine Struktur in Form des Buchstaben H zeichnet, so werden lauter identische H-Buchstaben erzeugt.

Um sich beim Vergleich verschiedener Regelwerke eine umständliche Umschreibung der Regeln zu ersparen, existiert eine Kurzschreibweise für die Regeln von Game of Life: Man zählt zunächst die Anzahlen von Nachbarn auf, bei der eine Zelle überlebt, und anschließend, durch einen Schrägstrich abgetrennt, die Anzahlen der Nachbarn, bei der eine Zelle geboren wird.

Die klassische Conway-Welt wird durch 23/3 beschrieben, die oben beschriebene Kopierwelt durch 1357/1357.

Es wurden auch Regeln für mehrdimensionale Räume entwickelt. Hier entstehen aber natürlich Darstellungsprobleme.

Sehr dicht an das klassische 23/3-Regelwerk (Zwei oder drei Nachbarn erhalten eine Zelle, drei Nachbarn erzeugen eine neue Zelle.) kommen die Regelwerke 34/3 und 35/3. Insgesamt sind $\overset{9}{2 \cdot 10^{154}}$ Regelwerke denkbar, von denen die meisten jedoch uninteressant sind. Einige der interessanteren werden im Folgenden beschrieben.

Die 3/3-Welt

Statische Objekte: Bisher eines, nämlich der schon erwähnte 2*2-Block:

Quadro

Der der Conway-Welt zugeschriebene Block ist tatsächlich ein 3/3-Objekt, denn jede Zelle dieses Blocks hat 3 Nachbarn, und darum ist die Zwei-Nachbarn-Regel uninteressant.

In der 3/3-Welt gibt es zum Beispiel diese oszillierenden Objekte:

Pedal

Kegel

Unruhe(1)

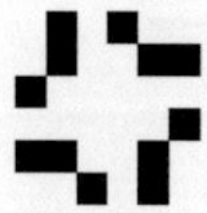

Strudel

Alle diese Objekte außer Unruhe(1) funktionieren auch in allen möglichen Variationen von Regelwelten bis 345678/3, also auch in den 34/3- und 35/3-Regelwelten. Unruhe(1) funktioniert in allen Variationen, in denen 3/3 enthalten ist und 0/0124 nicht, und damit auch in der Conway-Welt (23/3). Solche Objekte kann man als Wanderer bezeichnen.

Die meisten Objekte können in dieser Regelwelt allerdings nicht überleben, so dass sich das Spielfeld bei zufälligen Startbedingungen meistens innerhalb von ein paar wenigen Generationen bis auf ein paar wenige Teile komplett leert.

Die 13/3-Welt

Dies ist eine Regelwelt mit wenigen oszillierenden Objekten. Die meisten Objekte sind "verkrüppelt".

Wenigstens die drei folgenden, oszillierenden Objekte gibt es:

Pingpong

O1G3(2) (Zweites oszillierendes Objekt in der 1G3-Welt, auch als O13-3(2) schreibbar)

Pseudo-Gleiter

Als eine Variante der 13/3-Regelwelt kann man die 135/35-Regelwelt betrachten.

Die 34/3-Welt

Oszillierende Objekte der 34/3-Welt:

						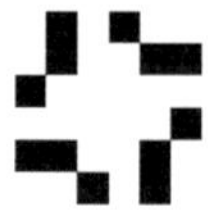
Stra nge	Frosch O4G3(3)	Frosch O4G3(4)	Pedal	Kegel	Unruhe(1)	Strudel

Neben Strange und Frosch kommen auch die 3/3-Objekte Pedal, Kegel, Unruhe(1) und Strudel vor.

Die 35/3-Welt

In der 35/3-Welt gibt es zum Beispiel diese zwei sich bewegenden Objekte:

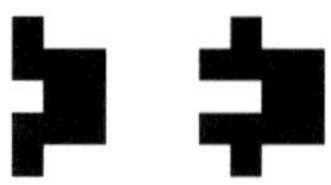

Schwimmer(1) und Schwimmer(2)

Ebenso wie in der 34/3-Regelwelt kommen die oszillierenden Objekte Pedal, Kegel, Unruhe(1) und Strudel in der 35/3-Regelwelt vor.

Die 2/3-Welt

Diese Regelwelt hätte eigentlich an die erste Stelle gehört, da sie ein wichtiges, oszillierendes Objekt enthält, das eigentlich der 23/3-Welt, also Conways Life zugeordnet wird, zu der es kompatibel ist:

O2-3(1)

Unruhe(2)

Damit existieren wenigstens drei oszillierende Objekte, inklusive Unruhe(1), die fälschlicherweise exklusiv *Conway's Game of Life* (23/3) zugeordnet werden.

Die 24/3-Welt

Statische Objekte

O24-3(1)

O24-3(3)

Seegurke

O24-3(4)

Die 245/3-Welt

Neben den oszillierenden Objekten, die auch in der 24/3-Regelwelt vorkommen, existieren hier auch noch ein paar andere oszillierende Objekte:

O245-3(1)

O245-3(2)

Das besondere aber ist das Vorkommen eines sich bewegenden 7-Zyklen-Objekts, das in seiner Art der Bewegung einer Qualle ähnelt.

Antiwelten

Zu jeder Regelwelt gibt es eine Antiregelwelt, in der Form, dass alles invertiert ist. Also alle Zellen, die sonst tot sind, leben, und alle Zellen, die sonst leben, sind tot. Dies zeigt sich im Ablauf durch ein schwarzes Feld, auf dem die Strukturen weiß sind.

Um eine solche Antiregelwelt zu erzeugen, kann man die Regeln in Form eines Schalterfeldes darstellen:

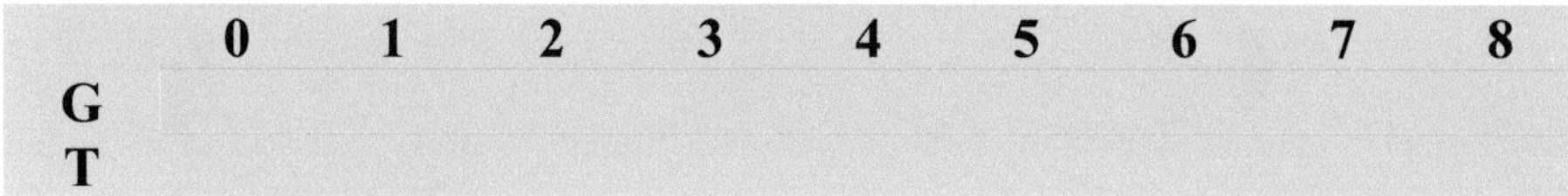

- **G** steht für geboren.
- **T** steht für sterben.

Die folgende Belegung bedeutet, dass bei drei Nachbarn eine tote Zelle lebendig wird und eine lebende Zelle bei keinem oder einem sowie bei vier bis acht Nachbarn stirbt und ansonsten der Zustand einer Zelle unangetastet bleibt:

Conway-Regeln

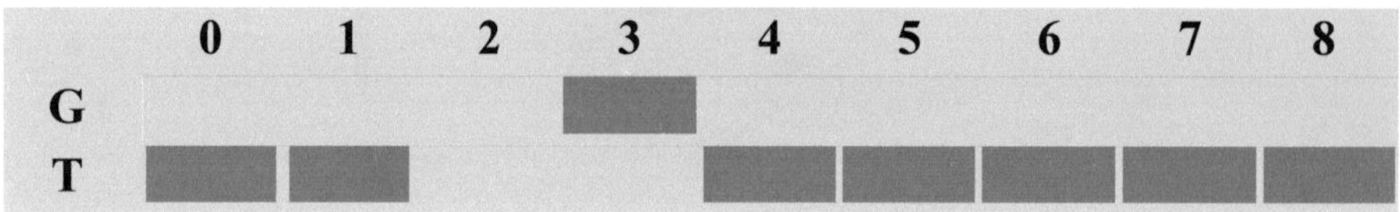

Wenn man die Zustände des Schalterfelds um 180° rotiert (nicht spiegelt oder kippt), erhält man die Antiregeln:

Anti-Conway-Regeln

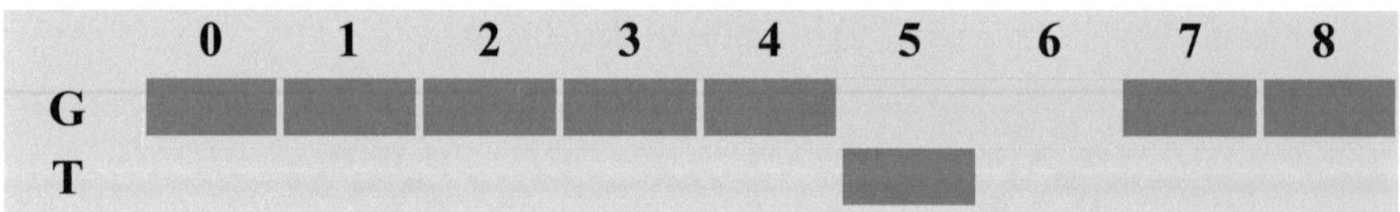

Alternative Regel-Bezeichnung

Regel	Altern.	Kommentar
3/3	G3	
13/3	1G3	
23/3	2G3	Conways Original-*Game of Life*
34/3	4G3	
35/3	5G3	
236/3	26G3	explodierend, teilweise mit den Strukturen aus 23/3
135/35	1G35	erweitertes 13/3
12345/3	1245G3	eine Welt, in der ein sich ausbreitendes, labyrinthartiges Muster entsteht
1357/1357	G1357	ein Kopiersystem, wobei sich aus einfachen kleinen Strukturen

		komplexe Muster entwickeln können
24/35	—	
0123/ 01234	—	eine blinkende Fleckenwelt

Anti-Regeln		**Kommentar**
01234678/0123478	6G0123478	Anti-Conway
01234678/0123678	4G0123678	Anti-4G3
02468/02468	G02468	Anti-Kopiersystem

Ineinander übergehende Regelwelten

Denkbar sind "Game of Life"-Simulationen, bei denen abgegrenzte Bereiche (zum Beispiel linke und rechte Seite) jeweils einer anderen Regelwelt unterzogen werden. Dabei könnte man sich bewegende *Wanderer*, die in beiden Regelwelten existieren können, aufspüren.

Weblinks

- Ausführliches Wiki über Conway's Game of Life (http://www.conwaylife.com/wiki/)

Simulationen

- Eine Implementierung von Conway's Game of Life in C# (http://download.chip.eu/de/Conway_s-Life_6017253.html)
- Kai Franz. Dokumentation/Quellcode eines 3d game of life innerhalb eines 2.5d zellulären Automaten (http://www.ca.kaifranz.de/)
- http://phpprogger.ph.funpic.de/uploads/SDL.zip - Eine gute "Spiel Des Lebens" Simulation, welche viele Funktionen wie zum Beispiel Schablonen, Laden und Speichern von Welten sowie in einander übergreifende Regelwelten bietet und eine ausführliche sowie leicht verständliche Dokumentation enthält (http://phpprogger.ph.funpic.de/uploads/SDL.zip)
- Eine Seite mit einem hexagonalen Game of Life (http://www.hexatron.com/hexca/)
- Eine Game of Life Simulation in JavaScript mit anpassbarem Regelwerk. (Funktioniert ohne Plugins) (http://www.schwalfenberg.com/Spiele/Life/)
- Game of Life auf einem Mikrocontroller mit LED Matrix (http://blog.sven-hendriks.de/projects/blinkomat-a-selfmade-led-matrix-driven-by-a-microcontroller)

Sonstiges

- "Game of Life" als Javascript-Applikation (http://www.mah-jongg.ch/gameoflife/)
- "Spiel des Lebens" als Javascript-Applikation (http://www.klausjank.de/conway/)

3.8. Ameise (Turingmaschine)

Die **Ameise** ist eine Turingmaschine mit einem zweidimensionalen Speicher und wurde 1986 von Christopher Langton entwickelt. Sie ist ein Beispiel dafür, dass ein deterministisches (das heißt nicht zufallsbedingtes) System aus einfachen Regeln zu sowohl komplex chaotischen, als auch komplex geordneten Strukturen führen kann.

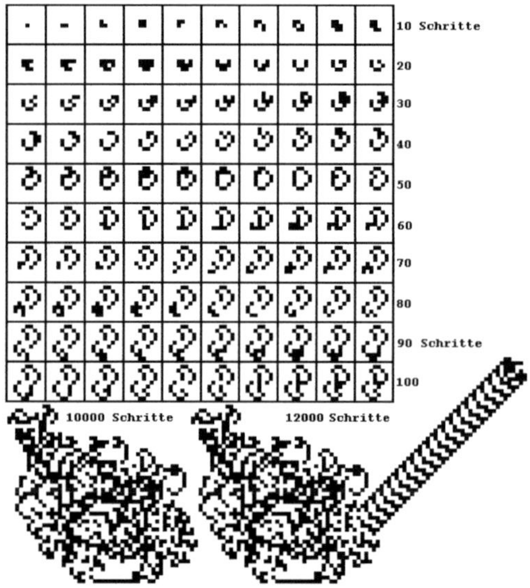

Die ersten Schritte laufen folgendermaßen ab:

- ***Initial:*** *Die Ameise betritt das weiße Feld in der Mitte und schaut nach unten (nicht dargestellt);*
- ***Schritt 1.1:*** *Die Ameise macht das Feld in der Mitte schwarz und dreht sich um 90 Grad nach rechts, sie schaut also nach links;*
- ***Schritt 1.2:*** *Die Ameise läuft auf das Feld links von der Mitte (in Bild 1 dargestellt);*
- ***Schritt 2.1:*** *Die Ameise macht das Feld links von der Mitte schwarz und dreht sich um 90 Grad nach rechts, sie schaut also nach oben;*
- ***Schritt 2.2:*** *Die Ameise läuft auf das Feld links oben der Mitte (in Bild 2 dargestellt).*

3.8.1. Der Algorithmus

Eine Ameise befindet sich ursprünglich auf einem zunächst weißen Raster und sieht in eine beliebige Richtung (in der Bilderserie zuerst nach unten). Wenn sie ein neues Feld betritt, so gelten folgende Regeln:

1. Ist das Feld weiß, so färbt sie es schwarz und dreht sich um 90 Grad nach rechts.
2. Ist das Feld schwarz, so färbt sie es weiß und dreht sich um 90 Grad nach links.

Danach läuft sie auf das nächste Feld in der neuen Blickrichtung.

In den ersten 10.000 Schritten entsteht ein komplexes, chaotisch erscheinendes Muster. Danach bildet sich eine regelmäßige Struktur. Der Algorithmus gibt symmetrische Regeln vor, jedoch sind die entstehenden Muster asymmetrisch. Dieses streng deterministische Muster ist nur durch obige Anweisungen reproduzierbar.

Verallgemeinerungen solcher "Ameisen" (mit beliebiger Überführungsfunktion) sind auch als Turing Turtle bzw. Turmiten bekannt.

Weblinks

- Erklärung des Prinzips in einem Video (http://www.youtube.com/watch?v=1X-gtr4pEBU)

"Ameisenprogramme"

- Java Applet; Startpositionen festlegbar (http://www.warrobs.com/langtonvslangton/startseite.php)
- Java Applet (nach dem Prinzip: L-cell / R-cell) (http://www.yahuxo.de/ameise/ameise.html)

3.9. Wator

Wator ist der Name für eine diskrete Simulation für die Modellierung eines einfachen Räuber-Beute-Modells. Es wurde gemeinsam von Alexander K. Dewdney und David Wiseman entworfen und 1984 in der Dezemberausgabe der Zeitschrift Scientific American erstmals veröffentlicht. Im deutschen Sprachraum erschien es in der Sonderheftreihe Computer Kurzweil der Zeitschrift Spektrum der Wissenschaft, später auch in einem gleichnamigen Buch des Spektrum akademischen Verlages.

3.9.1. Einführung

Simuliert wird ein abgeschlossenes System, ein hypothetischer, toroidaler "Planet", den Dewdney Wa-Tor (abgeleitet von Water-Torus) nannte. Die toroidale Form des Planeten wurde von Dewdney lediglich aus praktischen Gründen gewählt, da eine Simulation auf einer Kugeloberfläche deutlich aufwendiger zu programmieren gewesen wäre. Die Oberfläche dieses "Planeten" ist komplett von Wasser bedeckt, in dem nur zwei Spezies, Haie und Fische, existieren. Das Modell simuliert die Nahrungskette auf **Wa-Tor**. Die Fische ernähren sich von Plankton, das in beliebigen Mengen zur Verfügung steht und deshalb nicht explizit betrachtet wird. Die Haie hingegen fressen ausschließlich Fische und sind auf diese Nahrung zum Überleben angewiesen.

3.9.2. Spielfläche

Das Spielfeld ist in Zeilen und Spalten unterteilt. Dabei sind alle gegenüberliegenden Seiten torisch verbunden. Jede Zelle des Spielfeldes kann drei Zustände einnehmen. Sie kann:

- mit einem Hai belegt sein.

- mit einem Fisch belegt sein.
- leer sein.

Jedem der drei Zustände wird eine Farbe zugewiesen. Im Bild rechts sind dies schwarz für Wasser, grün für Fische und blau für Haie. Zu Beginn der Simulation wird eine zufällige Anfangspopulation auf dem Spielfeld platziert.

3.9.3. Spielregeln

Jede der beiden Spezies verhält sich nach eindeutig festgelegten Regeln. Ein Individuum, das sich nach oben aus dem Spielfeld bewegt, wird auf der Unterseite wieder eintreten und umgekehrt. Das gleiche gilt für die horizontale Richtung.

Regeln für Fische

- Jeder Fisch schwimmt zufällig auf eines der vier angrenzenden Felder, sofern es leer ist.
- Jeder Fisch hat ein Alter; überschreitet dieses Alter die "Breed Time", so wird auf einem leeren, angrenzenden Feld ein neuer Fisch geboren.

Regeln für Haie

- Haie fressen Fische auf angrenzenden Feldern.
- Findet ein Hai keinen Fisch auf einem angrenzenden Feld, so schwimmt er zufällig auf eines der vier Felder.

Für die Vermehrung der Haie finden sich zwei unterschiedliche Implementierungen:

- Findet ein Hai für eine bestimmte Anzahl Zyklen, der "Shark Starve Time", keinen Fisch, so stirbt der Hai.
- Haie pflanzen sich genau so fort wie Fische, d. h. nach der "Shark Breed Time" wird ein neuer Hai auf einem Nachbarfeld geboren.

Die zweite Implementierung arbeitet nicht mit einem Zeitzähler sondern mit Energiepunkten.

• Für jeden Zyklus, während dessen der Hai keinen Fisch findet, verliert er einen Energiepunkt.

• Findet der Hai einen Fisch, wird seine Energie um den Energiewert des Fisches erhöht.

• Übersteigt die Energie den Wert für die Erzeugung eines Nachkommen ("Breed Energy"), so wird ein neuer Hai auf einem angrenzenden freien Feld geboren. Die vorhandene Energie wird gleichmäßig zwischen altem und neuem Hai verteilt.

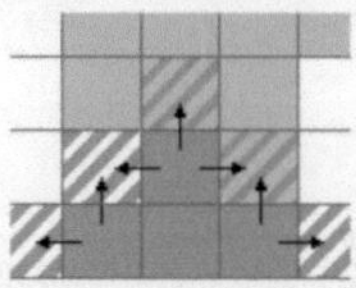

- Bewegung erfolgt auf freie oder Fish-Zellen
- Bei Bewegung auf Fish-Zellen wird der Fisch gefressen und die eigene Energie erhöht
- Ist genügend Energie vorhanden werden Nachkommen in freien Nachbarzellen erzeugt
- Mit jedem Zeitschritt verlieren Haie einen Energiepunkt. Sie sterben wenn ihre Energie unter Null fällt.

Die Simulation hängt von 5 veränderbaren Parametern ab: der Anzahl der Fische zu Beginn, der Anzahl der Haie zu Beginn, der Fish Breed Time, der Shark Breed Time und der Shark Starve Time. Bei der zweiten Implementierung wird die Shark Breed Time durch die Shark Start Energy (Energiepunkte des Hais zu Beginn), die Shark Breed Energy (Energie die benötigt wird um einen Nachkommen zu erzeugen) und der Fish Energy (Energiewert eines Fisches) ersetzt.

Außerdem hängt der Ablauf der Simulation von der Größe des Planeten ab, diese wird aber als gegeben vorausgesetzt. Die Simulation kann als Spiel aufgefasst werden, das Ziel des Spieles ist es dann, die Startparameter so zu wählen, dass ein stabiles Gleichgewicht entsteht.

3.9.4. Simulationsverlauf

Abhängig von den Startparametern gibt es verschiedene Möglichkeiten, wie sich die Simulation entwickeln kann:

• Die Haie können aussterben und den Fischen freien Lauf lassen.

• Die Fische können aussterben, was ein Aussterben der Haie nach sich ziehen wird.

• Es kann eine Art Gleichgewicht entstehen, in dem sich die beiden Population gegenseitig begrenzen. Meistens besteht dieses darin, dass es zu periodischen Schwankungen der Populationen kommt. Meistens reduziert sich die Fischmenge auf eine bestimmte Population, so dass die Hai-Population auf einige wenige Exemplare zurückgeht. Dadurch kann die Fischpopulation wieder wachsen, bis die Hai-Population dem Wachstumsschub nachkommen kann.

Ein sehr interessanter Verlauf entsteht, wenn die Fischvermehrung („Fish Breed"), die Haivermehrung („Shark Breed") und der Haihunger („Shark Starve") alle auf den Wert 1 gesetzt werden (1 Runde = 1 Zeiteinheit). Nach kurzer Zeit bilden sich „Fischfronten", die von Haien systematisch „verfolgt" werden. Die Zahl beider bleibt sehr stabil, kurioserweise existieren immer mehr Haie als Fische.

Literatur

• *Computer-Kurzweil* Immo Diener (Editor); Spektrum Akademischer Verlag; 1992; ISBN 3922508502

Weblinks

• Wator als Bildschirmschoner (http://wator.beltoforion.de/)
• Wator als interaktives Java Applet (http://www.leinweb.com/snackbar/wator/)
• Wator als Seed7 Programm (http://seed7.sourceforge.net/scrshots/wator.htm)

3.10. Langton-Schleife

Langton-Schleifen (engl. *Langton's Loops*) stellen eine spezielle Form Künstlichen Lebens dar. Sie wurden 1984 von dem theoretischen Biologen Christopher Langton konzipiert, einem der Mitbegründer der Forschungsdisziplin *Künstliches Leben.*

Abb. 17: 2 Langton-Schleifen nach der Replikation (Elternschleife links, Tochterschleife rechts) - Grafik CC-by-sa Thomas Schoch

Die „Organismen" mit der Fähigkeit zur Selbstreplikation, die in einem Zellulären Automaten simuliert werden, bestehen aus einer ringformigen Anordnung von Zellen, die die „genetische Information" enthalten. Diese Zellen sind von einer schützenden Hülle umgeben, in der sie beständig rotieren. An einer bestimmten Stelle bricht der Zellstrang mit den „Genen" die Hülle auf, und der Organismus bildet hier einen Arm (quasi ein Pseudopodium) aus, in den eine vollständige Kopie der Gensequenz eintritt.

Diese veranlasst den Arm zu wachsen, sich zu einem neuen Ring (dem Tochterring) zu schließen und sich schließlich vom Elternring abzulösen. Danach sind die beiden genetisch identischen Organismen zu abermaliger Replikation bereit.

3.10.1. Geschichte

1947 stellte John von Neumann mit dem *Universal Constructor* erstmals einen universellen Zellulären Automaten mit der Fähigkeit zur Selbstreplikation vor, der beliebige Muster einschließlich seiner selbst reproduzieren konnte.[7] Dieser Automat war aufgrund seiner Universalität notwendigerweise sehr komplex, 1968 konnte Edgar F. Codd die Zahl der Zellzustände immerhin von 29 auf 8 reduzieren.[8] Christopher Langton schließlich gelang mit seinem Entwurf[9] wiederum eine erhebliche Vereinfachung, indem er bewusst auf die – in biologischen Systemen ohnehin nicht gegebene – Universalität verzichtete und sich auf die Fähigkeit zur Selbstreplikation beschränkte. Seine Schleifen basieren auf einem der einfachsten Elemente in Codds Automaten, dem sog. *Periodic Emitter* (*Periodic Pulser* bei von Neumann) – dem für die Replikation im Wesentlichen zuständigen Organ.

3.10.2. Beschreibung

Der von Langton entworfene Zelluläre Automat ist zweidimensional mit Von-Neumann-Nachbarschaft und 8 Zellzuständen. Die initiale Konfiguration besteht aus 86 Zellen (gezählt werden nur die mit einem von 0 verschiedenen Ausgangszustand, s. Bild). Es existieren mehrere hundert Regeln, die die Zustandsänderungen jeder Zelle beim Übergang von einer zur nächsten Generation festlegen.

Initiale Struktur

Die Hülle wird gebildet aus Zellen mit Zustand 2, sie umschließt den ringförmigen Zellstrang mit dem davon abzweigenden Arm aus Zellen vom Zustand 1. Das Genom ist kodiert als eine Folge von Instruktionen auf diesem Ring. Eine Instruktion besteht jeweils aus einer Zelle in einem der Zustände 4, 5, 6 oder 7, gefolgt von einer Zelle vom Zustand 0. Diese Gensequenz rotiert im Gegenuhrzeigersinn in der ringförmigen Hülle.

---

[7] John von Neumann, The theory of self reproducing automata, A.W. Burks (ED.), Univ. of Illinois Press, Illinois (1966)

[8] Edgar Frank Codd, Cellular Automata, Academic Press, New York (1968)

[9] Christopher G. Langton, Self-reproduction in cellular automata, Physica D Nr. 10 (1984), S. 135-144

Replikation und Entwicklung

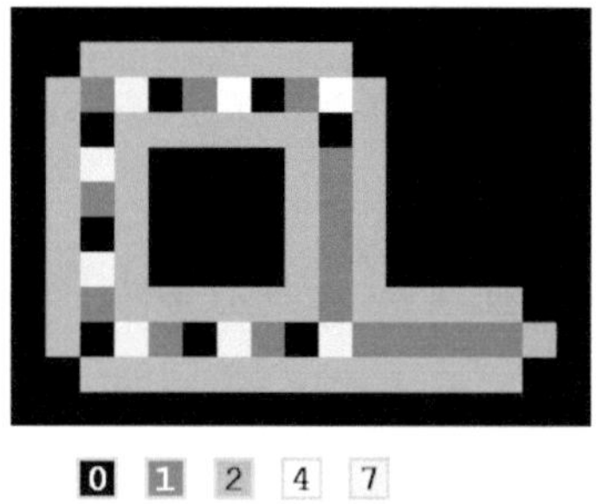

Abb. 18: Langton-Schleife – initiale Konfiguration - Grafik CC-by-sa Thomas Schoch

Trifft eine Instruktion an der Abzweigung des Armes ein, so wird sie repliziert: das Original zirkuliert weiter durch den Ring, die Kopie tritt in den Arm ein. (Im Beispiel links hat die Instruktion 07 die Abzweigung erreicht und würde als nächstes repliziert werden.) Am Ende des Armes steuern die durch die Gensequenz kodierten Instruktionen die Ausstülpung des Pseudopodiums, das Wachstum und Abknicken des Armes, die Ausbildung der Tochterschleife und deren Abtrennung von der Elternschleife. Damit entstehen durch einen der Knospung ähnlichen Vorgang neue Organismen mit identischem Genom.

In Analogie zur Genexpression verglich Langton die Replikation an der Abzweigung des Armes mit der Transkription, die Umsetzung der Instruktionen am Ende des Armes mit der Translation.

Koloniebildung

Ein Pseudopodium kann nicht in den von einer bestehenden Schleife besetzten Raum eindringen. Dies hat zur Folge, dass Organismen, die an mehreren Seiten von anderen Organismen umgeben sind, sich nicht weiter reproduzieren können; sie sterben ab und bilden mit den benachbarten abgestorbenen Organismen – ähnlich einem Korallenstock – eine Kolonie aus einem Gerüst inaktiver Schleifen mit einer dünnen Hülle sich weiter reproduzierender, lebender Organismen.

Sofern nicht unbegrenzter Lebensraum zur Verfügung steht, ist die Größe einer solchen Kolonie begrenzt, sie nähert sich asymptotisch dem Wert $\left[\frac{A}{121}\right]$, wobei A die Größe des Lebensraumes in Zellen angibt.

Weblinks

- Wachstum einer Kolonie in einem begrenzten Lebensraum (nicht-interaktives Applet) (http://www.bekkoame.ne.jp/~ishmnn/java/langton.html)
- Verschiedene selbst-replizierende Automaten (interaktives Applet: *Langton Loop* und evtl. *Step* auswählen, mit Erklärungen, englisch) (http://www.necsi.org/postdocs/sayama/sdsr/java/)
- Zahlreiche animierte Grafiken zu Langton's Loops (englisch) (http://necsi.org/postdocs/sayama/sdsr/movies/lang-rep.html)
- *A Self-Repairing Multiplexer-Based FPGA Inspired by Biological Processes* (pdf,

englisch; 339 kB) (http://carg2.epfl.ch/Teaching/GDCA/loops-thesis.pdf)

4. Emergente Phänomene der Natur

4.1. Schwarmverhalten

Der Begriff **Schwarmverhalten** bezeichnet das Verhalten von Fischen, Vögeln, Insekten und anderen Tieren, sich zu Aggregationen von Individuen – meist gleicher Art und Größe – zusammenzuschließen. Oft bewegen sie sich gemeinsam in eine Richtung. Es können sich jedoch auch Mischschwärme aus Tieren unterschiedlicher Arten und Größe bilden. Vorteile der Schwarmbildung ergeben sich bei der Nahrungssuche und im Schutz vor möglichen Fressfeinden, z. B. durch kollektive Wachsamkeit. Typische Schwarmtiere sind beispielsweise Heringe, Stare und Wanderheuschrecken. Die physiologische Basis, die es den Individuen eines Schwarms ermöglicht, sich in der beobachtbaren Synchronizität zu bewegen, wird in den Spiegelneuronen vermutet.

Abb. 19: Rotschulterstarenschwarm

Bei Landsäugetieren spricht man bei ähnlichem Verhalten von einer Herde, bei höheren Geschwindigkeiten von einer Stampede.

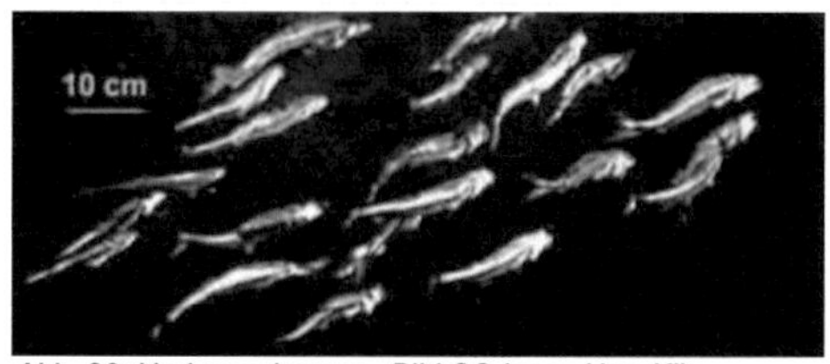

Abb. 20: Heringsschwarm - Bild CC-by-sa Uwe Kils

4.1.1. Regeln für das Entstehen von Schwärmen

Interessante Ergebnisse brachten Computersimulationen von Schwärmen, die 1986 von Craig Reynolds zum ersten Mal wirklich modelliert wurden. [1] Das Prinzip basiert auf drei Regeln, die die einzelnen Agenten (Individuen/Boids) beachten:

1. Bewege dich in Richtung des Mittelpunkts derer, die du in deinem Umfeld siehst (Kohäsion).
2. Bewege dich weg, sobald dir jemand zu nahe kommt (Separation).

[1] www.red3d.com Craig Reynolds' Seite zu Boids-Links, Applets, u. a. (auf Englisch)

3. Bewege dich in etwa in dieselbe Richtung wie deine Nachbarn (Alignment).

Als Folge dieser Regeln auf Individuenebene ergibt sich eine Gesamtstruktur, nämlich der Schwarm. Man spricht von Emergenz.

Eine Gruppe von Wissenschaftlern der Universität Leeds um Jens Krause erforschte, dass ein strukturelles Gedächtnis in Fisch- und Vogelschwärmen dafür sorgt, dass auf eine spezielle Schwarmformation immer eine ganz bestimmte nächste folgt. So ordnen sie sich zunächst in einen ungeordnet chaotischen Schwarm wie bei Mückenschwärmen und bilden als nächstes einen Torus.

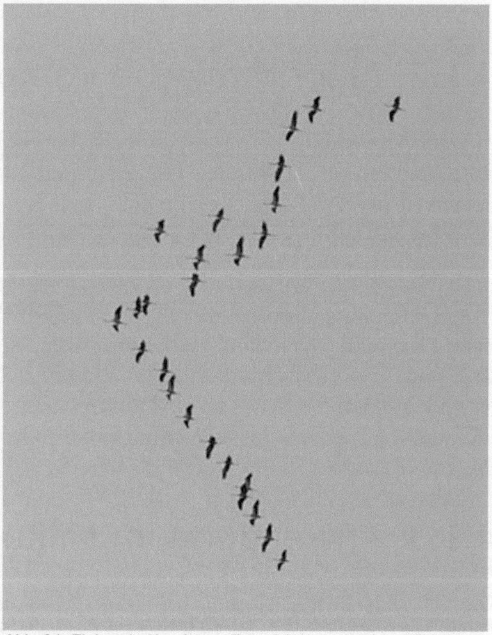

Abb. 21: Ziehende Kraniche - Foto CC-by-sa Andreas Trepte

Der Physiker und Vogelforscher Andrea Cavagna aus Rom stellte in einem EU-Forschungsprojekt fest, dass Vögel sich an den sieben Nachbarvögeln ausrichten, was der höchsten Zahl entspricht, die Vögel unterscheiden können. Generell halten sie mindestens eine Flügelspanne Abstand zueinander. Bei Richtungsänderungen des Schwarms reagiert nicht unbedingt die Schwarmspitze, jedes Individuum kann eine Richtungsänderung hervorrufen und der ganze Schwarm organisiert sich hierdurch um. Bei Annäherung von Greifvögeln verdichtet sich der Schwarm, um das anvisieren eines Individuums zu erschweren. Manchmal wird sogar der Greifvogel vom Schwarm so eingeschlossen, das dieser sich flugunfähig abfallen lassen muss. Stört ein Greifvogel den schwarmauflösenden Anflug zum Schlafplatz, steigt der Schwarm wieder auf, oft bis zum Einsetzen der Dunkelheit.[2]

Viele Arten von Zugvögeln fliegen allerdings nicht in Schwärmen, sondern in V-förmigen Zügen oder, wie zum Beispiel die Kraniche, auch in langen Ketten schräg hinter einander. Computermodelle für Schwarmverhalten waren lange Zeit daran gescheitert, solche V-Formationen aus einem Schwarm zufällig angeordneter, vom Boden auffliegender Tiere zu berechnen. Valmir Barbosa und Andre Nathan (Universidade Federal

[2] sandromattioli.de und bild-der-wissenschaft.de: Sandro Mattioli: Die unbekannten Flugobjekte. Wenn Vogelschwärme über den Himmel ziehen, scheint es, als hätte eines der Tiere das Kommando. Doch in Wahrheit organisiert der Schwarm sich selbst.

do Rio de Janeiro) berichteten im Frühjahr 2007,[3] das Problem gelöst zu haben: Durch die Kombination von bloß zwei Vorgaben für jedes Tier:

1. Nutze den Auftrieb, den der Flügelschlag eines vor dir fliegenden Vogels verursacht.
2. Nimm dabei eine Position ein, von der aus du ungestört nach vorn blicken kannst.

Diese Modellrechnungen gingen von Schwärmen mit bis zu 35 Tieren aus, und egal, wie diese Tiere zunächst angeordnet wurden: Immer entstand schließlich eine ordentliche Formation.

4.1.2. Algorithmische Komplexität

In einer Anwendung, die Schwarmverhalten simuliert, gibt es keine zentrale Steuerung für die einzelnen Individuen. Für jedes Individuum muss die nächste Position separat berechnet werden. Daraus ergibt sich nach der O-Notation ein $O(n^2)$- Algorithmus mit einer Rechenzeit von n^2 bei n Individuen. Es gibt verschiedene Ansätze, um die Rechenzeit bei variierender Anzahl Individuen konstant zu halten oder wenigstens die Rechenzeit eines $O(n^2)$- Algorithmus zu verringern.

Schon Reynolds versuchte, zu diesem Zweck ein 3D-Gitterwerk zu implementieren, in dem seine Boids basierend ihrer Position in Behälter verteilt werden. Über dieses Gitterwerk können die Boids schnell die Behälter in ihrem Umfeld auf Nachbarn überprüfen, was die Laufzeit des Algorithmus verringert.[4]

4.1.3. Anwendung im Militär

Die US Air Force begann im Jahre 1998 mit der Erforschung eines autonomen Drohnensystems, genannt LOCAAS (Low Cost Autonomous Attack System)[5]. Dieses Drohnensystem nutzt einen Algorithmus, der auf dem Modell von Craig Reynolds basiert, um als Schwarm fliegen zu können. Sobald bis zu 192 Drohnen von einem Tarnkappenbomber abgeworfen werden, beginnen sie sich elektronisch untereinander zu verständigen und greifen feindliche Truppen im Schwarm an.[6]

[3] arXiv.org Andre Nathan, Valmir C. Barbosa: V-like formations in flocks of artificial birds. published online: arXiv:cs/0611032v2 [cs.NE]

[4] [3] Ausführung über das Schwarmmodell von Craig Reynolds

[5] Low Cost Autonomous Attack System - Global Security

[6] Ausführung über die Anwendung von natürlichem Schwarmverhalten im Militär

Literatur

- Gabriele Brandstetter, Bettina Brandl-Risi u. Kai van Eikels (Hrsg.): *Schwarm(E)Motion. Bewegung zwischen Affekt und Masse*. Rombach, Freiburg 2008 ISBN 3793095002
- Eva Horn, Lucas Marco Gisi (Hrsg.): *Schwärme – Kollektive ohne Zentrum. Eine Wissensgeschichte zwischen Leben und Information*. Bielefeld: transcript 2009. ISBN 978-3-8376-1133-5

4.2. Kollektive Intelligenz

Kollektive Intelligenz, auch **Gruppen**- oder **Schwarmintelligenz** genannt, ist ein emergentes Phänomen. Kommunikation und spezifische Handlungen von Individuen können intelligente Verhaltensweisen des betreffenden „Superorganismus", d. h. der sozialen Gemeinschaft, hervorrufen. Zur Erklärung dieses Phänomens existieren systemtheoretische, soziologische und pseudowissenschaftliche Ansätze.

Eine frühe Formulierung des Grundgedankens der Kollektiven Intelligenz findet sich in Aristoteles' Summierungstheorie.

4.2.1. Systemtheorie

Francis Heylighen, Kybernetiker an der Vrije Universiteit Brussel, betrachtet das Internet und seine Nutzer als Superorganismus: *„Eine Gesellschaft kann als vielzelliger Organismus angesehen werden, mit den Individuen in der Rolle der Zellen. Das Netzwerk der Kommunikationskanäle, die die Individuen verbinden, spielt die Rolle des Nervensystems für diesen Superorganismus"*. Der Schwarm ersetzt das Netzwerk dabei also nicht, sondern bildet nur die Basis. Diese Sicht geht konform mit der Betrachtung des Internets als Informationsinfrastruktur. Die Bedeutung des Begriffes verschiebt sich dabei jedoch weg von *künstlicher* Intelligenz hin zu einer Art Aggregierung menschlicher Intelligenz.

4.2.2. Soziologische Beschreibung

So versteht eine soziologische Interpretation unter kollektiver Intelligenz gemeinsame, konsensbasierte Entscheidungsfindung. Kollektive Intelligenz ist ein altes Phänomen, auf das Fortschritte in Informations- und Kommunikationstechnologien neu und verstärkt hinweisen. Das Internet vereinfacht wie nie, dezentral verstreutes Wissen der Menschen zu koordinieren und so deren kollektive Intelligenz nutzbar zu machen.

So formuliert Howard Rheingold in Smart Mobs: *„The ,Killer-Apps' of tomorrow's mobile infocom industry won't be hardware devices or software programs but social practices." (Die Killerapplikationen der mobilen IT-Industrie von morgen werden nicht Hardware oder Software sein, sondern soziale Handlungen.)* Dem Leitbild der *Schwarmintelligenz* wird das Potential unterstellt, Gesellschaft und Märkte zu transformieren. Als Beispiel hierfür werden *Smart Mobs* wie die Critical Mass-Bewegung angeführt.

4.2.3. Naturwissenschaftliche Beschreibung

Klassisches Beispiel ist der Ameisenstaat. Einzelne Ameisen haben ein sehr begrenztes Verhaltens- und Reaktionsrepertoire. Im selbstorganisierenden Zusammenspiel ergeben sich jedoch immer wieder Verhaltensmuster, die „intelligent" genannt werden können.

Die Individuen staatenbildender Insekten agieren mit eingeschränkter Unabhängigkeit, sind in der Erfüllung ihrer Aufgaben jedoch sehr zielgerichtet. Die Gesamtheit solcher Insektengesellschaften ist überaus leistungsfähig, was Forscher auf eine hochgradig entwickelte Form der Selbstorganisation zurückführen. Zur Kommunikation untereinander nutzen Ameisen beispielsweise Pheromone, Bienen den Schwänzeltanz. Ohne zentralisierte Form der Oberaufsicht ist das Ganze also mehr als die Summe der Teile.

In gewisser Weise ist auch ein Gehirn das Zusammenspiel eines Superorganismus aus für sich „dummen" Individuen, nämlich den Neuronen. Ein Neuron ist annähernd nichts weiter als ein Integrator mit Reaktionsschwelle, genauer, einer sigmoiden Reaktionskurve. Erst das komplexe und spezifischen Regeln unterliegende Zusammenwirken von Milliarden von Neuronen ergibt, was wir unter Intelligenz verstehen.

Nach Ansicht des britischen Biologen Rupert Sheldrake liegt ein von ihm nicht näher definiertes biologisches (und potentiell gesellschaftliches) morphisches Feld zugrunde, das eine „formbildende Verursachung" für die Entwicklung von Strukturen sein soll. Seine Thesen sind umstritten, da Sheldrake einen physikalischen oder chemischen Nachweis schuldig geblieben ist.

4.2.4. Beschreibung in der Informatik

Schwarmintelligenz (engl. *swarm intelligence*), das Forschungsfeld der Künstlichen Intelligenz (KI), das auf Agententechnologie basiert, heißt auch *Verteilte Künstliche Intelligenz* (VKI). Das Arbeitsgebiet versucht, komplexe vernetzte Softwareagentensysteme nach dem Vorbild staatenbildender Insekten wie Ameisen, Bienen und Termiten, sowie teilweise auch Vogelschwärmen zu modellieren. G. Beni und J. Wang hatten den Begriff *swarm intelligence* 1989 im Kontext der Robotikforschung geprägt.[7]

Die VKI-Forschung geht davon aus, dass die Kooperation künstlicher Agenten höhere kognitive Leistungen simulieren kann; Marvin Minsky bezeichnet dies als The Society of Mind. Ein Einsatzbeispiel für diese so genannten Ameisenalgorithmen stellten Sunil Nakrani von der Oxford University und Craig Tovey vom Georgia Institute of Technology 2004 auf einer Konferenz über mathematische Modelle sozialer Insekten vor; sie modellierten die Berechnung der optimalen Lastverteilung bei einem Cluster von Internet-Servern nach dem Verhalten der Bienen beim Nektarsammeln.

Für die Kommunikation zwischen den Agenten wird häufig die Knowledge Query and Manipulation Language (KQML) eingesetzt.

1986 bildete Craig Reynolds mit dem Computerprogramm Boids eine Simulation des Schwarmfluges ab.

Neben dem Forschungsfeld der VKI ist *Schwarmintelligenz* auch ein unscharfes Mode-Schlagwort wie bereits ab etwa 2000 das Peer-to-Peer (P2P). Während letzteres antrat, das Paradigma der Client-Server-Architektur durch dezentralisierte P2P-Architekturen abzulösen, soll *Schwarmintelligenz* nun hardwarebasierte Netzwerke ersetzen.

Forscher an der Princeton University befassen sich unter der Leitung von Roger Nelson seit 1988 mit dem Phänomen der kollektiven Wahrnehmung von Menschen und haben dazu Messstationen auf der ganzen Welt stationiert. Das „Global Consciousness Project“ sammelt die empirischen Daten und vergleicht sie mit der Nachrichtenlage, um zu erkennen, ob ein Ereignis bereits, bevor die Nachricht verbreitet wurde, neuronale Reaktionen hervorruft. Hierzu wurden signifikante, wenn auch minimale empirische Belege geliefert.[8]

4.2.5. Anwendungsbeispiele

In der Didaktik

Es ist naheliegend, dass an Orten, an denen gemeinsam nachgedacht und kollektiv Wissen konstruiert wird, das Prinzip der kollektiven Intelligenz besondere Beachtung findet. So wird versucht, Lernergruppen so umzugestalten, dass die Ressourcen der einzelnen Lerner stärker ausgeschöpft werden, als es bei dem tradierten Frontalunterricht der Fall ist. Das Gehirn wird als Modell herangezogen und die Lerner werden metaphorisch als Neurone definiert. Auf der Basis intensiver Interaktionen

[7] Peter Miller: Schwarm-Intelligenz: Weisheit der Winzlinge, in: „National Geographic Deutschland“, Heft 08/2007

[8] siehe Current Results, Empirical Normalization unter http://noosphere.princeton.edu

zwischen den Lernern „emergieren“ kollektive Gedanken. Dieses Prinzip wird in der Unterrichtsmethode Lernen durch Lehren (nach Martin) systematisch eingesetzt.

Das Internet

Auch der Cyberspace wurde schon als kollektive Intelligenz bezeichnet. Im heutigen Zustand des Internet mit seinen Milliarden von größtenteils zusammenhanglosen, statischen Dokumenten wird jedoch gelegentlich auch etwas vorsichtiger von kollektivem (Un-)Wissen gesprochen (Stichwörter sind Informationsüberflutung und Informationsmüll). Allerdings werden Internetinhalte zunehmend dynamischer (Beispiele: RSS-Feed, Blogs, Wikis).

Die Verwendung der Gehirnstruktur als Modell für Organisationen hat eine lange Tradition.[9] Bei Aufkommen des Internets wurden von Anfang an Analogien zwischen dem Internet und dem Gehirn gezogen, wobei die Interaktionen zwischen Benutzern mit Interaktionen zwischen Neuronen oder Neuronenensembles verglichen werden können. Nach anfänglicher Skepsis wächst die Anzahl an Publikationen, die das Internet metaphorisch als Weltgehirn betrachten. Auch wenn der Vergleich noch zahlreiche Schwachpunkte aufweist, so zeigt sich die Metapher als heuristisches Instrument sehr fruchtbar.[10]

Literatur

- Christopher Adami: *Introduction to Artificial Life*. Springer (1998)
- Rodney A. Brooks: *Intelligence without representation.* In: Artificial Intelligence, 1991 (47), 139–159. [5]
- Eva Horn/Lucas Marco Gisi (Hgg.): *Schwärme – Kollektive ohne Zentrum. Eine Wissensgeschichte zwischen Leben und Information*, Bielefeld: transcript 2009. ISBN 978-3-8376-1133-5
- Angelika Karger: *Wissensmanagement und „Swarm intelligence“ - Wissenschaftstheoretische, semiotische und kognitionsphilosophische Analysen und Perspektiven* in „Die Zukunft des Wissens: XVIII. Deutscher Kongress für Philosophie Konstanz 1999 Workshop-Beiträge, Hrsg. von Jürgen Mittelstrass, Universitätsverlag Konstanz, ISBN 3-87940-697-9
- Ray Kurzweil: *Homo S@piens*

[9] vgl. u.a. Heinz-Kurs Wahren: Lernende Unternehmen. Theorie und Praxis des organisationalen Lernens. Berlin. New-York: de Gruyter. 1996

[10] vgl. Florian Rötzer (1999): Megamaschine Wissen: Vision: Überleben im Netz. New York:Campus Verlag. Jean-Pol Martin (1998): Forschungshomepage – Homepageforschung, in: E. Piepho, A. Kubanek-German (Hrsg.): I beg to differ'. Beiträge zum sperrigen interkulturellen Nachdenken über eine Welt in Frieden. Festschrift für Hans Hunfeld. München: Judicum 1998: 205–213, (PDF-Datei).Jean-Pol Martin (2002): „Wissenscontainer: Online-communities und kollektive Lernprozesse“, In: Christiane Neveling (Hrsg): Perspektiven für die zukünftige Fremdsprachendidaktik. (Giessener Beiträge zur Fremdsprachendidaktik). Gunter Narr Verlag Tübingen. S. 89–102. PDF Jean-Pol Martin (2006): „Gemeinsam Wissen konstruieren: am Beispiel der Wikipedia“. In: Klebl, Michael, Köck, Michael (Hg.)(2006): Projekte und Perspektiven im Studium Digitale. Medienpädagogik, 3: 157–164. LIT Verlag Berlin. PDF

• Jan Marco Leimeister, Michael Huber, Ulrich Bretschneider, Helmut Krcmar (2009): Leveraging Crowdsourcing: Activation-Supporting Components for IT-Based Ideas Competition. In: Journal of Management Information Systems (2009), Volume: 26, Issue: 1, Publisher: M.E. Sharpe Inc., Pages: 197-224, ISSN: 07421222, DOI: 10.2753/MIS0742-1222260108 [6]

• Pierre Lévy: *Die kollektive Intelligenz. Eine Anthropologie des Cyberspace*, Mannheim 1997

• Lynne E. Parker: *Multi-robot systems - From swarms to intelligent automata.* Springer, Dordrecht 2005, ISBN 1-4020-3388-5

• James Surowiecki: *Die Weisheit der Vielen.Warum Gruppen klüger sind als Einzelne*, München 2007

• Jean-Baptiste Waldner: *Nanocomputers & Swarm Intelligence*, ISTE, London, 2007, ISBN 1-84704-002-0

Weblinks

1.Disziplinübergreifend

• Schwarmintelligenz - Der Hering im Menschen: Podcast von Christoph Kersting auf br-online.de (IQ Wissenschaft und Forschung) (http://www.br-online.de/imperia/md/audio/podcast/import/2009_01/2009_01_08_15_42_28_podcast_iq_schwarmintelligenz__a.mp3)

1.Naturwissenschaften

• Rüdiger Wehner (2001): Miniaturgehirne und kollektive Intelligenz (http://www.unipublic.unizh.ch/campus/uni-news/2001/0183/Dies2001-Wehner.pdf)

• Princeton, zur Erforschung des globalen Bewusstsein (http://noosphere.princeton.edu/)

• Simulation der Selbstorganisation einer Ameisenstraße: Unterrichtseinheit für den Biologieunterricht (http://www.lehrer-online.de/ameisenstrasse.php)

• Schwarmlogistik - Was wir von den Ameisen noch lernen können: Film über die Adaption von Schwarmintelligenz in die Logistik (http://de.youtube.com/watch?v=p09VFRkjr8U)

• Schwarmintelligenz in der Logistik (http://www.schwarmlogistik.de/)

1.Informatik

• Francoise Dupuy-Maury (2000): Ameisen ins Netz! Soziale Insekten entwickeln eine „Schwarmintelligenz", welche die Informatiker fasziniert, in: *InfoScience* für *Die Woche der Wissenschaft* (16. bis 22. Oktober 2000).(http://www.morgenwelt.de/wissenschaft/001019-ameisen.htm)

• Matthias Böhmer (2007): Schwarmintelligenz. Von natürlichen zu künstlichen Systemen (http://www.m-boehmer.de/pdf/Schwarmintelligenz_Artikel.pdf)

4.3. Supraleiter

Supraleiter sind Materialien, deren spezifischer elektrischer Widerstand beim Unterschreiten einer kritischen Temperatur T_c (Sprungtemperatur) auf Null fällt und die externen Magnetfelder aus ihrem Inneren verdrängen (Meißner-Ochsenfeld-Effekt). Beide Effekte lassen sich nicht durch klassische Physik erklären.

Abb. 22: Ein Magnet schwebt über einem mit flüssigem Stickstoff gekühlten Hochtemperatursupraleiter (ca. −197 °C). Foto CC-by-sa Peter Nussbaumer

Die Sprungtemperatur ist materialabhängig und kann durch (von außen anliegende) Magnetfelder gesenkt werden. Sie sinkt beim sogenannten kritischen Magnetfeld $H_c(0)$ bei Typ-I-Supraleitern bzw. $H_{c2}(0)$ bei Typ-II-Supraleitern bis auf nahezu Null Kelvin.

Es handelt sich beim Übergang zur Supraleitung im Nullfeld um einen kontinuierlichen Phasenübergang.

Bei jedem Supraleiter werden Magnetfelder bis zu einer bestimmten Stärke aus dem Leiter verdrängt. Das externe Magnetfeld dringt etwa 100 nm weit in das Material ein, tiefere Schichten sind feldfrei. Dieses „Herausdrängen" des Magnetfeldes ist unabhängig davon, ob die Probe bereits vor dem Einschalten des Magnetfeldes supraleitend war oder erst supraleitend gemacht wird, nachdem das Magnetfeld eingeschaltet wurde. Durch den Effekt kann eine kleine supraleitende Probe im Magnetfeld zum Schweben gebracht werden.

Abb. 23: In diesem Fall schwebt ein keramischer Hochtemperatursupraleiter über fixierten Dauermagneten. Foto CC-by-sa Henry Mühlpfordt

4.3.1. Einteilung

Metallische Supraleiter

Supraleitung wurde 1911 von Heike Kamerlingh Onnes kurz nach seiner Entdeckung der Helium-Verflüssigung bei Messungen am Metall Quecksilber entdeckt. Dieser neuartige Effekt existierte nur bei extrem tiefen Temperaturen unter 4,2 Kelvin. Auch nach fast hundert Jahren Forschung mit allen möglichen Metallkombinationen wurden keine mit einer Sprungtemperatur über 23 K gefunden, was die Verwendbarkeit metallischer Supraleitung auf relativ wenige exotische Anwendungen beschränkt, da die Kühlung sehr teures, flüssiges Helium erfordert. Metallische Supraleiter besitzen gegenüber den folgenden Klassen den großen Vorteil, dass man daraus Drähte formen kann, wie sie beispielsweise zur Konstruktion von Spulen zur Erzeugung sehr starker Magnetfelder notwendig sind. Die Eigenschaften der metallischen Supraleiter werden durch die BCS-Theorie erklärt.

Keramische Hochtemperatursupraleiter

Als Hochtemperatursupraleiter (HTSL) werden solche mit einer Sprungtemperatur über 23 K bezeichnet, der höchsten Sprungtemperatur der konventionellen metallischen (Legierungs-)Supraleiter. Diese Klasse von keramischen Supraleitern (Kuprate) mit besonders hohen Sprungtemperaturen wurde erst 1986 von Bednorz und Müller entdeckt, die dafür 1987 mit dem Nobelpreis für Physik ausgezeichnet wurden.

Für die Technik besonders interessant sind HTSL, die mit einer Sprungtemperatur von über 77 K (Siedetemperatur von Stickstoff) eine kostengünstige Kühlung ermöglichen. Der bekannteste Vertreter ist das *Yttriumbariumkupferoxid* mit der Formel YBa_2-$Cu_3O_{7-\delta}$, das auch als *YBaCuO*, *YBCO* oder *123-Oxid* bezeichnet wird. Supraleitfähigkeit wird für $\delta = 0{,}05$ bis 0,65 beobachtet.

Die Einsatzmöglichkeiten sind sehr begrenzt, da sich aus dem spröden Material keine biegsamen Drähte herstellen lassen. Außerdem erfolgt die Stromleitung dieser „Keramiktabletten" in getrennten Strompfaden und ist richtungsabhängig. Bisher rätselt man, auf welchen physikalischen Grundlagen die Stromleitung in den HTSL beruht.

Eisenhaltige Hochtemperatursupraleiter

Eine völlig neuartige und unerwartete Klasse von Hochtemperatursupraleitern[11][12] entdeckte der Japaner Hideo Hosonos im Jahr 2006: Ein Gemisch aus Eisen, Lanthan, Phosphor und Sauerstoff kann supraleitend sein. Überraschend war der Anteil an Eisenatomen, weil jedes andere supraleitende Material durch ausreichend starke Magnetfelder normalleitend wird. Diese starken internen Magnetfelder könnten nun sogar Voraussetzung der Supraleitung sein. Das Rätselraten über die physikalischen Grundlagen ist dadurch noch größer geworden. Bisher steht nur fest, dass der Stromfluss durch Paare von Elektronen getragen wird, wie in der BCS-Theorie beschrieben. Welcher Effekt aber diese Cooperpaare verbindet, ist unklar. Sicher scheint, dass es sich

[11] Björn Gojdka: Der neue Goldrausch: eisenhaltige Supraleiter. DESY - Welt der Physik, Hamburg, 22. Juli 2009, abgerufen am 24. November 2009.

[12] Rainer Scharf: Arsenid-Supraleiter mit dem gewissen Etwas. pro-physik.de, 29. Januar 2009, abgerufen am 24. November 2009.

nicht – wie bei metallischen Supraleitern – um eine Elektron-Phonon-Wechselwirkung handelt.

Durch die Wahl anderer Elementbeimischungen wie Arsen konnte die Sprungtemperatur von ursprünglich 4 K auf derzeit 56 K gesteigert werden; höhere Temperaturen scheinen erreichbar.

4.3.2. Metallische Supraleiter bei extrem tiefen Temperaturen

Beispiele metallischer Supraleiter

Substanz	**Sprungtemperatur**	
in K	**in °C**	
Wolfram[13]	0,012	−273,139
Gallium	1,091	−272,059
Aluminium	1,14	−272,01
Quecksilber	4,153	−268,997
Tantal	4,483	−268,667
Blei	7,193	−265,957
Niob	9,5	−263,65
AuPb	7,0	−266,15
Technetium	11,2	−266,07
MoN	12,0	−261,15
$PbMo_6S_8$	15	−258,15
K_3C_{60}	19	−254,15
Nb_3Ge	23	−250,15

Je nach ihrem Verhalten im Magnetfeld unterscheidet man Supraleiter vom Typ I und II, auch erster und zweiter Art genannt.

[13] Charles Kittel: Introduction to Solid State Physics. 7. Auflage. Wiley, New York 1996, ISBN 978-0471111818.

Supraleiter 1. Art

Magnetische Feldlinien werden in Supraleitern 1. Art bis auf eine dünne Schicht an der Oberfläche vollständig aus dem Inneren verdrängt. Das Magnetfeld nimmt an der Oberfläche des Supraleiters exponentiell ab; das charakteristische Maß von etwa 100 nm der Oberflächenschicht ist die sogenannte (Londonsche) Eindringtiefe. Man bezeichnet diesen Zustand auch als *Meißner-Phase*. Ein Supraleiter 1. Art wird normalleitend, wenn entweder das äußere Magnetfeld einen kritischen Wert B_c oder die Stromdichte durch den Supraleiter einen kritischen Wert J_c überschreitet. Die meisten metallischen Elemente zeigen dieses Verhalten und haben eine sehr niedrige Sprungtemperatur im Bereich weniger Kelvin. (Ausnahmen sind die nicht supraleitenden Alkali- und Erdalkalimetalle sowie Kupfer, Silber und Gold.)

Bei Typ-I-Supraleitern wird die Supraleitung durch eine Paarbildung von Elektronen (Cooper-Paare) im Leiter erklärt.

Bei der normalen elektrischen Leitung entsteht der elektrische Widerstand durch Wechselwirkungen der Elektronen mit Gitterfehlern des Kristallgitters und Gitterschwingungen. Darüber hinaus können auch Streuprozesse der Elektronen untereinander eine wichtige Rolle spielen. Durch die Kopplung der Elektronen im Supraleiter zu Cooper-Paaren wird die Energieabgabe an das Kristallgitter unterdrückt und so der widerstandslose elektrische Stromfluss ermöglicht. Die beiden einzelnen Elektronen sind Fermionen, die sich zu einem bosonischen Cooper-Paar zusammenschließen, und dabei einen makroskopischen Quantenzustand einnehmen (vgl. auch Suprafluidität).

Die vollständige Theorie zur Beschreibung der Typ-I-Supraleiter beruht auf quantenphysikalischen Effekten, die mit der BCS-Theorie im Rahmen der Vielteilchentheorie entwickelt wurden.

Supraleiter 2. Art

Supraleiter 2. Art befinden sich nur bis zu einem unteren kritischen Magnetfeld B_{c1} in der Meißner-Phase, verhalten sich also wie Typ I, darüber können magnetische Feldlinien in Form sogenannter Flussschläuche in das Material eindringen (Schubnikow- oder Mischphase, auch Vortex- oder Flussschlauch-Zustand), ehe der supraleitende Zustand bei einem oberen kritischen Magnetfeld B_{c2} vollständig zerstört wird.

Die Supraleiter zweiter Art sind theoretisch nicht so gut verstanden wie die Supraleiter erster Art. Zwar wird auch in diesen Supraleitern die Bildung von Cooper-Paaren angenommen, ein allgemein akzeptiertes Modell zu ihrer vollständigen Beschreibung existiert jedoch noch nicht.

Beispiele für Typ-II-Supraleiter sind die keramischen Hochtemperatursupraleiter. Zwei wichtige Gruppen sind YBaCuO (Yttrium-Barium-Kupferoxide) und

BiSrCaCuO (Bismut-Strontium-Kalzium-Kupferoxide). Weiterhin zählen die meisten supraleitenden Legierungen zum Typ II, so die für MR-Magnete verwendeten Niob-Aluminium-Legierungen.

Eigenschaften

Supraleiter, mit geringfügigen Unterschieden zwischen 1. und 2. Art, besitzen neben dem praktischen Verlust des elektrischen Widerstandes und dem Verdrängen von Magnetfeldern aus ihrer Struktur noch einige andere Eigenschaften. Die meisten lassen sich mit der BCS-Theorie oder der für die Supraleitung benutzten Gibbs-Funktion der freien Enthalpie erklären. Die freie Enthalpie der jeweiligen Phase kann man über verschiedene Beobachtungsparameter (z. B. Druck, Temperatur, magnetisches Feld) berechnen. Die Gibbs-Funktion ist in diesem Fall durch ein Minimum festgelegt, d. h., die supraleitende Phase wird instabil im Vergleich zur normalleitenden Phase, wenn die freie Enthalpie der supraleitenden Phase größer ist, als die der normalleitenden (und umgekehrt). Ein sich drehender Supraleiter erzeugt ein Magnetfeld, dessen Orientierung mit der Drehachse des Supraleiters zusammenfällt, was man mit London-Moment bezeichnet.

Ein so genanntes *kritisches Magnetfeld* B_c, bei dem die Supraleitung zusammenbricht, kann als Funktion der Umgebungstemperatur T betrachtet werden. In der Nähe des absoluten Nullpunktes muss B_c aufgewendet werden, um die supraleitende Phase zu zerstören. Beim Erreichen der Übergangtemperatur T_c bricht die supraleitende Phase auch ohne ein äußeres Magnetfeld zusammen.

1. Bei sehr hohem Druck sinkt im Allgemeinen die kritische Umgebungstemperatur. Allerdings gibt es teilweise auch umgekehrte Abhängigkeiten. Diese Anomalie einiger Stoffe kommt durch eine strukturelle Umwandlung des Leiters durch den hohen Druck zustande. Die kritische Temperatur des Stoffes kann bei zunehmendem Druck zuerst sinken, dann kommt es bei einem bestimmten Druck zur Bildung einer Modifikation, die plötzlich höhere Übergangstemperaturen aufweist. Zu diesen Hochdrucksupraleitern gehören auch Stoffe, bei denen bisher nur bei hohem Druck ein Übergang in die supraleitende Phase beobachtet wurde.

2. Legt man eine Spannung an einen Supraleiter an, so zerstört dieses elektrische Feld ab einer bestimmten Stärke die Supraleitung.

4.3.3. Theorien

Die Londonschen Gleichungen

Ohne auf die Träger des Suprastromes einzugehen, leiteten Fritz und Heinz London 1935 eine Beschreibung der Supraleitung her. Die London-Gleichungen beschreiben den widerstandslosen Transport und den Meißner-Ochsenfeld-Effekt.

Ginsburg-Landau-Theorie

Eine phänomenologische Beschreibung von Supraleitung gelang Witali Ginsburg und Lew Landau im Jahr 1950. Sie beschrieben den Übergang vom normal leitenden zum supraleitenden Zustand durch einen „Phasenübergang zweiter Ordnung“. In der Ginsburg-Landau-Theorie wird als Ordnungsparameter die makroskopische Wellenfunktion des supraleitenden Zustandes benutzt. (Von dieser Theorie gibt es Querbeziehungen zur Hochenergiephysik, und zwar zum sog. Higgs-Mechanismus, bei dem es um die Erzeugung der Masse gewisser Elementarteilchen geht, die – ähnlich wie bei der Supraleitung – speziellen Eichsymmetrien unterliegen.)

BCS-Theorie

Die fundamentale, mikroskopische Beschreibung der Supraleitung, die im Gegensatz zu den vorhergehenden Theorien „alles erklärte“, wurde 1957 von John Bardeen, Leon N. Cooper und John R. Schrieffer vorgestellt. Mit dieser Theorie, der sog. BCS-Theorie, lassen sich konventionelle Supraleiter sehr gut beschreiben. Details sind im dortigen Artikel nachzulesen. Die BCS-Theorie entstand etwa 50 Jahre nach der Entdeckung des Phänomens.Im Gegensatz hierzu existiert derzeit, fast 25 Jahre nach den Experimenten, noch keine allgemein akzeptierte Theorie der Hochtemperatursupraleitung.

4.3.4. Realisierte Anwendungen

Erzeugung starker Magnetfelder

Ein bedeutendes Anwendungsfeld ist die Erzeugung starker konstanter oder nur langsam variierender Magnetfelder. Der ohmsche Widerstand der Spulenwicklungen konventioneller Elektromagnete erzeugt große Wärmemengen und damit einen großen Energieverlust.

Für diese Anwendung werden nur klassische Supraleiter (SL) verwendet, im Wesentlichen Legierungen von Niob. Diese erreichen höhere magnetische Feldstärken. Für Hochtemperatur-Supraleiter (HTSL) fehlen z. Z. noch die geforderten Fertigungstechniken. Die Herstellung starker, supraleitender Spulen erfordert das Ziehen von kilometerlangen, nur wenige Mikrometer dünnen Leiterfäden. Klassische SL bestehen aus Metalllegierungen, mit denen dies möglich ist. HTSL haben jedoch physikalische Eigenschaften, welche denen von Keramiken sehr ähnlich sind. Daher kann man bisher noch nicht die gewünschten Fäden herstellen.

Die Supraleitung ermöglicht es, die von einem hohen Strom durchflossenen Feldspulen in sich zu schließen, woraufhin der Strom im Prinzip unendlich lange verlustfrei in der Spule erhalten bleiben kann. Zum Laden der in sich geschlossenen Spule wird ein kurzes Teilstück der Spule über die Sprungtemperatur geheizt. Dadurch wird die Spule geöffnet und kann über Zuleitungen geladen werden. Wenn die gewünschte Stromstärke erreicht ist, wird der Heizer abgeschaltet. Die Spule ist dadurch wieder in sich geschlossen. Bei dauerhaftem Betrieb können die elektrischen Anschlüsse nach dem Laden der Spulen mechanisch entfernt und der Behälter der Spule verschlossen werden. Zur Erhaltung des Feldes ist dann nur ein regelmäßiges Nachfüllen der Kühlmedien Flüssighelium und Flüssigstickstoff erforderlich. Ein gutes Beispiel hierfür bietet ein NMR-Gerät.

Die größte Störung ist das sogenannte Quenchen (engl. to quench = abschrecken). Dabei bricht lokal die Supraleitung zusammen. Da diese Stelle nun normalleitend ist, wirkt sie als elektrischer Widerstand. Sie heizt sich sehr schnell auf, wodurch sich der Widerstand erhöht und der normalleitende Bereich weiter vergrößert. So wird innerhalb kurzer Zeit die Spule entladen. Da die im Magnetfeld gespeicherte Energie recht groß ist, kann dieser Vorgang bei fehlenden Sicherheitsschaltungen zur Zerstörung der Spule führen. Supraleiter sind ideal diamagnetisch. Daher kann ein Strom nur an seiner Oberfläche fließen. Um also große Stromstärken ohne Überschreiten der Grenzstromdichte zu erreichen, muss man viele sehr dünne SL-Fäden parallel schalten. Durch Einbetten dieser Fäden in Kupfer wird erreicht, dass beim Quenchen der Strom vom normalleitenden Kupfer aufgenommen wird. Damit wird eine Zerstörung des Leiters wirksam vermieden.

In folgenden Aggregaten werden solche Spulen verwendet:

- Kernfusionsreaktoren
- Kernspintomographen
- Teilchenbeschleuniger

Mikrowellen in supraleitenden Kavitäten

Für Teilchenbeschleuniger gibt es hochfrequente Felder zur Beschleunigung der Teilchen. Auch hierfür werden Supraleiter verwendet, obwohl die kritische Feldstärke mit der Frequenz deutlich absinkt. Ab einer kritischen Frequenz werden die Cooper-Paare direkt durch Photonenabsorption aufgebrochen. Dann sinkt die kritische Feldstärke auf Null. Die einzige Möglichkeit diese Grenze weiter zu verschieben ist eine tiefere Kühlung.

Zum Beispiel werden in dem TESLA-Projekt supraleitende Kavitäten aus reinem Niob entwickelt. Vorteil und Nachteil des Systems ist die geringe Dämpfung. So ist der Wirkungsgrad besonders hoch, gleichzeitig werden aber parasitäre Moden nicht gedämpft.

Abb. 24: Supraleitende Hohlraumresonatoren aus hochreinem Niob zur Beschleunigung von Elektronen und Positronen bei DESY; Länge der Struktur ca. 1 m. Foto CC-by-sa Msgmsg

Messtechnik

Der Josephson-Effekt sowie SQUIDs erlauben die hochgenaue Messung von Magnetfeldern, z. B. zur Bestimmung von Hirn- und Herzmagnetfeldern, in der zerstörungsfreien Materialprüfung oder der geologischen und archäologischen Prospektion [14].

4.3.5. Geplante Anwendungen

Die bisher bekannten supraleitenden Materialien müssen entweder sehr aufwendig auf extrem niedrige Temperaturen gekühlt werden oder sie lassen sich schwer verarbeiten. Die folgenden Anwendungen werden erst dann wirtschaftlich, wenn Materialkombinationen gefunden werden, deren Verwendbarkeit durch keinen dieser Nachteile mehr Probleme als Vorteile bringt. Optimal wäre ein Supraleiter bei Umgebungstemperatur.

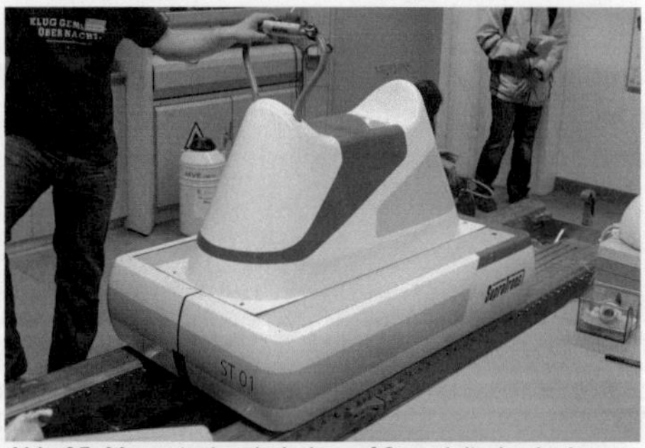

Abb. 25: Magnetschwebebahn auf Supraleiterbasis des IFW Dresden. Foto CC-by-sa Henry Mühlpfordt

Energietransport und -umwandlung

Bei Supraleitern zweiter Art zum Transport höherer elektrischer Ströme besteht die Schwierigkeit, dass diese Materialien beim Übergang in den Normalzustand nicht wie die Metalle zu normalen, guten elektrischen Leitern werden, sondern – in guter Näherung – zu Isolatoren. Wenn ein solcher stromführender Supraleiter in den Normalzustand wechselt (zum Beispiel durch Überschreiten der maximalen Stromdichte), so

[14] Geophysics Airborne Tensor. Institut für Photonische Technologien, Jena, abgerufen am 6. Februar 2010.

wird der durch die Leitungsinduktivität kurz weiterfließende Strom das Material nach dem Jouleschen Gesetz erhitzen, was bis zur vollständigen Zerstörung des Supraleiters führen kann. Daher ist es notwendig, solche Materialien, beispielsweise als mikroskopisch dünne Fäden, in einen normalen Leiter einzubetten. Die Schwierigkeit, aus diesen keramikartigen Materialien dünne Fäden zu ziehen, ist eines der Haupthindernisse für den Einsatz bei höheren Stromstärken.

Es ist jedoch denkbar, dass Hochtemperatursupraleiter als Kurzschlussstrombegrenzer in Energieverteilungsnetzen eingesetzt werden. Dabei bewirkt eine erhöhte Stromdichte im Kurzschlussfall, dass der Supraleiter zuerst in den Mischbereich und anschließend in den normalleitenden Bereich übergeht. Der Vorteil gegenüber Kurzschlussstrombegrenzungsdrosseln ist, dass ein Spannungsabfall während des Normalbetriebes nur stark vermindert auftritt. Ferner kann als Vorteil gegenüber Sicherungen und KS-Begrenzern mit Sprengkapseln festgehalten werden, dass der supraleitende Zustand ohne Austausch von Betriebsmitteln wieder erreicht wird und ein Normalbetrieb kurze Zeit nach dem Fehlerfall wieder möglich ist.

Da auf klassischen Leitungen elektrische Energie unter Verwendung hoher Spannungen effizient übertragen werden kann, sind Supraleiter als Energieüberträger kaum konkurrenzfähig. Durch die im Vergleich zu konventionellen Leitungen höhere erzielbare Stromdichte lässt sich jedoch mehr elektrische Leistung auf gleichem Raum übertragen. Daher werden supraleitende Kabel dort eingesetzt, wo durch Erhöhung des Bedarfs bei begrenztem baulichen Raum Erweiterungen vorgenommen werden müssen.

Abb. 26: Elektrische Kabel für Teilchenbeschleuniger am CERN; oben: Normale Kabel für LEP; unten: Supraleitende Kabel für den LHC. Foto CC-by-sa Rama

Es lassen sich verlustarme Transformatoren herstellen, die bei gleicher Leistung deutlich verminderte Abmessungen und Masse haben und somit beispielsweise im mobilen Betrieb (Lokomotiven) Vorteile erbringen. Darüber hinaus kann auf eine umweltgefährdende Ölkühlung verzichtet werden. Bei guter thermischer Isolierung ist es möglich, die Transformatoren mit Kältemaschinen zu betreiben.

Annähernd verlustfreie Elektromotoren mit Hochtemperatursupraleitern könnten eine deutliche Volumen- und Gewichtsersparnis gegenüber klassischen Motoren bringen. Eine mögliche Steigerung des ohnehin schon sehr guten Wirkungsgrades von 98 % (bei Großmotoren) wäre dagegen fast bedeutungslos.

Mechanische Lager auf Basis der Supraleitung

Unter der Verwendung von supraleitenden Lagern lassen sich Energiespeicher für die kurzfristige Speicherung elektrischer Energie konstruieren. Diese Speicher dienen insbesondere der Kompensation schneller Lastschwankungen der Verbundnetze. Mit Hilfe der Lager werden Schwungräder reibungsfrei gelagert, die die Energie speichern.

Magnetischer Energiespeicher auf Basis der Supraleitung

In SMES (Supraleitender Magnetischer Energiespeicher) wird mit supraleitenden Spulen Energie gespeichert. Die Energie ist sehr schnell abrufbar und wird daher für die Kompensation schneller Lastschwankungen in Stromnetzen (Flickerkompensator) oder als Pulsgenerator für kurze, intensive Pulse eingesetzt.

Elektronische Schaltungen auf Basis der Supraleitung

Seit den 1970er Jahren gibt es Versuche, eine supraleitende Elektronik zu entwickeln. Unter anderem wurden Forschungsprojekte von IBM durchgeführt. In diesen Projekten wurde versucht, die Methoden der auf Spannungslevel basierenden Halbleiterelektronik auf die Supraleitung anzuwenden. Aus grundlegenden physikalischen Gründen ist die damit erreichbare Taktfrequenz auf einige GHz begrenzt und damit nicht schneller als aktuelle Halbleiter-Prozessoren.

1985 wurde von einer Forschergruppe der Moskauer Universität ein alternativer Ansatz vorgeschlagen, der auf die besonderen Eigenschaften der Supraleitung (Josephson-Effekt und Flussquantisierung in supraleitenden Schleifen) angepasst ist. Dieser Ansatz basiert auf dem Austausch von einzelnen Flussquanten zwischen supraleitenden Schleifen und wird deshalb als schnelle Einzelflussquanten-Elektronik (RSFQ-Elektronik, von engl. Rapid Single Flux Quantum) bezeichnet. Diese Elektronikfamilie zeichnet sich durch extrem geringe Verlustleistungen sowie extrem hohe Taktfrequenzen (über 100 GHz) aus.

In der RSFQ-Elektronik wird Niob verwendet. Die Betriebstemperatur beträgt $T = 4{,}2$ K und wird in den meisten Fällen durch Verwendung von flüssigem Helium erreicht. Es ist aber auch möglich, sie durch aktive zweistufige Kühler zu kühlen. Anders als bei den zuvor genannten Anwendungen würde die supraleitende Elektronik von der Entwicklung eines Raumtemperatur-Supraleiters nicht profitieren können. Die supraleitende Elektronik basiert auf extrem niedrigen Signalpegeln. Bei steigenden Temperaturen nimmt die Leistung des thermischen Rauschens linear zu, sodass bei Temperaturen über 30 K das geringe Signal-Rausch-Verhältnis die Funktion einer komplexen Schaltung verhindert.

4.3.6. Geschichte

Bevor Experimente bei Temperaturen nahe dem absoluten Nullpunkt durchgeführt werden konnten, gab es verschiedene Theorien, wie sich der elektrische Widerstand in diesem Temperaturbereich verhalten würde, so z. B. dass der Widerstand stark ansteigen würde oder dass er ein bestimmtes Niveau nicht unterschreiten würde.

Der Effekt der Supraleitung wurde erstmals 1911 vom Niederländer Heike Kamerlingh Onnes entdeckt. Er beobachtete, dass Quecksilber unterhalb von 4,19 Kelvin sprungartig seinen elektrischen Widerstand verlor. Obwohl die Quantenmechanik damals noch neu war, postulierte er bereits, dass die Supraleitfähigkeit nur quantenmechanisch erklärt werden könne.

Die erste phänomenologische Deutung der Supraleitung kam von den deutschen Physikern Fritz London und Heinz London in den 1930er Jahren.

Im Jahr 1950 entstand die erfolgreiche phänomenologische Ginsburg-Landau-Theorie. Eine quantenmechanische Theorie der Supraleitung wurde erst im Jahre 1957 von den US-amerikanischen Physikern John Bardeen, Leon N. Cooper und John R. Schrieffer (BCS-Theorie) gegeben, wofür ihnen 1972 der Nobelpreis für Physik verliehen wurde.

Im Jahre 1986 publizierten der deutsche Physiker Johannes Georg Bednorz und der Schweizer Karl Alex Müller (beide waren am IBM-Forschungszentrum bei Zürich beschäftigt) ihre Entdeckung der Hochtemperatursupraleitung, wofür sie bereits 1987 den Nobelpreis erhielten. Eine Theorie über das Zustandekommen dieser Art Supraleitung steht noch aus.

Die russischen Physiker Witali Ginsburg und Alexei Alexejewitsch Abrikossow erhielten 2003 den Nobelpreis für ihre Forschungen über die verschiedenen Typen von Supraleitern (Supraleiter 1. und 2. Art).

Im August 2005 wurde der weltweit erste Generator mit Hochtemperatur-Supraleitung (HTS) im Systemprüfhaus für Großantriebe der Siemens AG in Nürnberg erfolgreich in Betrieb gesetzt. Der Generator leistet rund 4 MW bei 3600 U/min.

Literatur

- James F. Annett: *Superconductivity, superfluids, and condensates.* Oxford Univ. Press, Oxford 2005, ISBN 978-0-19-850756-7.
- Peter J.Ford: *The rise of the superconductors.* CRC Pr., Boca Raton 2005, ISBN 0-74840-772-3.
- Werner Buckel, Reinhold Kleiner: *Supraleitung – Grundlagen und Anwendungen.* 6. Auflage. Wiley-VCH, Februar 2004, ISBN 978-3-527-40348-6.
- A. V. Narlikar: *Frontiers in superconducting materials.* Springer, Berlin 2005, ISBN 3-540-24513-8.
- Gernot Goll: *Unconventional superconductors.* Springer, Berlin 2006, ISBN 3-540-28985-2.

• Andrei G. Lebed: *The physics of organic superconductors and conductors*. Springer, Berlin 2008, ISBN 978-3-540-76667-4.

• Gernot Krabbes: *High temperature superconductor bulk materials: fundamentals - processing - properties control - application aspects*. Wiley-VCH, Weinheim 2006, ISBN 3-527-40383-3.

• David A. Cardwell, David S. Ginley : *Handbook of superconducting materials*. Institute of Physics, Bristol 2003, ISBN 0-7503-0898-2.

• J. R. Schrieffer, M. Tinkham: *Superconductivity*. In: *Reviews of modern physics*. Nr. 71, 1999, S. 313–317, doi: 10.1103/RevModPhys.71.S313.

Weblinks

Deutsch

• Entdeckung des widerstandslosen Stromtransport Überblick von Saarland university, abgerufen am 24. November 2009. (http://www.uni-saarland.de/fak8/fuwe/fuwe_de/Lehre/fuwe2/Kapitel2_Supraleitung1_2007.pdf)

• Wolfgang Stieler: *Eiskalter Draht*. Auf: *Technology Review*, 31. März 2006. (http://www.heise.de/tr/artikel/71492)

• Klaus-Peter Juengst: *Was kann die Supraleitung im Energiebereich leisten?*. 16. Juli 2004, abgerufen am 24. Feb. 2009.(http://www.energie-fakten.de/html/supraleitung.html)

• Supraleiter und Suprаflüssigkeiten bei Welt der Physik. (http://www.weltderphysik.de/de/1371.php)

• Michael Schreiner: *Warum schaukelt sich der schwebende Magnet bis zu einer kontinuierlichen Drehbewegung auf?.(http://www.michaelschreiner.eu/magnet.shtml)*

• *Supraleitung*. Auf: *technorama.ch*, abgerufen am 24. Feb. 2009 (hochwertige populärwissenschaftliche Erläuterung der Supraleiter-Effekte). (http://www.technorama.ch/fileadmin/user_upload/ausstellung/magnetismus/supraleitung/pdf/d/tsupraleitung.pdf)

• Ilka Flegel: *Herausforderung Supraleitung*. Auf: *Welt der Physik*, abgerufen am 10. Okt. 2008. (http://www.weltderphysik.de/de/418.php)

• Nico Ernst: *Neue Materialien für Supraleitung bei hohen Temperaturen: MIT-Forschung erklärt Phasenübergang neu*. Auf: *Golem*, 13. Februar 2008. (http://golem.de/0802/57690.html)

• Hubertus Luetkens: *Entsteht Supraleitung doch ganz anders?. TU Dresden, 23. Feb. 2009, abgerufen am 16. Sept. 2009 (Pressemitteilung).*(http://tu-dresden.de/aktuelles/newsarchiv/2009/februar/supra/newsarticle_view)

Englisch

• Joe Eck: *Superconductor Information for the Beginners*. abgerufen am 24. Feb. 2009 (umfangreiche Link-Liste, Sprungtemperaturen für Typ-1- und Typ-2-Supraleitern, uvm.). (http://www.superconductors.org/)

Videos

• *Was ist Supraleitung?* aus der Fernseh-Sendereihe *alpha-Centauri* (http://www.br-online.de/br-alpha/alpha-centauri/alpha-centauri-supraleitung-2005-ID1207911181270.xml)

• Michael Schreiner: *Warum beginnt ein schwebender Magnet zu rotieren?*. abgerufen am

24. Feb. 2009 (Video u. a. zur Temperaturverteilung im schwebenden Magneten). (http://www.michaelschreiner.eu/magnet.shtml)
- Weniger Verlust ist ein Gewinn (Supraleitung) (Multimedia-Show im Shockwave-Format). (http://www.physics4you.de/supraleitung)
- Lectures on Superconductivity, University of Cambridge (englisch) (http://www.msm.cam.ac.uk/ascg/lectures/index.php)
- Samstagsvorlesung vom 14. November 2006 an der Universität Jena Paul Seidel "Supraleitung - eine Bilanz 95 Jahre nach ihrer Entdeckung" (http://www.db-thueringen.de/servlets/DocumentServlet?id=6929)

4.4. Kristall

Ein **Kristall** ist ein Körper, dessen Atome oder Moleküle nicht zufällig, sondern regelmäßig in einem Kristallgitter angeordnet sind. Bekannte Kristallmaterialien sind Kochsalz, Zucker, Minerale und Schnee – aber auch die Metalle.

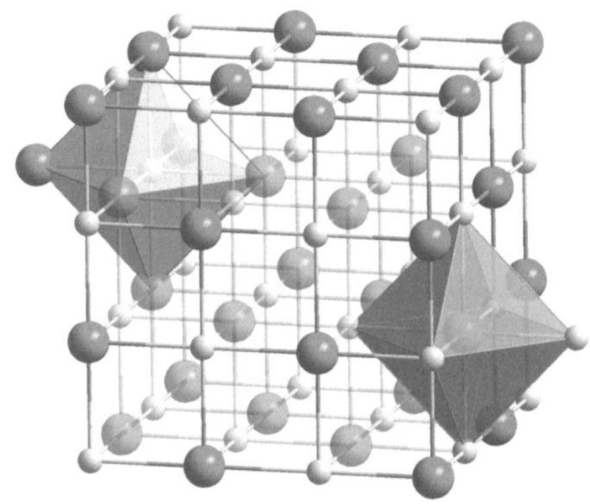

Abb. 27: Schema des Kristallgitters von Kochsalz (Natriumchlorid). In jeder Raumrichtung wechseln Natriumatome (grau) regelmäßig mit Chloratomen (grün) ab. Die eingezeichneten Oktaeder zeigen je ein Atom mit seinen sechs nächsten Nachbaratomen. Der Abstand zweier benachbarter Atome beträgt 0,56 Nanometer.

4.4.1. Genauere Definition, Unterscheidungen

Die charakteristische Eigenschaft eines Kristalls ist seine Fernordnung. Der Kristall ist dreidimensional periodisch aus gleichbleibenden Struktureinheiten aufgebaut.[15] Diese Struktureinheit heißt Einheitszelle oder Elementarzelle. Ein Kristall ist ein homogener Körper, denn er ist stofflich und physikalisch einheitlich. Aber die physikalischen Eigenschaften variieren mit der Raumrichtung, d. h. ein Kristall ist anisotrop.[16] Die Wissenschaft, welche die Eigenschaften und Formen von Kristallen erforscht, ist die Kristallographie.

Je nach Ausprägung der äußeren Form unterscheidet man

[15] Will Kleber, Hans-Joachim Bautsch, Joachim Bohm (1990): Einführung in die Kristallographie. Verlag Technik. ISBN 3-341-00479-3, Seite 19

[16] Will Kleber, Hans-Joachim Bautsch, Joachim Bohm (1990): Einführung in die Kristallographie. Verlag Technik. ISBN 3-341-00479-3, Seite 14

- unbeeinträchtigt ausgebildete, sogenannte idiomorphe (altgriechisch ἴδιος eigen und μορφή Gestalt) Kristalle und
- xenomorphe (altgriechisch ξένος fremd und μορφή Gestalt) Kristalle, deren äußere Form durch fremde Grenzflächen bestimmt ist.

Der idiomorphe Kristall weist in seiner äußeren Form auf die jeweilige Kristallstruktur hin. Deshalb sind z. B. ungestört gewachsene Natriumchloridkristalle (Kochsalz, Mineral Halit) würfelförmig.

Abb. 28: idiomorph gewachsene Halit-Kristalle - Foto CC-by-sa wlodi (via Flickr)

Im Regelfall liegt ein kristalliner Festkörper als Polykristall und nicht als Einkristall vor, das heißt der Körper besteht aus vielen kleinen Kristallen (Kristalliten), die durch Korngrenzen voneinander getrennt sind. Liegen verschiedene Kristallarten nebeneinander vor, so spricht man von Phasengrenzen.

Da die charakterische Eigenschaft von Kristallen die regelmäßige Anordnung in allen drei Raumrichtungen ist, sind auch Körper denkbar, deren Bausteine sich nur in einer oder zwei Raumrichtungen wiederholen. Dann lässt sich von eindimensionalen und zweidimensionalen Kristallen sprechen. In der Natur kommen Membranproteine vor, die sich als zweidimensionale Kristalle in der Biomembran anordnen. Ein Beispiel ist Bacteriorhodopsin.[17] In der Strukturbiologie werden 2D-Kristalle gezüchtet, um die Atompositionen der kristallisierten Makromoleküle mittels Elektronen-Kryomikroskopie zu ermitteln.[18]

Außer Kristallen gibt es auch Körper, die keine innere Fernordnung haben und amorph genannt werden. Ein Beispiel ist Glas (auch sogenanntes Bleikristall und anderes Kristallglas). Weiter gibt es Quasikristalle, die zwar wohlgeordnet sind, sich jedoch nicht in regelmäßigen Abständen wiederholen. Sie besitzen also keine Translationssymmetrie.[19] [20] Ein Beispiel für einen 2D-Quasikristall ist eine Penrose-

[17] Hayato Yamashita, Kislon Voitchovsky, Takayuki Uchihashi, Sonia Antoranz Contera, John F. Ryan, Toshio Ando (2009): Dynamics of bacteriorhodopsin 2D crystal observed by high-speed atomic force microscopy, Journal of Structural Biology, Volume 167, Issue 2, Pages 153-158, ISSN 1047-8477, DOI: 10.1016/j.jsb.2009.04.011, Online hier, abgerufen am 26. Oktober 2009

[18] Hsg. Michael G. Rossmann & Eddy Arnold, Hsg. (2001): International Tables for Crystallography Volume F: Crystallography of Biological Macromolecules. Kluwer Academic Publishers, Dordrecht u. a., Seiten 459f

[19] C. Giacovazzo, Hsg. (1992): Fundamentals of Crystallography. Oxford University Press. ISBN 0-19-855578-4, Seiten 223-226

[20] Michael Baake, Robert Moody, Uwe Grimm: Verborgene Ordnung der Quasikristalle, Spektrum der Wissenschaft Februar 2002, englische Version hier online, abgerufen am 21. Oktober 2009

Parkettierung, die aus zwei verschiedenen Kacheln so angeordnet ist, dass sich nur eine fünfzählige Rotationssymmetrie ergibt.

Wenn eine Flüssigkeit anisotrop ist und dadurch einige Eigenschaften eines Kristalls aufweist, bezeichnet man sie als Flüssigkristall.

4.4.2. Wortherkunft

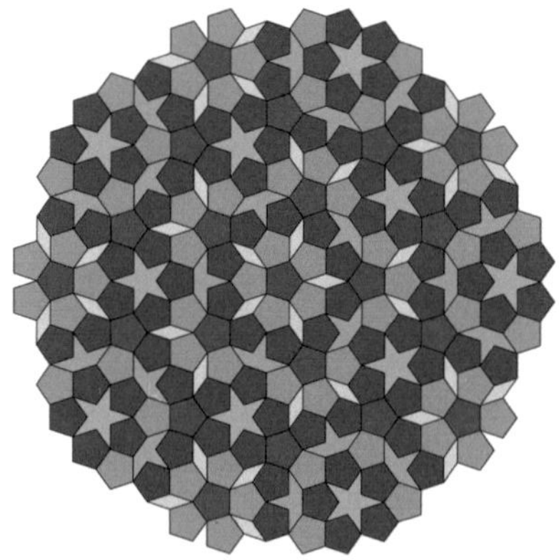

Abb. 29: Kein Kristall, sondern ein zweidimensionaler Quasikristall: Die Penrose-Parkettierung wiederholt sich bei einer vollständigen Drehung fünf mal (fünfzählige Rotationssymmetrie), aber nicht bei einer Verschiebung. Sie besitzt also keine translationssymmetrische Fernordnung.

Der Begriff *Kristall* stammt von dem griechischen Wort κρύσταλλος (krýstallos), das Bergkristall und Eis bedeutet. Bei dem bereits im antiken Griechenland betriebenen Bergbau wurden wahrscheinlich Quarz-Kristalle entdeckt. Sie wurden für Eis gehalten, das bei so tiefen Temperaturen entstanden sein müsse, dass es nicht mehr schmelzen könne. Diese Ansicht war bis ins frühe Mittelalter verbreitet. Über das lateinische *crystallus* hat sich die althochdeutsche Bezeichnung *kristallo* gebildet, die sich im Laufe der Zeit zu *Kristall* gewandelt hat.

4.4.3. Struktur und Klassifikation

Die Richtung und die Länge der Vektoren, um die eine Kristallstruktur verschoben werden kann, so dass sich die Atompositionen wiederholen,[21] beschreiben die Achsen des Kristallgitters (oder kurz Kristallachsen). Daher wird die Struktur jeder Kristallart mit einem eigenen, spezifischen Koordinatensystem, dem *Achsensystem*, dargestellt.[22] Neben der Verschiebung kann eine Kristallstruktur auch gedanklich um diese Achsen gedreht werden, bis sich die gedrehte Struktur mit der ursprünglichen Struktur deckt. Weil die Translationssymmetrie erhalten bleiben muss, können nur Drehsymmetrieen vorkommen, die in einer vollständigen Drehung (360°) eine, zwei, drei, vier oder sechs Wiederholungen beschreiben. Es wird dabei von 1-zähligen, 2-, 3-, 4- oder 6-zähligen Achsen gesprochen.[23] Es gibt Kristalle, die außer Drehachsen und Translation

[21] Will Kleber, Hans-Joachim Bautsch, Joachim Bohm (1990): Einführung in die Kristallographie. Verlag Technik. ISBN 3-341-00479-3, Seite 17

[22] Will Kleber, Hans-Joachim Bautsch, Joachim Bohm (1990): Einführung in die Kristallographie. Verlag Technik. ISBN 3-341-00479-3, Seite 23

[23] Siegfried Haussühl (1993): Kristallgeometrie. Weinheim Verlag. ISBN 3-527-29018-4, Seite 66

weitere *Symmetrieelemente* aufweisen, nämlich Spiegelebenen und Inversionszentren.[24]

Für die Klassifizierung von Kristallen werden die Symmetrieeigenschaften verwendet.[25] Dabei ist die Anzahl der denkbaren Kombinations-und Kopplungsmöglichkeiten von Symmetrieelementen beschränkt. Es gibt bei zweidimensionalen Kristallen 17 ebene kristallographische Gruppen und bei dreidimensionalen Kristallen 230 kristallographische Raumgruppen, die vollständig in den *International Tables for Crystallography, Vol. A* aufgeführt sind.[26] Für die Beschreibung der äußeren Form des Kristalls ist die Translation irrelevant. Deshalb werden die 230 Raumgruppen zu 32 Punktgruppen oder Kristallklassen zusammengefasst, die die makroskopischen Symmetrieeigenschaften der Kristalle beschreiben.[27] Die Punktgruppen basieren ihrerseits auf den Bravais-Gittern.

Die Kristallstruktur ist nicht stoffspezifisch, das heißt eine Substanz bzw. ein Mineral kann je nach äußeren Bedingungen (Druck, Temperatur etc.) unterschiedliche thermodynamisch stabile Strukturen besitzen, welche man als Modifikationen bezeichnet.

Die Regelmäßigkeit im Inneren spiegelt sich mitunter auch in der makroskopischen Gestalt des idiomorphen Kristalls wider. So sind zum Beispiel Eiskristalle sechseckig, während Kochsalzkristalle würfelförmig sind. Das äußere Aussehen eines Kristalls wird durch die voneinander unabhängigen Merkmale Kristallhabitus und Kristalltracht bestimmt. Die Kristallflächen werden ebenso wie Gitterebenen durch Millersche Indizes beschrieben. Die Untersuchung von Kristallstrukturen ist Aufgabenfeld der Kristallstrukturanalyse.

Gitterfehler

Ein realer Kristall enthält Gitterfehler, das heißt die dreidimensional-periodische Anordnung der Atome ist gestört. Man unterscheidet Punktfehler, Linienfehler, Flächenfehler und Volumenfehler. Punktfehler sind die einzigen Gitterfehler, die auch im thermodynamischen Gleichgewicht vorkommen.

4.4.4. Kristallisation

Ein Kristall entsteht, wenn die Temperatur einer Schmelze langsam genug unter den Schmelzpunkt sinkt und daraufhin die thermische Bewegung der einzelnen Atome

[24] Werner Massa (1996): Kristallstrukturbestimmung Teubner Verlag. ISBN 3-519-13527-2, Seite 60

[25] Siegfried Haussühl (1993): Kristallgeometrie. Weinheim Verlag. ISBN 3-527-29018-4, Seite 57

[26] Theo Hahn, Hsg. (2005): International Tables for Chrystallography, Volume A. Springer Verlag. ISBN 0-7923-6590-9

[27] Will Kleber, Hans-Joachim Bautsch, Joachim Bohm (1990): Einführung in die Kristallographie. Verlag Technik. ISBN 3-341-00479-3, Seite 67

einen so geringen Wert annimmt, dass die gegenseitigen Bindungen durch Schwingungen nicht mehr aufgebrochen werden können - es kommt zur Bildung eines einheitlichen Gitters, das durch Fernordnung geprägt ist. Das einheitliche Gitter hat eine geringere freie Enthalpie als das amorphe Glas, welches lediglich über eine Nahordnung verfügt. Man bezeichnet diesen Vorgang als Kristallisation.

Die Bildung eines Kristalls ist ein exergonischer Prozess: Zwar nimmt die Entropie im System ab (wegen Zunahme der Fernordnung), bei Temperaturen bis zum Schmelzpunkt wird dies jedoch durch eine Enthalpieabnahme infolge Anziehung zwischen den Teilchen (= Kristallisationswärme) überkompensiert.

Ausgangspunkt für die Kristallbildung ist ein Kristallisationskeim, der bei sinkender Temperatur wächst. Existieren viele solcher Kristallkeime oder setzt die Kristallisation an mehreren Stellen gleichzeitig ein, so entsteht ein Polykristall. Sinkt die Temperatur der Schmelze so schnell, dass sich die Atome nicht periodisch anordnen können, so entsteht ein amorphes Material, ein Glas. In vielen Fällen kommt es im Zuge der Kristallisation zu einem Verwachsen zweier Kristalle gleicher Struktur und Zusammensetzung, welche man in Folge als Kristallzwilling bezeichnet.

Unter einer Umkristallisation versteht man die Änderung einer Kristallstruktur, bedingt durch die Änderung äußerer Faktoren wie den Druck- und Temperaturbedingungen. Hierbei wechselt der kristalline Feststoff seine Modifikation.

Die künstliche Herstellung von Kristallen bezeichnet man als Kristallzucht.

Abb. 30: idiomorph gewachsene Halit-Kristalle - Foto CC-by-sa Kmarka

4.4.5. Eigenschaften

Kristalle haben eine höhere Dichte als ihre amorphen Gegenstücke. Nichtmetallische anorganische Kristalle sind härter, aber auch spröder. Alle Metalle erstarren im Regelfall kristallin.

Das Verhalten von Licht in Kristallen wird durch die Kristalloptik beschrieben. Wichtige hiermit verbundene Eigenschaften und Phänomene sind die optische Aktivität, die Polarisation, die Doppelbrechung und der Pleochroismus. Periodische dielektrische Strukturen, so genannte photonische Kristalle, zeigen neuartige optische Eigenschaften.

Manche Kristalle, z. B. Quarzkristalle, haben piezoelektrische Eigenschaften. Sie bauen eine elektrische Spannung auf, wenn sie verformt werden und verformen sich, wenn elektrische Spannung angelegt wird.[28] Dieser Effekt wird in Piezofeuerzeugen genutzt, um Zündfunken zu generieren. In der Elektronik dienen piezoelektrische Schwingquarze als Taktgeber (z. B. in Quarzuhren). Einige piezoelektrische Kristalle, jedoch nicht alle, wandeln eine Temperaturdifferenz in eine Ladungstrennung um. Diese Eigenschaft wird Pyroelektrizität genannt.[29] Solche Kristalle werden in Bewegungsmeldern und Temperaturfühlern verwendet. Ein besonderer Fall der Pyroelektrizität ist die Ferroelektrizität: Bei ferroelektrischen Kristallen kann die elektrische Polarisation durch das Anlegen einer Spannung umgepolt werden.[30]

4.4.6. Formen und Beispiele

Viele Minerale sind in der Lage, eine Vielfalt an Kristallformen und Farben auszubilden. Bekannteste Beispiele sind zum einen der Quarz, dessen Ausbildungsformen den ganzen Bereich von makrokristallin-farblos (*Bergkristall*) bis mikrokristallin-buntfarbig (Achat) abdeckt und zum anderen der Calcit mit ähnlichem Reichtum an Varietäten.

Der Diamant ist eine kristalline Form des Kohlenstoffs und das härteste natürlich vorkommende Mineral. Auch Silizium kristallisiert im Diamantgitter. Es ist zurzeit der Stoff, der am häufigsten in großen Mengen einkristallin, also als Monokristall, verwendet wird, nämlich in der Halbleitertechnik. Im Gegensatz dazu weist Galliumarsenid (GaAs) die so genannte Zinkblende-Struktur auf. Die Nanotechnologie befasst sich unter anderem mit Nanokristallen. Auch organische Stoffe, z.B. die Proteine, bilden Kristalle.

Literatur

- Walter Borchardt-Ott: *Kristallographie.* Springer, Berlin 2002. ISBN 3-540-43964-1
- Charles Kittel: *Einführung in die Festkörperphysik.* Oldenbourg, München 2002. ISBN 3-486-27219-5
- Will Kleber, Hans-Joachim Bautsch, Joachim Bohm: *Einführung in die Kristallographie.* Verlag Technik, Berlin 1998. ISBN 3-486-27319-1
- Werner Massa: *Kristallstrukturbestimmung.* Teubner, Wiesbaden 2009. ISBN 978-3-8348-0649-

[28] Will Kleber, Hans-Joachim Bautsch, Joachim Bohm (1990): Einführung in die Kristallographie. Verlag Technik. ISBN 3-341-00479-3, Seiten 267-272

[29] Will Kleber, Hans-Joachim Bautsch, Joachim Bohm (1990): Einführung in die Kristallographie. Verlag Technik. ISBN 3-341-00479-3, Seite 262

[30] Will Kleber, Hans-Joachim Bautsch, Joachim Bohm (1990): Einführung in die Kristallographie. Verlag Technik. ISBN 3-341-00479-3, Seite 264

9

- Ulrich Müller: *Anorganische Strukturchemie.* Teubner, Wiesbaden 2004. ISBN 3-519-33512-3
- Lesley Smart, Elaine Moore: *Einführung in die Festkörperchemie.* Vieweg, Wiesbaden 1997, ISBN 3-528-06773-X
- R. F. Symes und R. R. Harding: *Edelsteine & Kristalle*, Gerstenberg Verlag, Hildesheim 1991, ISBN 3-8067-4560-9

Weblinks

- Mineralienatlas:Kristall (Wiki) (http://www.mineralienatlas.de/lexikon/index.php/Kristall)
- The Giant Crystal Project - Dokumentation der größten Kristalle der Welt (http://giantcrystals.strahlen.org/)
- Informationen über das Kristallsystem und Kristallsynthese (http://www.mineralogie-erleben.de/)
- Alpine Mineralien – Kristall (http://www.mineralien-basel.ch/)
- Atlas der Krystallformen von Victor M. Goldschmidt (http://www.meinemineraliensammlung.de/victor/goldschmidt/)
- Linksammlung zur Kristallographie (http://www.chemlin.de/chemie/kristallographie.htm)

4.5. Schnee

Schnee ist die häufigste Form des festen Niederschlags, der aus feinen Eiskristallen besteht.

4.5.1. Kristallbildung

Schnee entsteht, wenn sich in den Wolken feinste Tröpfchen unterkühlten Wassers an Kristallisationskeimen (zum Beispiel Staubteilchen) anlagern und dort gefrieren. Dieser Prozess setzt jedoch erst bei Temperaturen unter -12 °C ein, wobei Wasser in Abwesenheit von Kristallisationsansätzen bei bis zu -40 °C flüssig bleiben kann.[31] Die dabei entstehenden Eiskristalle, weniger als 0,1 mm groß, fallen durch zunehmendes Gewicht nach unten und wachsen durch den Unterschied des Dampfdrucks zwischen Eis und unterkühltem Wasser weiter an. Auch resublimiert der in der Luft enthaltene Wasserdampf, geht also direkt in Eis über und trägt damit zum Kristallwachstum bei. Es bilden sich die bekannten sechseckigen Formen aus. Wegen der besonderen Struktur der Wassermoleküle sind dabei nur Winkel von 60° bzw. 120° möglich.

Die unterschiedlichen Stammformen der Schneekristalle hängen von der Temperatur ab – bei tieferen Temperaturen bilden sich Plättchen oder Prismen aus, bei höheren

[31] Gerhard Karl Lieb: Schnee und Lawinen. Vorlesung im WS 2001/02, Institut für Geografie und Raumforschung, Graz (PDF, 248 kB)

Temperaturen sechsarmige Dendriten (Sterne). Auch die Luftfeuchtigkeit beeinflusst das Kristallwachstum. Wenn sich Schneekristalle bilden, steigt in der Wolke auch die Temperatur, denn beim Gefrieren geben die Kristalle Wärme ab, während sie beim Verdampfen Wärme aufnehmen.

Abb. 31: Schneekristalle, fotografiert vom Schneeforscher Wilson Bentley

Herrscht eine hohe Thermik, so bewegen sich die Kristalle mehrfach vertikal durch die Erdatmosphäre, wobei sie teilweise aufgeschmolzen werden und wieder neu kristallisieren können. Dadurch wird die Regelmäßigkeit der Kristalle durchbrochen und es bilden sich komplexe Mischformen der Grundformen aus. Sie weisen eine verblüffend hohe Formenvielfalt auf. Über 5000 verschiedene Schneekristalle wurden schon von Wilson A. Bentley ab 1885 fotografiert.[32] Mit hoher Wahrscheinlichkeit gibt es und gab es noch nie zwei komplexe Schneekristalle, die exakt gleich waren. Der Grund hierfür liegt in den sehr großen kombinatorischen Möglichkeiten vieler einzelner Merkmale. Eine Schneeflocke enthält etwa 10^{18} Wassermoleküle, darunter ca. 10^{14} Deuterium-Atome. Auch im sichtbaren Bereich eines Lichtmikroskops lassen sich leicht schon hundert Merkmale unterscheiden, die an verschiedenen Orten ausgebildet werden können. In Kombination ergeben sich sehr viele mögliche Variationen, weshalb die möglichen Formen komplexer Kristalle äußerst zahlreich sind, weit größer als die Anzahl an Atomen im Weltall.[33]

Ebenso verblüffend wie die beobachtete Formenvielfalt ist die ausgeprägte Symmetrie, die manchen Schneekristallen eine hohe Selbstähnlichkeit verleiht und sie zu einem Vorzugsbeispiel der fraktalen Geometrie werden ließ (Koch-Kurve). Die verschiedenen Verästelungen wachsen in einem Exemplar manchmal in ähnlicher Weise und offenbar mit ähnlicher Geschwindigkeit, auch wenn ihre Spitzen, an denen sie weiter

[32] Webseite über "Wilson A. Bentley" (http://snowflakebentley.com/)

[33] Kenneth G. Libbrecht ausführlich hierzu "Snowflakes - No Two Alike" (http://www.its.caltech.edu/~atomic/snowcrystals/alike/alike.htm/)

wachsen, oft mehrere Millimeter auseinander liegen. Ein möglicher Erklärungsversuch, der ohne Annahme einer Wechselwirkung über diese Entfernung hinweg auskommt, besteht in dem Hinweis, dass die Wachstumsbedingungen an verschiedenen vergleichbaren Keimstellen an den Spitzen zu gleichen Zeitpunkten manchmal recht ähnlich sind.[34] Weit häufiger als schöne, symmetrische Schneeflocken sind jedoch asymmetrische und unförmige. Die regelmäßig erscheinenden Formen werden allerdings häufiger fotografiert und abgebildet.[35]

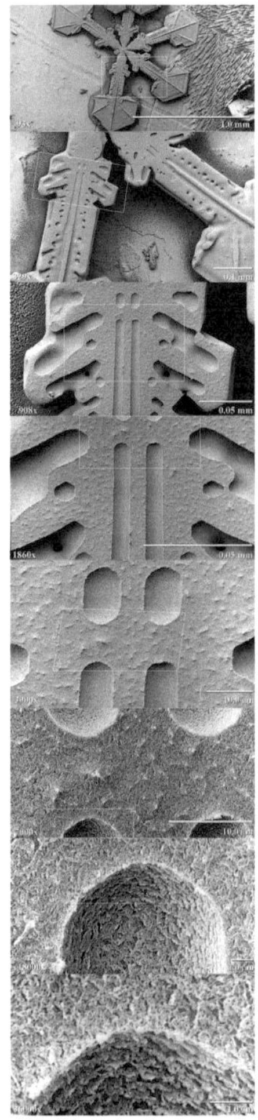

Abb. 32: Nahaufnahme mit Elektronenmikroskop

Die größte Komplexität der Schneekristalle zeigt sich bei einer hohen Luftfeuchtigkeit, da diese auch noch filigraneren Strukturen das Wachsen ermöglicht. Bei sehr niedrigen Temperaturen sind die Eiskristalle nicht nur kleiner und einfacher gebaut, sondern es schneit auch weniger als bei Temperaturen knapp unter dem Gefrierpunkt, da die Luft dann kaum noch Feuchtigkeit enthält.

4.5.2. Schneeflocken

Liegt die Lufttemperatur nahe am Gefrierpunkt, so werden die einzelnen Eiskristalle durch kleine Wassertropfen miteinander verklebt und es entstehen an einen Wattebausch erinnernde Schneeflocken. Bei trockener Luft kann in kälteren Luftschichten gebildeter Schnee auch bei Temperaturen um 5 Grad noch als Schnee die Erde erreichen, da ein Teil der Flocke verdunstet und die dafür aufzubringende Energie die verbleibende Flocke kühlt.[36] Andererseits kommt es vor, dass auch bei unter Null Grad Regen fällt, dann als gefrierender Regen. Für diesen Effekt wird in manchen Medien der Begriff Blitzeis verwendet. Diese Komponenten hängen von Struktur und Schichtungsstabilität der oberen und unteren Luftschichten, von geografischen Einflüssen sowie Wetterelementen wie zum Beispiel Kaltlufttropfen ab. Bei tiefen Temperaturen bilden sich nur sehr kleine Flöckchen, der sogenannte Schneegriesel.

[34] Kenneth G. Libbrecht: Frequently Asked Questions about Snow Crystals, Webseite eines Physikprofessors am Caltech (http://www.its.caltech.edu/~atomic/snowcrystals/faqs/faqs.htm)

[35] Kenneth G. Libbrecht: Snowflake Myths and Nonsense (http://www.its.caltech.edu/~atomic/snowcrystals/myths/myths.htm)

[36] Artikel „Snow at above freezing temperatures“ der Webseite ScienceBits (http://www.sciencebits.com/SnowAboveFreezing)

Die weiße Farbe des Schnees liegt darin begründet, dass der Schnee aus Eiskristallen besteht. Jeder einzelne Kristall ist – wie Eis als solches – transparent; das Licht aller sichtbaren Wellenlängen wird an den Grenzflächen zwischen den Eiskristallen und der umgebenden Luft reflektiert und gestreut. Eine ausreichend große Ansammlung von Eiskristallen mit zufälliger Lagebeziehung zueinander führt damit insgesamt zu diffuser Reflexion; Schnee erscheint daher weiß. Ein ähnlicher Effekt ist beispielsweise auch bei Salz beim Vergleich von Pulver und größeren Kristallen zu beobachten.

Der mittlere Durchmesser von Schneeflocken beträgt ca. fünf Millimeter, bei einem Gewicht von 0,004 Gramm. Je höher die Temperatur wird, desto größer werden die Flocken, da die Kristalle schmelzen und zu großen Flocken verkleben. Das Guinness-Buch der Rekorde verzeichnet für die größte je gesehene Schneeflocke einen Durchmesser von 38 Zentimetern.[37]

Fällt eine Schneeflocke auf Wasser, dann erzeugt sie aufgrund der in ihr eingeschlossenen Luftblasen einen schrillen hohen Ton mit einer Frequenz von 50 bis 200 Kilohertz, der für Menschen allerdings unhörbar ist.[38]

4.5.3. Schneefall

Da Schneeflocken eine große Oberfläche und somit einen hohen Luftwiderstand haben, fallen sie mit Geschwindigkeiten von etwa 4 km/h verhältnismäßig langsam – zum Vergleich: mittelschwerer Regen fällt mit ca. 20 km/h, Hagel kann noch weitaus höhere Geschwindigkeiten erreichen. Diese Geschwindigkeit ist relativ unabhängig von der Größe der Schneeflocken, da ihre Oberfläche fast proportional zu ihrem Gewicht wächst.[39]

Schneekristalle, wie auch alle anderen irregulär geformten Objekte, tendieren dazu, mit ihrer flachsten Seite nach unten zu fallen. Dies erscheint zunächst unlogisch, weil man ja denken würde, dass Objekte sich so orientieren müssten, dass sie sich mit dem geringsten Widerstand durch die Luft bewegen. Wenn die flache Seite der Schneeflocke exakt parallel zur Fallrichtung wäre (geringster Widerstand), würde sie auch dort bleiben. Allerdings ist es sehr wahrscheinlich, dass sie sich während ihres Falles aufgrund von kleinen Störungen (Turbulenzen) einmal zur Fallrichtung neigt. Somit erfährt die Schneeflocke aufgrund der sie umströmenden Luft ein Kräftepaar; wegen der größeren Strömungsgeschwindigkeiten an den äußeren Enden. Dieses Kräftepaar dreht dann die Schneeflocke so, dass ihre flache Seite nach unten zeigt (Ebene der größten

[37] Vgl. „ Snowflakes as Big as Frisbees?“ – Artikel vom 20. März 2007 in der Online-Ausgabe der New York Times (http://www.nytimes.com/2007/03/20/science/20snow.html)

[38] Lawrence A. Crum, Hugh C. Pumphrey, Ronald A. Roy, and Andrea Prosperetti: The underwater sounds produced by impacting snowflakes. Journal of the Acoustical Society of America 106(4):1765-1770, 1999.

[39] Bart Geerts: Fall speed of hydrometeors, Teil der Resources in Atmospheric Sciences der University of Wyoming (http://www-das.uwyo.edu/~geerts/cwx/notes/chap09/hydrometeor.html)

Ausdehnung der Flocke normal zur Fallrichtung). Demselben Mechanismus folgen ein fallendes Blatt von einem Baum, ein fallengelassenes Blatt Papier, Rayleighsche Scheibe zur Messung der Schallgeschwindigkeit, etc.

Eine andere Auswirkung von Turbulenzen ist, dass Schneeflocken und andere Objekte dazu tendieren, einander einzuholen. Ein Schneekristall, der in die Wirbelzone eines anderen gerät, kann darin schneller fallen, so dass er mit diesem kollidiert und verklumpt. Derselbe Effekt wird von Motorradfahrern genutzt, die im Windschatten fahren, und erlaubt Vögeln in V-Formationen energetisch günstiger zu fliegen als alleine. Ob der genannte Effekt der turbulenten Strömung eintritt oder nicht, hängt vom Objekt und dem Medium ab, in dem es sich bewegt. Beispielsweise erzeugen Staubkörner in Luft und Stahlkugeln in Honig in der Regel keine Verwirbelungen.

4.5.4. Schneeschmelze

Eine Schneedecke verliert an Substanz, wenn Energie zugeführt wird. Dies kann durch Strahlung (kurzwellige Sonnenstrahlung oder langwellige Wärmestrahlung), Wärmeleitung (bei Lufttemperaturen über 0 °C) oder durch in den Schnee fallenden Regen geschehen, der wärmer als 0 °C ist. Wie schnell der Massenabbau vor sich geht, hängt nicht nur von der eingebrachten Energiemenge, sondern auch von Lufttemperatur und Luftfeuchtigkeit ab. Konkret verläuft der Abbau langsamer, je trockener die Luft ist, da zur Sublimation, also für den direkten Übergang des Wassers von der festen in die gasförmige Phase, eine gewisse Energie aufgebracht werden muss, wodurch der übrige Schnee gekühlt wird.

Anhand von Feuchttemperatur und Taupunkttemperatur unterscheidet man drei Stufen des Abbauprozesses. Die Feuchttemperatur ist hierbei die Temperatur, die von der feuchten Seite eines Psychrometers gemessen wird und stets kleiner (bei 100% Luftfeuchtigkeit gleich) der Lufttemperatur ist. Die Taupunkttemperatur ist diejenige Temperatur, bei der die feuchte Luft wasserdampfgesättigt wäre und ist wiederum kleiner als die Feuchttemperatur. Liegt die Feuchttemperatur unter 0 °C, *sublimiert* der Schnee. Dieser Prozess hat die langsamste Abbaurate, der Schnee bleibt dabei völlig trocken. Er kann bei bis zu 7 °C Lufttemperatur stattfinden, dazu muss die relative Feuchte jedoch unter 20% betragen. Liegt die Feuchttemperatur über 0 °C, die Taupunkttemperatur jedoch noch darunter, *schmilzt* der Schnee, das heißt er geht sowohl in die Gasphase als auch in die Flüssigphase über. Bei Taupunkttemperaturen oberhalb des Nullpunkts *taut* der Schnee, er geht ausschließlich in die Flüssigphase über. Dieser Prozess hat die schnellsten Abbauraten. Bei einer mittleren relativen Luftfeuchte von 50% sublimiert Schnee unterhalb von +3,5 °C, er schmilzt bei 3,5°-10 °C und taut oberhalb von 10 °C.

4.5.5. Schneearten

Es gibt verschiedene Kriterien, anhand derer man Schnee klassifizieren kann.

Alter

Frisch gefallener Schnee wird als Neuschnee bezeichnet. Seine Eiskristalle sind noch fein verzweigt mit spitzen Zacken. Änderungen in der Struktur des liegenden Schnees bezeichnet man als Schneeumwandlung oder Metamorphose. Ihre Art und Geschwindigkeit ist von äußeren Einflüssen wie etwa der Temperatur abhängig.

Grundsätzlich unterscheidet man zwischen abbauender und aufbauender Metamorphose, sowie der Schmelzmetamorphose. Bei der abbauenden Metamorphose nehmen die Kristalle durch Temperaturschwankungen, den Druck der Schneedecke und Umwelteinflüsse wie Wind weniger verästelte und abgerundetere Formen an. Sie werden dadurch fester und dichter und werden dann als filziger bzw. rundkörniger Schnee bezeichnet. Bei der aufbauenden Metamorphose bilden sich in tieferen Schichten neue, größere Kristallformen, die durch große Lufteinschlüsse nur noch geringe Festigkeit besitzen. Sowohl abbauende als auch aufbauende Schneeumwandlung vollziehen sich bei Temperaturen unter dem Gefrierpunkt über einen Zeitraum mehrerer Wochen.[40] Die Schmelzmetamorphose lässt bei Temperaturen über 0 °C runde Kristallformen entstehen. Im Wechselspiel mit Wiedergefrieren des Wassers kann sich aus dem Altschnee fester Harsch bilden, der nach mindestens einem Jahr Firnschnee (kurz Firn) genannt wird und eine hohe Dichte besitzt (über 0,6 g/cm³). Über längere Zeiträume können aus Firnschnee schließlich Gletscher entstehen.

Feuchtigkeit

• *Pulverschnee* ist trockener Schnee, der auch unter Druck nicht zusammenklebt. Seine Dichte liegt unter 60 kg/m³. In den amerikanischen Rocky-Mountains wird er auch als Champagner-Powder bezeichnet.

• *Feuchtschnee* klebt unter Druck zusammen und eignet sich daher besonders für Schneebälle und Schneemänner, es lässt sich jedoch kein Wasser herauspressen. Er wird auch *Pappschnee* genannt, weil er zusammenpappt.

• *Nassschnee* oder *Sulz* (auch: *Sulzschnee* - Adj. *sulzig*) ist sehr schwer und nass, er klebt ebenfalls zusammen und man kann Wasser herauspressen.

• *Faulschnee* ist ein Gemisch aus Wasser und größeren Schneebrocken, die nicht mehr gut zusammenhalten (*Schneematsch*).

[40] Gerhard Karl Lieb: Schnee und Lawinen. Vorlesung im WS 2001/02, Institut für Geografie und Raumforschung, Graz

• An der Temperaturgrenze (Übergang in der Höhe) oder bei Wetterumschwüngen fällt *Schneeregen*, das heißt, ein Gemisch aus Schnee und Regen.

Dichte

Dichte	Bezeichnung
30…50 $kg\cdot m^{-3}$	trockener, lockerer Neuschnee
50…100 $kg\cdot m^{-3}$	gebundener Neuschnee
100…200 $kg\cdot m^{-3}$	stark gebundener Neuschnee
200…400 $kg\cdot m^{-3}$	trockener Altschnee
300…500 $kg\cdot m^{-3}$	feuchtnasser Altschnee
150…300 $kg\cdot m^{-3}$	Schwimmschnee
500…800 $kg\cdot m^{-3}$	mehrjähriger Firn
800…900 $kg\cdot m^{-3}$	Eis

Thermische Eigenschaften

Die Wärmeleitfähigkeit von Schnee ist von seiner Struktur und Textur abhängig und nimmt mit seiner Dichte zu. Die Wärmeleitfähigkeit liegt zwischen der von Luft [0,0247 W/(m·K)] und der von Eis [2,2 W/(m·K)][41]. Durch die isolierende Wirkung des Schnees können je nach Untergrundtemperatur Schmelzprozesse an der Unterseite der Schneeschicht bereits einsetzen, obwohl die Lufttemperaturen unterhalb des Schmelzpunktes liegen. Die Wärmekapazität von Schnee entspricht etwa der von Eis, 2.106 J/(kg·K) (bei 0 °C, mit sinkender Temperatur abnehmend). Sie verringert sich mit sinkender Temperatur. Die latente Schmelzwärme von Schnee beträgt 335 kJ/kg (bei 0 °C und Normaldruck).

4.5.6. Geschichte

Die streng hexagonale Struktur von Schneeflocken war im Kaiserreich China schon mindestens seit dem 2. Jahrhundert v. Chr. bekannt. Im Abendland bemerkte diese Eigenschaft erstmals der englische Mathematiker Thomas Harriot im Jahre 1591, der seine Beobachtung jedoch nicht publizierte. Arbeiten über die Formenvielfalt der Schneekristalle sind auch von Johannes Kepler und René Descartes bekannt, doch erste systematische Untersuchungen unternahm erst Ukichiro Nakaya, der 1936 als Erster synthetische Schneeflocken herstellen konnte und diese 1954 in über 200 verschiedene Typen kategorisierte.

[41] Schöniger, M; Dietrich, J.: Vorlesung Hydrologie, Online-Script, 8.4 Physikalische Eigenschaften der Schneedecke

Literatur

- Kenneth G. Libbrecht: *Wie Schneekristalle entstehen*, Spektrum der Wissenschaft, 2008 (Februar), S. 36ff.

Weblinks

- Institut für Atmosphäre und Klima IACETH, ETH Zürich, interaktive Erklärung zur Bildung der verschiedenen Kristallformen (http://iacweb.ethz.ch/en/groups/richner/cd/doc/niederschlag/eiskristalle.html)
- www.snowcrystals.com zur Formenvielfalt der Schneekristalle (Engl.) (http://www.snowcrystals.com/)
- www.slf.ch Eidgenössisches Institut für Schnee- und Lawinenforschung in der Schweiz (http://de.wikipedia.org/w/index.php?title=Eidgenössisches_Institut_für_Schnee-_und_Lawinenforschung)
- Skriptum: Schnee und Lawinen von Prof. Gerhard Lieb - Institut für Geographie und Raumforschung, Graz (PDF-Datei; 239 kB) (http://www.uni-graz.at/geowww/geo/download/lieb_schnee_lawinen.pdf)
- Wachstum von Schneekristallen (Zeitraffer-Video) (http://www.youtube.com/watch?v=Y5aeRqv-qig)

5. Selbstorganisation und Emergenz im Universum

5.1. Kosmologie

Die **Kosmologie** (griechisch *κοσμολογία* – hier: die Lehre von der Welt) beschäftigt sich mit dem Ursprung, der Entwicklung und der grundlegenden Struktur des Universums (Kosmos) als Ganzem und ist damit ein Teilgebiet sowohl der Physik als auch der Philosophie. Ihren Ursprung hat die Kosmologie im mythischen und religiösen Bereich.

Die physikalische Kosmologie beschreibt das Universum mittels physikalischer Gesetzmäßigkeiten. Dabei ist besonders die heute beobachtete, ungleichmäßige Verteilung der Galaxien und Galaxienhaufen im Nahbereich des sonst räumlich, aber nicht zeitlich homogenen und isotropen, expandierenden Universums zu verstehen.[1] Die signifikante Haufenbildung, mit großen dazwischenliegenden Leerräumen (Voids), führt dazu, dass man von einem „klumpigen" Universum spricht.[23] Die größte bisher entdeckte Struktur, die Sloan Great Wall, ist ca. 1,37 Mrd. Lichtjahre lang.[4]

Weiterhin muss eine umfassende Kosmologie die insgesamt vorhandene Flachheit (euklidischer Raum), die zeitlich unterschiedlichen Strukturen (Strahlung, Quasare, Galaxien), die Kosmische Hintergrundstrahlung, die als Expansion des Universums gedeutete Rotverschiebung des Lichts, die numerischen Werte der Naturkonstanten und die Häufigkeit der chemischen Elemente im Universum zusammenfassend beschreiben.

5.1.1. Antike Vorstellungen

Nach Anaximander sei das unendliche Universum die Quelle einer unendlichen Zahl von Welten, von denen unsere Welt nur eine sei, die sich abgespalten habe und ihre Teile durch Drehbewegung gesammelt habe. Anaximenes arbeitete diese Ideen von

[1] Robert Osserman, Rainer Sengerling: Geometrie des Universums. Von der Göttlichen Komödie zu Riemann und Einstein, Vieweg, 1. Aufl., 1997, S. 112

[2] Hans Joachim Störig: Knaurs moderne Astronomie, Droemer Knaur, 1992, S. 271

[3] Hans V. Klapdor-Kleingrothaus, Kai Zuber: Teilchenastrophysik, Teubner, 1997, S. 111

[4] Kenneth R. Lang: A Companion to Astronomy and Astrophysics. Chronology and Glossary with Data Tables, Springer, 2006, S. 103

Anaximander weiter aus und sah dabei die Luft als Urmaterie an. Pythagoras – für den alle Dinge in Wirklichkeit Zahlen bzw. Zahlenverhältnisse waren – vertrat die Auffassung, dass der Himmel das Unendliche eingeatmet habe, um Gruppen von Zahlen zu bilden. Aristoteles vertrat dann ein Modell des Universums, welches ein Zentralfeuer beinhalte (er meinte damit explizit nicht die Sonne), um welches die Himmelskörper in Kreisen liefen.[5]

5.1.2. Standardmodell

Das **Standard- oder Urknallmodell der Kosmologie** ist die heute anerkannte kosmologische Theorie, die viele beobachtete Phänomene beschreibt. Darin wird von einem unendlich heißen und dichten Frühzustand des Universums ausgegangen, dem sogenannten Urknall. Es wird vor allem von drei Beobachtungen bestätigt:

1. **Häufigkeit der Elemente**: In der primordialen Nukleosynthese (englisch *Big Bang Nucleosynthesis*) kurz nach dem Urknall (10^{-2} s) war das Universum so heiß, dass Materie in Quarks und Gluonen aufgelöst war. Durch die Expansion und Abkühlung des Universums entstanden Protonen und Neutronen. Nach ca. 1 Sekunde verschmolzen aus Protonen und Neutronen die Kerne leichter Elemente (Deuterium, ^{3}He, ^{4}He, ^{7}Li). Dieser Prozess endete nach etwa 3 Minuten.[6] Es wurden also die relativen Häufigkeiten der Elemente vor der Bildung der ersten Sterne festgelegt.
2. **Kosmische Hintergrundstrahlung** (engl. cosmic microwave background radiation CMBR): 1946 von George Gamow postuliert, wurde sie 1964 durch Arno Penzias und Robert Woodrow Wilson entdeckt – mit einer mittleren Temperatur von 2,725 Kelvin.[7] Die Hintergrundstrahlung stammt aus der Zeit ca. 300.000 Jahre nach dem Urknall, als das Universum etwa 1/1000 seiner heutigen Größe hatte. Das ist auch der Zeitpunkt, an dem das Weltall transparent wurde; vorher bestand es aus undurchsichtigem ionisiertem Gas. Messungen durch COBE, BALOON, WMAP.
3. **Expansion des Universums**: Edwin Hubble konnte 1929 die Expansion des Weltalls nachweisen, da Galaxien mit wachsender Entfernung eine zunehmende Rotverschiebung in den Spektrallinien zeigen. Proportionalitätsfaktor ist die Hubble-Konstante H, deren Wert bei 71 (± 4) km/s Mpc^{-1} angenommen wird (Stand 2004). H ist eigentlich keine Konstante, sondern verändert sich mit der Zeit – invers proportional zum Alter des Universums. Wir stehen auch nicht im Mittelpunkt der Expansion – der Raum selbst dehnt sich überall gleichmäßig aus (*isotropes Universum*). Durch Zurückrechnen der Expansion kann man das *Alter des Universums* bestimmen: Ist die

[5] John North: Viewegs Geschichte der Astronomie und Kosmologie, Vieweg, 2001, S. 42 ff.

[6] Vgl. auch Steven Weinberg (Literatur).

[7] Kenneth R. Lang: A Companion to Astronomy and Astrophysics. Chronology and Glossary with Data Tables, Springer, 2006, S. 242

Hubble-Konstante korrekt, so liegt es bei etwa 13,7 Milliarden Jahren. Auch aufgrund der bisher von der Sonde WMAP gewonnenen Daten und Supernova-Beobachtungen geht man inzwischen von einem offenen, beschleunigt expandierenden Universum mit einem Alter von 13,7 Mrd. Jahren aus.

Die einzelnen Phasen der Expansion sind im Artikel Urknall beschrieben. Nach dem Standardmodell der Kosmologie ergibt sich grob folgender Ablauf:

- Planck-Ära; bis 10^{-43}s; alle vier Kräfte noch vereint;
- Inflationäre Phase; endet nach 10^{-33}s bis 10^{-30}s; extreme Expansion um einen Faktor zwischen 10^{30} und 10^{50};
- Quark-Ära; bis 10^{-7}s; es bilden sich Quarks, Leptonen und Photonen; das Ungleichgewicht von Materie und Antimaterie entsteht in der Baryogenese;
- Hadronen-Ära; bis 10^{-4}s; Protonen, Neutronen und deren Antiteilchen entstehen; außerdem Myonen, Elektronen, Positronen, Neutrinos und Photonen;
- Lepton-Ära; bis 10 s; Myonen zerfallen, Elektronen und Positronen zerstrahlen;
- Primordiale Nukleosynthese; bis 3 min; Wasserstoff, Helium, Lithium entstehen;
- Strahlungs-Ära; ca. 300.000 Jahre;
- Materie-Ära; bis heute; Universum wird durchsichtig, Galaxien entstehen.

Wichtige Instrumente zur Erforschung des Universums werden heute von Satelliten und Raumsonden getragen: Das Hubble-Weltraumteleskop, ROSAT, Hipparcos und WMAP.

Zur Erklärung der beobachteten Expansion und der flachen Geometrie des Universums im Großen wird das Urknallmodell heute ergänzt nach Ideen von Alan Guth, dass es durch einen Symmetriebruch in der Frühzeit des Universums zu einer sehr starken kurzzeitigen Expansion kam, welche die Gleichförmigkeit des Universums auch am Rand des beobachtbaren Bereiches (Horizont) erklärt.

Die derzeit größte Herausforderung an die kosmologische Theorie stellt heute aber wohl das Missverhältnis zwischen beobachtbarer Materie und deren Verteilung sowie der beobachteten mittleren Ausbreitungsgeschwindigkeit des Universums dar. Die übliche Erklärung macht für die nicht mittels elektromagnetischer Strahlung beobachtbaren Anteile der benötigten Materiedichte Dunkle Masse (ca. 23 %) und Dunkle Energie (ca. 73 %) verantwortlich. Deren genaue Zusammensetzung ist heute aber offen. Es wird jedoch vielfach vermutet, dass es sich dabei um die von Elementarteilchenphysikern unabhängig von der Kosmologie postulierten supersymmetrischen Partner der bereits bekannten Elementarteilchen handelt. Sofern es diese gibt, dürften sie eventuell aufgrund der erwarteten Energieniveaus und der verfügbaren Teilchenbeschleuniger innerhalb der nächsten 5 bis 10 Jahren zweifelsfrei nachgewiesen werden. Alternativ dazu wurde auch eine Veränderung der einsteinschen Gravitationsgleichungen vorgeschlagen.

5.1.3. Steady-State-Theorie

Die *Steady-State-Theorie* (Stationäres Verhalten, z. B. „gleichmäßige Expansion") wurde 1949 durch Fred Hoyle, Thomas Gold und andere als Alternative zur Urknall-Theorie entwickelt. Während der 1950er und bis in die 1960er Jahre wurde diese Theorie von den meisten Kosmologen als mögliche Alternative akzeptiert.

Die 'Steady-State-Theorie' wurde aufgrund von Berechnungen postuliert, die zeigten, dass ein rein *statisches Universum* mit den Annahmen der allgemeinen Relativitätstheorie nicht verträglich wäre. Zudem zeigten Beobachtungen von Edwin Hubble, dass das Universum expandiert. Die Theorie postuliert nun, dass das Universum sein Aussehen nicht ändert, obwohl es größer wird. Dazu muss ständig Materie neu gebildet werden, um die durchschnittliche Dichte gleich zu halten. Da die Menge der neu zu bildenden Materie sehr klein ist (nur einige hundert Wasserstoffatome pro Jahr in der Milchstraße), kann die Neubildung von Materie nicht direkt beobachtet werden. Obwohl diese Theorie den Energieerhaltungssatz verletzt, hatte sie unter anderem die attraktive Eigenschaft, dass das Universum keinen Anfang hat und Fragen nach dem *Vorher* bzw. nach dem *Grund* des Beginns der Expansion überflüssig sind.

Die Schwierigkeiten dieser Theorie begannen in den späten 60er Jahren. Beobachtungen zeigten, dass sich das Universum zeitlich tatsächlich verändert, die Stationaritätsbedingung also explizit verletzt ist: Quasare und Radiogalaxien wurden nur in weit entfernten Galaxien gefunden. Halton Arp interpretierte die vorliegenden Daten seit den 1960er Jahren anders und gab an, dass es Quasare auch im nahe liegenden Virgohaufen gäbe. Der Niedergang der Steady-State-Theorie wurde beschleunigt durch die Entdeckung der kosmischen Hintergrundstrahlung, welche von der Urknall-Theorie vorausgesagt worden war.

Seitdem gilt nicht die *Steady-State-Theorie*, sondern die *Urknalltheorie* bei der Mehrheit der Astronomen als erfolgreiches Standardmodell der Kosmologie. In den meisten Publikationen über Astrophysik wird sie implizit vorausgesetzt.

5.1.4. Geschichte der Kosmologie

Anfänge und ptolemäisches Weltbild

Aufzeichnungen von mythischen Kosmologien sind aus China (I Ging, Buch der Wandlungen), aus Babylon (Enuma Elish) und Griechenland (Theogonie des Hesiod) bekannt. Kosmologische Vorstellungen hatten in der chinesischen Kultur besonders im Daoismus und Neokonfuzianismus einen hohen Stellenwert. Die babylonischen Mythen – welche vermutlich auf ältere sumerische Mythen zurückgehen und ihrerseits wieder Vorlage für die biblische Genesis sein dürften – und Himmelsbeobachtungen haben wahrscheinlich auch die späteren griechischen kosmologischen Vorstellungen beeinflusst, die zur Grundlage der mittelalterlichen abendländischen Kosmologie wurden.

Frühere Kosmologien unterlagen dem Prinzip *Aufzeichnung astronomischer Daten und anschließendes Deuten der Daten.* Aus den Deutungen und Prophezeiungen entwickelten sich die Mythologien. Zusätzlich stellten die astronomischen Aufzeichnungen nützliche Angaben für die historischen Kalender dar, z. B. Ur-3 Kalender, mit deren Hilfe die Abläufe in der Landwirtschaft geordnet wurden. Bei den griechischen Gelehrten Thales von Milet, vor allem aber bei Anaximander (6. Jahrhundert v. Chr.), begann der Prozess der Rationalisierung. Anaximander entwarf erstmals ein Weltbild, welches auf gesetzmäßigen kausalen Zusammenhängen basierte und den Himmelsobjekten eine physikalische Natur zuordnete. In die gleiche Richtung gingen die kosmologischen Entwürfe der Atomisten Demokrit und Anaxagoras.

Eine weitere wichtige Entwicklung war das erste historisch überlieferte System, in dem die Erde nicht im Zentrum stand, das von Philolaos, einem Pythagoreer, im 5. Jahrhundert v. Chr. entworfen wurde.

In der Kosmologie Platons (5./4. Jahrhundert v. Chr.), die er im *Timaios* schildert, beschrieb er die Himmelsobjekte als *von personalen, mit Verstand ausgerüstete göttliche Wesen.* Die Erde war in Platons Vorstellung eine Kugel, die im Zentrum des Kosmos ruhte.

Platons Schüler Aristoteles widersprach in seiner Kosmologie teilweise der Auffassung seines Lehrers hinsichtlich der göttlichen Natur von Himmelsobjekten. Die Himmelskörper nennt auch er göttlich und mit Intellekt begabt; sie bestehen aus dem „fünften Element“ und werden von der „ersten Philosophie“ erforscht.[8] Die Bewegungen der Himmelskörper und -sphären werden letztlich von einem *ersten unbewegten Beweger* (im Sinne von Veränderer) hervorgerufen.

Eudoxos von Knidos entwarf Anfang des 4. Jahrhunderts v. Chr. ein Sphärenmodell, das von Kallippos weiterentwickelt wurde und erstmals die retrograden Schleifenbewegungen der Planeten beschreiben konnte und das sowohl Aristoteles als auch das Ptolemaische Weltbild beeinflussten. Messungen von Eratosthenes, der im 3. Jahrhundert v. Chr. den Umfang der Erde mit guter Genauigkeit bestimmte, und auch von Aristyllus und Timocharis zeigten jedoch Abweichungen der Planetenbewegungen von den nach Eudoxos' Methode berechneten Positionen. Apollonios von Perge entwickelte im 3. Jahrhundert v. Chr. eine Methode der Berechnung von Planetenbahnen mithil-

[8] Vgl. Jonathan Barnes: Aristoteles, Reclam, Stuttgart 1992, 40ff, 100ff

fe von Epizykeln, d. h., er ließ Kreisbewegungen der Planeten zu, deren Mittelpunkt selbst wieder auf einer Kreisbahn lag.

Ein heliozentrisches Weltmodell vertrat Aristarchos von Samos (3./2. Jahrhundert v. Chr.). Er wurde deshalb der Gottlosigkeit beschuldigt; sein Weltmodell konnte sich nicht durchsetzen.

Ptolemäus beschrieb im 2. Jahrhundert in seinem Almagest eine geozentrische Kosmologie, welche mit den meisten Beobachtungen seiner Zeit in Einklang zu bringen war und bis zur Durchsetzung des kopernikanischen Weltbildes allgemein anerkannt wurde.

Die kopernikanische Wende

Bereits im 15. Jahrhundert wurden durch den deutschen Universalgelehrten und Kardinal Nikolaus von Kues (1401 - 1464) wichtige Gedanken der späteren Kosmologie vorweggenommen und das Ptolemäische Weltbild in Frage gestellt, indem er die Vorstellung eines begrenzten Universums verwarf, in dessen Mittelpunkt sich unbeweglich die Erde befindet. Im Gegensatz dazu war das von Copernicus 1543 in seiner Schrift De Revolutionibus Orbium Coelestium beschriebene Universum endlich und durch eine materielle Fixsternsphäre begrenzt. Diese war allerdings nach Copernicus' Vorstellungen zu groß, um das Fehlen einer Fixsternparallaxe zu erklären. Wichtig an dem kopernikanischen System war der Verlust der Sonderstellung der Erde und die Einführung eines heliozentrischen Weltalls mit kreisförmigen Bahnen der Planeten um die Sonne. Erst Thomas Digges (1576, A Perfit Description of the Caelestiall Orbes) vertrat ein modifiziertes kopernikanisches Weltbild ohne materielle Fixsternsphäre mit unendlichem euklidischen Raum. Auch von Giordano Bruno (1548 – 1600) wurde ein unendliches Universum mit unendlich vielen Sonnen und Planeten postuliert, in dem die beobachteten Fixsterne ferne Sonnen sind. Aufgrund dessen und anderer Aussagen, die den katholi-

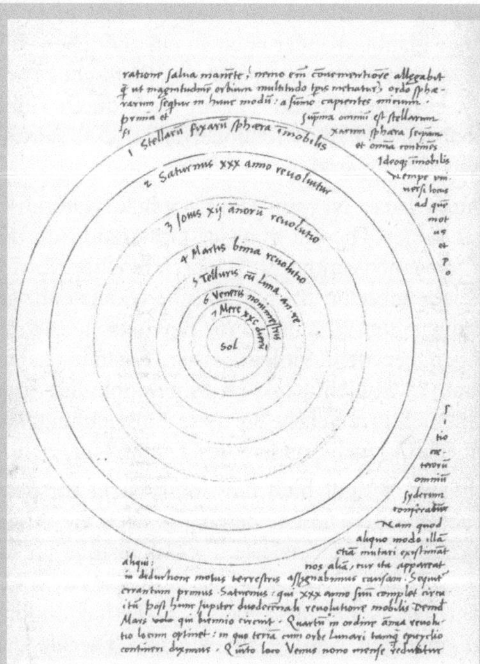

Abb. 33: Seite aus Copernicus' Manuskript von De Revolutionibus Orbium Coelestium

schen Glaubensgrundsätzen widersprachen, wurde er als Ketzer verurteilt und auf dem Scheiterhaufen hingerichtet.

Weitere wichtige Gründe für die Abkehr vom Ptolemäischen Weltbild waren die von Tycho Brahe beobachtete Supernova von 1572 und sein Nachweis, dass ein 1577 beobachteter Komet sich außerhalb der Mondbahn befand, womit der Himmel nicht, wie von Aristoteles beschrieben, unveränderlich war. Tycho Brahe steigerte die Präzision der Planetenbeobachtung erheblich. Sein Assistent Johannes Kepler erkannte nach dessen Tod bei der Auswertung der Beobachtungsdaten, dass die Planetenbahnen nicht, wie von Copernicus angenommen, kreisförmig, sondern elliptisch sind. Er formuliert die Gesetze für die Planetenbewegung, die heute als die keplerschen Gesetze bezeichnet werden. Kepler versuchte die Planetenbewegung durch eine magnetische Kraft zu erklären. Er wandte sich damit einem mechanistischen Bild der Planetenbewegung zu, in dem die Planeten nicht mehr wie bei Ptolemäus beseelt waren. Allerdings glaubte Kepler noch an ein endliches Universum und versuchte dies durch Argumente zu zeigen, die später als olberssches Paradoxon bekannt wurden. Gestützt wurde das kopernikanische System auch durch Galileis Entdeckung der Jupitermonde, der Beobachtung der Mondoberfläche und seines Nachweises, dass Fixsterne scheinbar punktförmig sind.

Durch Isaac Newton (Philosophiae Naturalis Principia Mathematica, 1687) wurden mit seiner Theorie von der Gravitation die Kosmologie und die Mechanik erstmals miteinander verknüpft. Dadurch brachte Newton eine Physik in die Kosmologie, in der gleiche Gesetze für himmlische (Planetenbewegung) und irdische Bereiche (Schwerkraft) galten. Erst durch die newtonsche Mechanik wurde das kopernikanische System gegenüber dem Ptolemäischen System ausgezeichnet, da der gemeinsame Schwerpunkt zwar nicht exakt im Mittelpunkt der Sonne liegt, aber doch innerhalb der Sonne. Ein wichtiger Schritt für diese Entwicklung war die vorausgegangene Entwicklung der Mechanik, insbesondere des Trägheitsbegriffes (Galilei, Descartes).

Thomas Wright hielt die Sonne nicht für den Mittelpunkt des Weltalls, sondern für einen Fixstern unter vielen. Er wies die Annahme einer homogenen Sternverteilung zurück und identifizierte die Milchstraße als aus Einzelsternen bestehende Scheibe, in deren Ebene sich die Sonne befindet. Auch betrachtete er die von Astronomen beobachteten Nebel als andere Galaxien. Immanuel Kant entwickelte 1755 in der Allgemeinen Naturgeschichte und Theorie des Himmels nicht nur eine Kosmologie ähnlich der von Thomas Wright, sondern auch eine Kosmogonie, in der eine anfangs chaotisch verteilte Materie sich unter Gravitationswirkung zu den beobachteten Himmelskörpern zusammenballt. Ein ähnliches Entwicklungschema wurde von Laplace entwickelt. Auch der Astronom Wilhelm Herschel versuchte durch Klassifizierung der Sterne und Galaxien ein chronologisches Entwicklungsschema abzuleiten.

Die Annahme eines im Wesentlichen homogenen und isotropen Kosmos wurde später zu Copernicus' Ehren "kopernikanisches Prinzip" genannt.

5.1.5. Anthropisches Prinzip

Es gibt eine Vielzahl möglicher Theorien des Universums. Das anthropische Prinzip sagt aus, dass eine Theorie nicht dazu in Widerspruch stehen darf, dass heute intelligentes menschliches Leben existiert. Sie muss die entsprechenden Entwicklungsbedingungen und Lebensbedingungen gewährleisten, sonst ist sie falsch.

5.1.6. Informationsverlust

Die Standardtheorie ist wesentlich abhängig von Informationen, die aus dem Universum selbst gewonnen wurden (Existenz anderer Galaxien, Rotverschiebung, Hintergrundstrahlung, Elementhäufigkeiten usw.). Diese Informationen werden im Laufe der Zeit aber durch die Expansion des Universums verloren gehen.[9]

• Es bildet sich ein immer ausgedehnterer Ereignishorizont. Objekte jenseits dessen, z. B. andere Galaxien, entziehen sich der Beobachtung.

• Die kosmische Hintergrundstrahlung wird immer langwelliger. Bei einer Wellenlänge von 300 km ist sie nicht mehr in der Lage, in die Milchstraße einzudringen, sie wird von deren Staub reflektiert.

• Durch die Nukleosynthese in den Sternen werden die Spuren der primordialen Nukleosynthese immer mehr verwischt. Der Anteil des Heliums im Universum wird von 24 % (primordial) über 28 % (heute) bis auf 60 % (in einer Billion Jahren) steigen.

• Milchstraße, Andromedanebel und einige kleinere, nahegelegene Galaxien werden sich zu einem einzigen Supersternhaufen vereinigen.

All dies führt dazu, dass es bereits in 100 Milliarden Jahren für einen Beobachter in diesem Supersternhaufen so aussieht, als würde dieser das gesamte Universum darstellen. Auch können keine Rückschlüsse mehr auf den Urknall gezogen werden. Astronomen, die dann eventuell leben, würden somit ein gänzlich anderes Bild von Aufbau und Entwicklung des Universums bekommen als heute lebende.

Dies hat auch zu der Frage geführt, inwieweit ein solcher Informationsverlust unter Umständen bereits eingetreten ist, und damit auch zur Frage nach der Zuverlässigkeit kosmologischer Theorien.

Immerhin hat es mit der inflationären Phase bereits einen solchen Informationsverlust gegeben. Durch die Inflation wurden weite Bereiche des Universums jenseits des Beobachtbaren verschoben.

[9] Lawrence M. Krauss, Robert J. Scherrer: Das kosmische Vergessen. In: Spektrum der Wissenschaft. Mai 2008. Spektrum der Wissenschaft Verlagsgesellschaft mbH, Heidelberg. ISSN 0170-2971

Literatur

1. Fachliteratur

- Bernulf Kanitscheider: *Kosmologie, Geschichte und Systematik in philosophischer Perspektive*. Reclam, 1984.
- John Leslie: *Cosmology — A philosophical survey*, in: Philosophia 24/1-2 (1994), 3-27 Mit weiterer Literatur
- Peter Schneider: *Einführung in die Extragalaktische Astronomie und Kosmologie*. Springer, Dezember 2005, ISBN 3-540-25832-9.
- Wolfgang Stegmüller: *Hauptströmungen der Gegenwartsphilosophie*, Band III Kapitel 1 (Evolution des Kosmos), Kröner 1987.
- Albrecht Unsöld, Bodo Baschek: *Der neue Kosmos*, Springer-Verlag, ISBN 3-540-42177-7.
- Scott Dodelson: *Modern Cosmology*, Academic Press, ISBN 0-12-219141-2.
- Steven Weinberg: *Cosmology*, Oxford University Press, 2008. ISBN 978-0-19-852682-7.
- Steven Weinberg: *Gravitation and cosmology*- Principles and applications of the general theory of relativity - New York : Wiley, 1972. ISBN 0-471-92567-5
- Helge Kragh: *Conceptions of cosmos - from myths to the accelerating universe - a history of cosmology*. Oxford Univ. Press, Oxford 2007, ISBN 0-19-920916-2
- Andrew Liddle: *Einführung in die moderne Kosmologie*.Wiley-VCH, Weinheim 2009, ISBN 978-3-527-40882-5
- Gerhard Börner, *Das neue Bild des Universums - Quantentheorie, Kosmologie und ihre Bedeutung*, Pantheon, München, 2009, ISBN 3-570-55077-X

1. Populäre und speziellere Literatur

- Harry Nussbaumer: *Das Weltbild der Astronomie*. 2007, ISBN 978-3-7281-3106-5, 2. erw. und akt. Auflage. vdf Hochschulverlag.
- Simon Singh: *Big Bang - Der Ursprung des Kosmos und die Erfindung der modernen Naturwissenschaft*.Verlag: Hanser, 2005
- Rüdiger Vaas: *Tunnel durch Raum und Zeit*, Franckh-Kosmos, Stuttgart 2006 (2. Aufl.), ISBN 3-440-09360-3
- Gabriele Veneziano: *Die Zeit vor dem Urknall*. Spektrum der Wissenschaft, August 2004, S. 30-39, ISSN 0170-2971.
- Steven Weinberg: *Die ersten drei Minuten*. Piper, München 1977.
- Fred Hoyle (et al.): *A different approach to cosmology*. Cambridge Univ. Pr., Cambridge 2001, ISBN 0-521-66223-0
- Fred Adams, Greg Laughlin: *Die fünf Zeitalter des Universums. Eine Physik der Ewigkeit*, dtv, 2002, ISBN 3-423-33086-4

Weblinks

- Kurze Einführung in die Kosmologie (pdf: 2,9 mb) (http://www.astro.uni-bonn.de/~peter/cosmo_short.pdf)
- Eine Vorlesungsreihe über Kosmologie in 15 Kapiteln (zur Auswahl abwärts gehen!) (http://www-nw.uni-regensburg.de/~.gew24501.wegscheider.physik.uni-

regensburg.de/skripten/index.htm)
• John Leslie: „Cosmology and Theology" in der *Stanford Encyclopedia of Philosophy* (englisch, inklusive Literaturangaben)
(http://plato.stanford.edu/archives/fall1998/entries/cosmology-theology/) und
(http://de.wikipedia.org/w/index.php?title=Stanford_Encyclopedia_of_Philosophy)
• George F. R. Ellis: *Issues in the Philosophy of Cosmology* (mit weiterer Literatur)
(http://www.mth.uct.ac.za/~ellis/enc2.pdf)

5.2. Urknall

Der **Urknall** ist nach dem Standardmodell der Kosmologie der Beginn des Universums. Im Rahmen der **Urknalltheorie** wird auch das frühe Universum beschrieben, das heißt die zeitliche Entwicklung des Universums nach dem Urknall.

Der Urknall bezeichnet keine „Explosion" in einem bestehenden Raum, sondern die gemeinsame Entstehung von Materie, Raum und Zeit aus einer ursprünglichen Singularität.

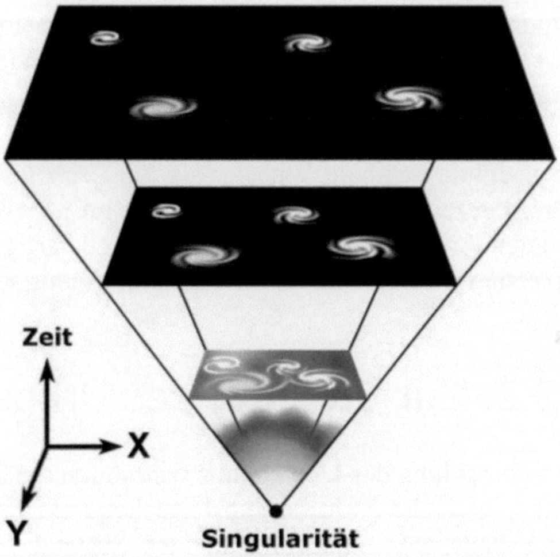

Abb. 34: Entstehung des Universums aus dem Urknall heraus - Grafik CC-by-sa Leipnizkeks

Als Begründer der Theorie gilt der Theologe und Physiker Georges Lemaître, der 1931 für den heißen Anfangszustand des Universums den Begriff „primordiales Atom" oder „Uratom" verwendete. Der Begriff Urknall (engl. *Big Bang*, wörtlich also *großer Knall*) wurde von Sir Fred Hoyle geprägt, der als Kritiker diese Theorie unglaubwürdig erscheinen lassen wollte. Der deutschen Übersetzung fehlt dieser ironische Unterton.

5.2.1. Übersicht

Der Urknall soll den Anfangspunkt der Entstehung von Materie und Raumzeit darstellen. Da die physikalischen Theorien aber die Existenz von Raum, Zeit und Materie voraussetzen, lässt sich der eigentliche Urknall mit ihnen nicht beschreiben. Nach dem Urknall soll in Phasen die heutige physikalische Welt entstanden sein. Bestandteil der Theorie ist auch eine dauerhafte Ausdehnung des Universums. Diese Expansion des Universums, die astronomisch beobachtet werden kann, hat überhaupt erst zur Theorie des Urknalls geführt.

Neben der Expansion kann die Theorie auch das Spektrum der Hintergrundstrahlung des Universums erklären, ebenso die Häufigkeitsverteilung der chemischen Elemente im Weltraum (insbesondere Wasserstoff, Deuterium und die Isotope des Helium).

Erklärt wird auch, warum die ältesten Sterne nicht älter als etwa 13 Milliarden Jahre alt zu sein scheinen: Mit astronomischen Beobachtungen hat man das Alter des Universums – und somit den Zeitpunkt des Urknalls – auf 13,7 Milliarden Jahre eingeschätzt (±0,2 Milliarden Jahre).

Die beobachtete Auseinanderbewegung der Galaxien ergibt zurückgerechnet einen Zeitpunkt, an dem diese auf ein enges Raumgebiet konzentriert waren. Zu jener Zeit muss die Temperatur sehr hoch und der Abstand zwischen allen Objekten sehr gering gewesen sein.

Das prinzipiell mögliche Gegenstück des Urknalls, ein Kollaps des Universums, wurde von John Archibald Wheeler als *Big Crunch* bezeichnet. Beobachtungen haben allerdings gezeigt, dass die Massendichte im Universum zu gering sein könnte, als dass sie durch ihre Gravitationswirkung einen derartigen Kollaps herbeiführen könnte. Das Universum wird sich demnach vermutlich stetig weiter ausdehnen.

5.2.2. Zur Stellung des Urknalls in der Theorie

Die Entwicklung des Universums wird durch die Friedmann-Gleichungen beschrieben, die eine spezielle Form der einsteinschen Feldgleichungen darstellen. Zur Lösung der Gleichungen geht man vom heutigen Zustand des Universums aus und verfolgt die Entwicklung rückwärts in der Zeit. Die exakte Lösung hängt insbesondere von den gemessenen Werten der Hubble-Konstante sowie diverser Dichteparameter ab, die den Masse- und Energieinhalt des Universums beschreiben. Man findet dann, dass das Universum früher kleiner war (Expansion des Universums), gleichzeitig war es heißer und dichter. Formal führt die Lösung zu einem Zeitpunkt, zu dem der Wert des Skalenfaktors verschwindet, d. h. zu dem das Universum keine Ausdehnung hatte und die Temperatur und Dichte unendlich groß werden. Dieser Zeitpunkt wird als „Urknall" bezeichnet, er ist eine formale Singularität der Lösung der Friedmann-Gleichungen. Damit wird allerdings keine Aussage über die physikalische Realität einer derartigen Anfangssingularität gemacht, da die Gleichungen der klassischen Physik nur einen begrenzten Gültigkeitsbereich haben und nicht mehr anwendbar sind, wenn Quanteneffekte eine Rolle spielen, wie das im sehr frühen, heißen und dichten Universum der Fall war. Zur Beschreibung der Entwicklung des Universums zu sehr frühen Zeiten ist eine Theorie der Quantengravitation erforderlich.

5.2.3. Frühgeschichte des Universums

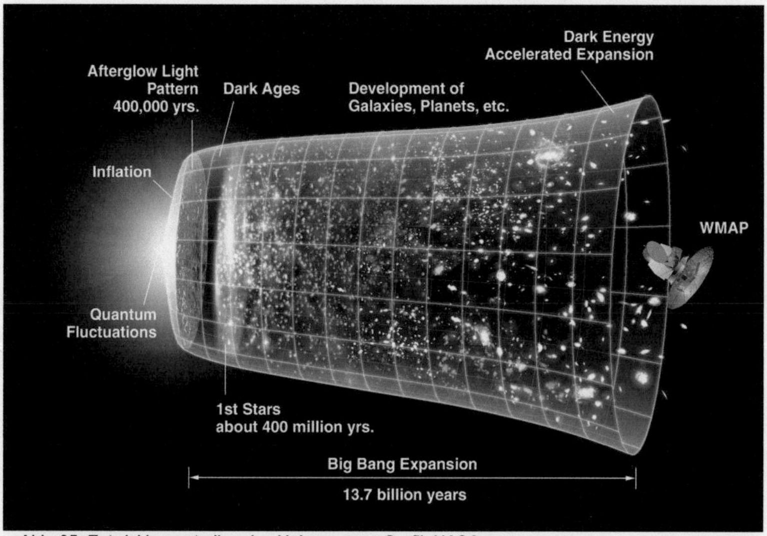

Abb. 35: Entwicklungsstadien des Universums - Grafik NASA

Da die bekannten physikalischen Theorien unter den Bedingungen, die zum Zeitpunkt des Urknalls herrschten, nicht gültig sind, gibt es für den Urknall selbst bislang keine akzeptierte Theorie. Verschiedene Zeiträume nach dem Urknall werden als eigenständige Perioden oder Epochen des Universums beschrieben. Wendet man die bekannten physikalischen Gesetze auf die Situation unmittelbar nach dem Urknall an, so ergibt sich, dass der Kosmos in den ersten Sekundenbruchteilen der Expansion mehrere verschiedene extrem kurze Phasen durchlaufen haben muss. Aufgrund der geringen Abstände und der hohen Geschwindigkeiten der beteiligten Teilchen können sie jedoch durchaus ebenso ereignisreich wie spätere Phasen gewesen sein.

Die hohe Temperatur hatte zur Folge, dass sich ständig verschiedene Teilchensorten ineinander umwandelten. Bei ausreichend hoher Temperatur verlaufen diese Umwandlungsreaktionen gleich häufig in beiden Richtungen ab, so dass sich thermisches Gleichgewicht einstellt. Durch die Expansion des Universums nimmt die Temperatur mit der Zeit ab; dies führt dazu, dass verschiedene Reaktionen „ausfrieren“, wenn die Temperatur einen gewissen, für jede Reaktion charakteristischen Schwellenwert unterschreitet. Dies bedeutet, dass die Reaktion nur noch in einer, nämlich der (nach chemischem Sprachgebrauch) „exothermen“ Richtung abläuft, während für die endotherme Rückreaktion die nötige Energie fehlt. Dadurch kommt es nach und nach zum Aussterben vieler höherenergetischer Teilchensorten. Die verschiedenen Phasen in der Geschichte des Universums sind charakterisiert durch den Verlauf der mittleren Temperatur des Universums und damit durch die Art der Teilchenreaktionen, die jeweils stattfinden können.

Im Wesentlichen geht man von folgendem Ablauf aus:

Planck-Ära und Beginn der GUT-Ära

Das Universum begann mit einem Zustand, bei dessen Beschreibung die bekannten physikalischen Gesetze versagen. Insbesondere muss man davon ausgehen, dass die Zeit selbst „vor“ der sogenannten Planck-Zeit (etwa $5{,}4 \cdot 10^{-44}$ s, der Einfachheit halber wird meist 10^{-43} s angegeben) noch nicht ihre Eigenschaften als Kontinuum besaß, so dass Aussagen über einen „Zeitraum“ zwischen einem Zeitpunkt Null und 10^{-43} s physikalisch bedeutungslos sind. In diesem Sinn hatte die Planck-Ära keine Dauer. Entsprechendes gilt für den Raum. Für Räume mit einer Längenausdehnung von Null bis zur Planck-Länge ($1{,}6 \cdot 10^{-35}$ m, der Einfachheit halber wird meist 10^{-35} m angegeben) verliert der Raum seine Eigenschaft als Kontinuum. Daher sind Aussagen über die räumliche Ausdehnung für Räume mit Längenausdehnungen von Null bis 10^{-35} m sinnlos. In diesem Sinn kann für die Dauer der Planck-Ära keine exakte Angabe zum Volumen des Universums gemacht werden. Für eine Beschreibung des Universums in der Planck-Ära ist eine Theorie der Quantengravitation nötig, die derzeit noch nicht existiert. Erst nach dem Ende der Planck-Ära wird das Universum der physikalischen Beschreibung nach derzeitigem Kenntnisstand zugänglich.

Aus sehr elementaren Überlegungen folgt, dass zu diesem Zeitpunkt die Dichte etwa 10^{94} g/cm^3 und die Temperatur etwa 10^{32} K betragen haben muss. Nach den einheitlichen Feldtheorien waren unter diesen Bedingungen alle vier bekannten Grundkräfte der Natur,

- die Starke Wechselwirkung,
- die Schwache Wechselwirkung,
- die Elektromagnetische Wechselwirkung und
- die Gravitation

in einer einzigen Urkraft vereint. Mit dem Beginn der Expansion und damit dem Ende der Planck-Ära spaltete sich die Gravitation als eigenständige Kraft ab. Die drei restlichen Wechselwirkungen bildeten die GUT-Kraft (*Grand Unified Theory*). Die Natur der meisten Teilchen, die in der GUT-Ära existierten, ist unbekannt. Weitere Abspaltungen ereigneten sich später noch zweimal und in Zusammenhang mit so genannten Symmetriebrechungen.

Man nimmt an, dass die heute beobachtete Asymmetrie zwischen Materie und Antimaterie ihren Ursprung in der GUT-Ära hat. Dazu ist Voraussetzung, dass die GUT-Kraft die CP-Symmetrie verletzt. Durch das Ausfrieren von Reaktionen, die die Baryonenzahl nicht erhalten, kann dann zu Ende der GUT-Ära ein kleiner Überschuss von Materie im Vergleich zu Antimaterie entstehen, der nach der Materie-Antimaterie-Zerstrahlung die heutige, fast vollständig aus Materie bestehende Welt bildet (vergleiche dazu auch Baryogenese und Leptogenese).

Inflationäres Universum

Bei einem Alter von 10^{-36} s sank die Temperatur auf etwa 10^{27} K ab. Auf der Grundlage von GUT-Modellen nimmt man an, dass sich die Starke Wechselwirkung bei dieser Temperatur von der GUT-Kraft abspaltete. Dieser Vorgang ist vergleichbar mit einem Phasenübergang wie dem Kristallisieren von Wasser zu Eis durch Abkühlung. Man geht davon aus, dass diese Abspaltung verzögert eingesetzt hat, so wie es auch bei einem Kristallisationsvorgang möglich ist. Anders als Wasser besitzt ein Eiskristall bestimmte Vorzugsrichtungen, die sich bei der Kristallisation in eine zufällige Richtung orientieren. Dieser Vorgang wird als spontane Symmetriebrechung bezeichnet, in diesem Beispiel die Brechung der Kugelsymmetrie von Wasser.

Die bei der verzögerten Abspaltung freigewordene Energie führte zu einer Phase extrem rascher Expansion, der so genannten Inflation, wobei zwischen den Zeitpunkten 10^{-35} s und 10^{-33} s eine Ausdehnung um einen Faktor von etwa 10^{50} stattfand. Diese überlichtschnelle Ausdehnung des Universums steht nicht im Widerspruch zur Relativitätstheorie, da diese nur eine überlichtschnelle Bewegung *im Raum*, nicht jedoch eine überlichtschnelle Ausdehnung *des Raumes selbst* verbietet. Der Bereich, der dem heute beobachtbaren Universum entspricht, hätte dabei der Theorie zufolge von einem Durchmesser, der den eines Protons weit unterschreitet, auf etwa 10 cm expandieren müssen.

Eine Inflationsphase kann mehrere kosmologische Beobachtungen erklären, für die man andernfalls kaum eine Erklärung findet, nämlich

- die globale Homogenität des Kosmos (Horizontproblem),
- die großräumigen Strukturen im Kosmos wie Galaxien und Galaxienhaufen,
- die geringe Krümmung des Raumes (Flachheitsproblem),
- die Tatsache, dass keine magnetischen Monopole beobachtet werden.

Quark-Ära

Nach 10^{-33} s sank die Temperatur auf 10^{25} K ab. Es bildeten sich Quarks und Anti-Quarks, die Bausteine der heutigen schweren Teilchen (Baryogenese). Die Temperatur war aber so hoch und die Zeiten zwischen zwei Teilchenstößen so kurz, dass sich noch keine stabilen Protonen oder Neutronen bildeten, sondern ein so genanntes Quark-

Gluonen-Plasma aus annähernd freien Teilchen entstand. Schwerere Teilchen, wie die X-Bosonen, starben aus, da sie instabil waren und die Temperatur für eine erneute Formierung nicht mehr ausreichte.

Vier Grundkräfte

Nach 10^{-12} s war das Universum auf 10^{16} K abgekühlt. Die elektroschwache Kraft spaltete sich in die schwache und die elektromagnetische Kraft auf. Damit war der Zerfall der Urkraft in die vier bekannten Grundkräfte abgeschlossen.

Beginn der Hadronen-Ära

Nach 10^{-6} s lag eine Temperatur von 10^{13} K vor. Quarks konnten nicht mehr als freie Teilchen existieren, sondern vereinigten sich zu Hadronen. Mit abnehmender Temperatur zerfielen die schwereren Hadronen und es blieben schließlich Protonen und Neutronen sowie ihre Antiteilchen übrig. Durch ständige Umwandlungen von Protonen in Neutronen und umgekehrt entstand auch eine große Zahl von Neutrinos.

Beginn der Leptonen-Ära

Nach 10^{-4} s war die Temperatur auf 10^{12} K gesunken. Die meisten Protonen und Neutronen wurden bei Stößen mit ihren Antiteilchen vernichtet – bis auf den oben erwähnten Überschuss von einem Milliardstel. Aufgrund ihres geringen Massenunterschieds bildete sich dabei ein Verhältnis von Protonen zu Neutronen von 6:1 aus, das für den späteren Heliumanteil im Kosmos von Bedeutung war. Die Temperatur reichte nun lediglich noch dazu aus, Leptonen-Paare, wie ein Elektron und sein Antiteilchen, das Positron, zu bilden, die damit die dominante Teilchensorte stellten. Die Dichte sank auf 10^{13} g/cm^3. Für Neutrinos, die kaum mit anderen Teilchen wechselwirken, war die Dichte nun jedoch niedrig genug – sie befanden sich nicht mehr im thermischen Gleichgewicht mit den anderen Teilchen, das heißt, sie *entkoppelten*.

Ende der Leptonen-Ära

Nach 1 s war eine Temperatur von 10^{10} K erreicht. Jetzt vernichteten sich auch Elektronen und Positronen – bis auf den Überschuss von einem Milliardstel an Elektronen. Damit war die Bildung der Bausteine der Materie, aus der sich der Kosmos auch heute noch zusammensetzt, weitgehend abgeschlossen.

Beginn der Nukleosynthese

Nach 10 Sekunden, bei Temperaturen unterhalb von 10^9 K, vereinigten sich Protonen und Neutronen durch Kernfusion zu ersten Atomkernen. Diesen Prozess bezeichnet man als primordiale Nukleosynthese. Dabei bildeten sich 25% Helium-4 (^{4}He) und

0,001% Deuterium sowie Spuren von Helium-3 (^3He), Lithium und Beryllium. Die restlichen 75% stellten Protonen, die späteren Wasserstoffatomkerne. Nach 5 Minuten hatte die Dichte der Materie soweit abgenommen, dass die Nukleosynthese zum Erliegen kam. Die übriggebliebenen freien Neutronen waren nicht stabil und zerfielen im Verlauf der nächsten Minuten in Protonen und Elektronen.

Alle schwereren Elemente entstanden erst später im Inneren von Sternen. Die Temperatur war immer noch so hoch, dass die Materie als Plasma vorlag, einem Gemisch aus freien Atomkernen, Protonen und Elektronen, mit thermischer Strahlung im Röntgenbereich.

Ende der Strahlungs-Ära und Beginn der Materie-Ära

Bisher stellte elektromagnetische Strahlung den Hauptanteil der Energiedichte im Kosmos. Bei Strahlung nimmt zusätzlich zum Abfallen der Anzahldichte der Photonen (in Folge der Expansion des Raumes) die Wellenlänge der einzelnen Photonen durch die kosmologische Rotverschiebung zu. Dadurch sinkt die Energiedichte der Strahlung schneller als die der Materie, die von der Ruhemassendichte bestimmt wird und im wesentlichen unabhängig von der Temperatur ist. Zu einem Zeitpunkt von etwa 10.000 Jahren nach dem Urknall fällt die Energiedichte der Strahlung unter die der Materie, die von nun an die Dynamik des Universums bestimmt. Man spricht von der materiedominierten Ära.

Entkopplung der Hintergrundstrahlung

In der Anfangsphase stand die Strahlung in permanenter Wechselwirkung mit den freien Ladungen. Das Universum war daher undurchsichtig. Nach ca. 400.000 Jahren war die Temperatur auf etwa 3.000 K gefallen. Bei diesem Wert bildeten Atomkerne und Elektronen stabile Atome. Die Wechselwirkung von Photonen mit neutralen Atomen war gering, so dass Licht sich nun weitgehend ungehindert ausbreiten konnte. Das Universum wurde durchsichtig. Im Verlauf der weiteren Expansion nahm die Wellenlänge der abgekoppelten Hintergrundstrahlung durch die Ausdehnung des Raumes zu, was sich in der Rotverschiebung ihres Spektrums zeigt. Diese Hintergrundstrahlung ist heute messbar; sie entspricht einer Temperatur von 2,73 K und wird daher auch als „3-Kelvin-Strahlung" bezeichnet.

Beginn der Bildung großräumiger Strukturen

Durch die Entkopplung der Strahlung geriet die Materie nun stärker unter den Einfluss der Gravitation. Ausgehend von räumlichen Dichteschwankungen, die möglicherweise bereits in der inflationären Phase durch Quantenfluktuationen entstanden sind, bildeten sich nach 1 Million Jahren großräumige Strukturen im Kosmos. Dabei begann die Materie in den Raumgebieten mit höherer Massedichte, als Folge gravitativer Instabilität, zu kollabieren und Masseansammlungen zu bilden. Es bildeten sich zuerst sogenannte

Halos aus Dunkler Materie, die als Gravitationssenken wirkten, in denen sich später die für uns sichtbare Materie sammelte.

Zur Untersuchung der Eigenschaften der dunklen Materie wurde versucht, durch Simulationen den Prozess der Strukturbildung nachzubilden. Dabei wurden verschiedene Szenarien durchgespielt, und einige konnten mit Hilfe solcher Simulationen als gänzlich unrealistisch ausgeschlossen werden. Als realistisch erscheinen heute sogenannte Λ CDM Szenarien, wobei das Λ die Kosmologische Konstante der Einsteinschen Feldgleichungen ist, und CDM für kalte dunkle Materie (engl.: cold dark matter) steht. Welche Art von Teilchen die dunkle Materie bildet ist derzeit noch unbekannt.

Entstehung von Galaxien und Sternen

Die kollabierenden Gaswolken hatten sich inzwischen soweit verdichtet, dass sich Sterne, Kugelsternhaufen und die ersten Galaxien bildeten. In den Sternen entstanden nun durch Kernfusion alle schwereren Elemente bis zum Eisen. Die schwereren Sterne explodierten bereits nach wenigen Millionen Jahren als Supernova. Während der Explosion wurden durch Neutroneneinfang Elemente schwerer als Eisen gebildet und gelangten in den interstellaren Raum.

5.2.4. Forschungsgeschichte

• 1912: Der amerikanische Astronom Vesto Slipher stellte eine Rotverschiebung der Spektren bestimmter Nebel fest. Ähnliche Beobachtungen wurden später auch von Carl Wilhelm Wirtz gemacht.

• 1915: Albert Einstein publizierte die allgemeine Relativitätstheorie und begründete damit die theoretische Basis für ein expandierendes Weltall. Er war jedoch zunächst von einem statischen Universum überzeugt und fügte daher in die Feldgleichungen dieser Theorie eine kosmologische Konstante ein, die zu einer entsprechenden Lösung führte. Später bezeichnete er diesen Schritt angeblich als „die größte Eselei meines Lebens“.

• 1922: Alexander Friedmann berechnete die Lösungen der einsteinschen Feldgleichungen ohne kosmologische Konstante und entdeckte, dass sie einem Kosmos entsprachen, der entweder ausgehend von einem Anfangspunkt ewig expandiert, zu einem Endpunkt hin kollabiert oder sowohl einen Anfangs- als auch einen Endpunkt hat.

• 1923: Edwin Hubble wies nach, dass sich der Andromedanebel weit außerhalb der Milchstraße befindet.

• 1927-1933: Der Priester und Astronom Abbé Georges Lemaître entwickelte eine erste Form einer Urknalltheorie, bei der das Universum mit einem einzigen Teilchen beginnt, das er *Uratom* nannte.

• 1929: Edwin Hubble entdeckte, dass die Rotverschiebung der Galaxien proportional zu deren Entfernung wächst: das später nach ihm benannte hubblesche Gesetz. Er erklärte diesen Befund durch den Dopplereffekt als Folge einer Expansion des Universums.

• 1948: George Gamow, Ralph A. Alpher und Robert C. Herman entwickelten eine Theorie von der Entstehung des Kosmos aus einem heißen Anfangszustand. Fred Hoyle, Thomas Gold und Hermann Bondi entwickelten als Alternative die Theorie eines stationären Universums, dessen Expansion überall von einer ständigen Entstehung neuer Materie begleitet ist, derart, dass die Dichte und die Struktur des Universums unverändert bleiben. Die Theorie von Gamow und Herman setzte sich im Laufe der folgenden Jahre durch.

• 1965: Arno Penzias und Robert Woodrow Wilson entdeckten unbeabsichtigt die kosmische Mikrowellenhintergrundstrahlung.

• 1979: Roger Penrose schlug die Weylkrümmungshypothese zur Erklärung des extrem homogenen und isotropen Anfangszustands des beobachtbaren Universums sowie des Ursprungs des Zweiten Hauptsatzes der Thermodynamik vor.[10]

• 1981: Alan Guth schlug zur Beantwortung einiger kosmologischer Probleme eine Phase sehr schneller Expansion in der Frühphase des Universums vor. Die Theorie des inflationären Universums wurde später von Andrei Linde und anderen weiter entwickelt.

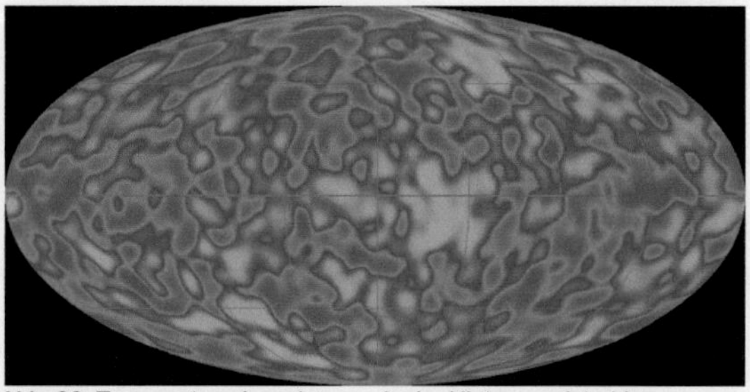

Abb. 36: Temperaturschwankungen in der Hintergrundstrahlung aufgenommen durch den Satelliten COBE (Mission 1989–1993) - Bild NASA

• 1986: Valerie de Lapparent, Margaret Geller und John Huchra entdeckten die Anordnung von Galaxienhaufen in wandartigen Strukturen, die wiederum großskalige blasenartige Leerräume umschließen.[11]

• 1990er Jahre: Neue Entwicklungen in der Technologie von Teleskopen und Satelliten wie COBE (Cosmic Background Explorer) gestatteten eine präzisere Bestimmung von kosmologischen Parametern. Es mehrten sich Hinweise auf ein beschleunigt expandierendes Universum.

[10] Roger Penrose: Singularities and Time-Asymmetry. In: Stephen Hawking und Werner Israel (Hrsg.): General Relativity: An Einstein Centenary Survey. Cambridge University Press, 1979, S. 581–638.

[11] V. de Lapparent, M. J. Geller und J. P. Huchra: A Slice of the Universe. In: Astrophysical Journal. 302, 1986, S. L1-L5. doi: 10.1086/184625.

• 2001: Der Satellit WMAP wurde gestartet und maß die räumliche und spektrale Verteilung der kosmischen Hintergrundstrahlung mit extremer Präzision. Damit ließen sich, unter Berücksichtigung weiterer Messungen, mehrere fundamentale kosmologische Größen mit bisher unerreichter Genauigkeit berechnen [12]:

1. Das Alter des Kosmos: $13{,}7 \cdot 10^9$ Jahre
2. Der Zeitpunkt der Entkopplung von Strahlung: 397.000 Jahre nach dem Urknall
3. Die Hubble-Konstante: 71 $km \cdot s^{-1} \cdot Mpc^{-1}$
4. Die materielle Zusammensetzung des Kosmos: 4,4 % baryonischer Materie, 22 % Dunkle Materie und 73 % Dunkle Energie (kosmologische Konstante)

Diese auf Beobachtungen und Messungen gestützten Erkenntnisse stehen in weitgehender Übereinstimmung mit der Theorie eines expandierenden Universums, dessen Expansion beschleunigt.

Literatur

• Steven Weinberg: *Gravitation and cosmology*- Principles and applications of the general theory of relativity - New York : Wiley, 1972. ISBN 0-471-92567-5

• Steven Weinberg: *Die ersten 3 Minuten*. Piper, München 1976, ISBN 3-492-22478-4

• Stephen W. Hawking: *Eine kurze Geschichte der Zeit*. ISBN 3-499-60555-4

• Charles H. Lineweaver und Tamara M. Davis: *Der Urknall – Mythos und Wahrheit*. In: *Spektrum der Wissenschaft*. Mai 2005, S. 38–47, ISSN 0170-2971

• Hans-Joachim Blome, Harald Zaun: *Der Urknall*. München 2004, ISBN 3-406-50837-5

• Simon Singh: *Big Bang*. Hanser, 2005, ISBN 3-446-20598-5

• Gerhard Börner und Matthias Bartelmann: *Astronomen entziffern das Buch der Schöpfung*. In: *Physik in unserer Zeit*. Band 33, Nr. 3, 2002, S. 114–120, ISSN 0031-9252

• Gabriele Veneziano: *Die Zeit vor dem Urknall*. In: *Spektrum der Wissenschaft*. August 2004, S. 30–39, ISSN 0170-2971

• Harry Nussbaumer: *Achtzig Jahre expandierendes Universum*. In: *Sterne und Weltraum*. Band 46, Nr. 6, 2007, S. 36–44, ISSN 0039-1263

• Martin Bojowald: *Zurück vor den Urknall: Die ganze Geschichte des Universums*, Frankfurt a.M.: S.Fischer, 2009, ISBN 3-10-003910-6

• Martin Bojowald: *Der Ur-Sprung des Alls*. In: *Spektrum der Wissenschaft*. Mai 2009, S. 26-32, ISSN 0170-2971

• Dieter B. Herrmann: *Urknall im Labor*. Wie Teilchenbeschleuniger die Natur simulieren, Springer Verlag, Heidelberg 2010 ISBN 978-3642103131

[12] David Spergel et al.: First-Year Wilkinson Microwave Anisotropy Probe (WMAP) Observations: Determination of Cosmological Parameters. In: ApJS. Band 148, 2003, S. 175

Weblinks

- *Was ist der Urknall?* aus der Fernseh-Sendereihe *alpha-Centauri* (http://www.br-online.de/br-alpha/alpha-centauri/alpha-centauri-urknall-2000-ID1208779698807.xml)
- *Was war vor dem Big Bang?* aus der Fernseh-Sendereihe *alpha-Centauri* (http://www.br-online.de/br-alpha/alpha-centauri/alpha-centauri-big-bang-2001-ID1208425549316.xml)
- *Wo war der Big Bang?* aus der Fernseh-Sendereihe *alpha-Centauri* (http://www.br-online.de/br-alpha/alpha-centauri/alpha-centauri-big-bang-2001-ID1208425043440.xml)
- Der Urknall bei Welt der Physik (http://www.weltderphysik.de/de/1092.php)

5.3. Evolution

Evolution ist die Veränderung der vererbbaren Merkmale einer Population von Lebewesen von Generation zu Generation. Diese Merkmale sind in Form von Genen kodiert, die bei der Fortpflanzung kopiert und an den Nachwuchs weitergegeben werden. Durch Mutationen entstehen unterschiedliche Varianten (Allele) dieser Gene, die veränderte oder neue Merkmale verursachen können. Diese Varianten sowie Rekombinationen führen zu erblich bedingten Unterschieden (Genetische Variabilität) zwischen Individuen. Evolution findet statt, wenn sich die Häufigkeit dieser Allele in einer Population (die Allelfrequenz) ändert, diese Merkmale in einer Population also seltener oder häufiger werden. Dies geschieht entweder durch Natürliche Selektion (unterschiedliche Überlebens- und Reproduktionsrate aufgrund dieser Merkmale) oder zufällig durch Gendrift.

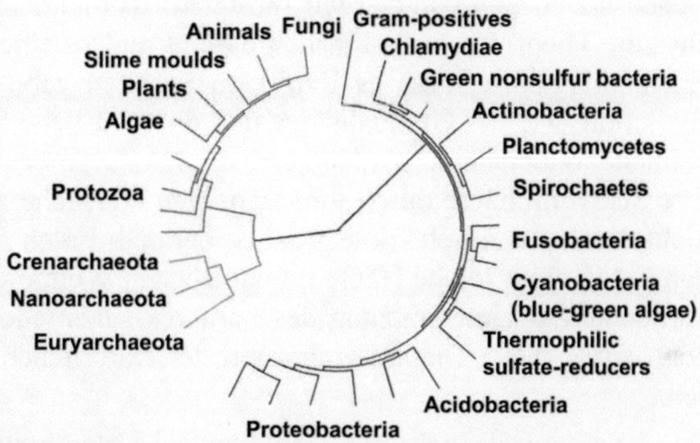

Abb. 37: Stammbaum des Lebens, der das Auszweigen der heutigen Arten von einer urtümlichen Form verdeutlicht.[1] Die drei Domänen sind getrennt (Bakterien; Archaeen; Eukaryoten)

Die Theorie der Evolution durch Natürliche Selektion wurde erstmals ausführlich von Charles Darwin in seinem 1859 erschienenen Buch *The Origin of Species* dargestellt. In den 1930er Jahren wurde die von Darwin herausgestellte natürliche Selektion mit den mendelschen Regeln zur Vererbung verbunden, daraus entstand die Synthetische Theorie der Evolution. Mit ihrer außerordentlichen erklärenden und vorhersagenden Kraft wurde diese Theorie zum zentralen organisierenden Prinzip der modernen Biologie. Sie liefert die Erklärung für die Vielfalt des Lebens auf der Erde.

5.3.1. Geschichte der Evolutionstheorie

Ideen zur Evolution, wie die gemeinsame Abstammung und die Umwandlung von Arten, gab es mindestens seit dem 6. Jahrhundert vor Christus, wo sie von dem griechischen Philosophen Anaximander vertreten wurden.[13] Eine größere Vielfalt solcher Ideen wurde im 18. Jahrhundert entwickelt und 1809 vertrat Lamarck die Auffassung, dass die Umwandlung von Arten durch Vererbung von Anpassungen geschieht, welche die Eltern während ihres Lebens erwerben (Lamarckismus). Diese Ideen wurden in England als eine Bedrohung der politischen und religiösen Ordnung betrachtet und vom wissenschaftlichen Establishment heftig bekämpft.

1858 präsentierten Charles Darwin und Alfred Russel Wallace gemeinsam zwei verschiedene Arbeiten zur Theorie der Evolution durch natürliche Selektion in der Linnean Society of London.[14] Diese Veröffentlichung wurde wenig beachtet, ganz im Gegensatz zu dem von Darwin 1859 veröffentlichten Buch *The Origin of Species*, welches die Theorie sehr ausführlich darlegt und zu einer immer größeren Akzeptanz der Erkenntnis führte, dass es Evolution wirklich gab. Darwins spezifische Thesen zur Evolution, wie der Gradualismus und die natürliche Selektion, stießen anfangs auf erhebliche Widerstände. Anhänger Lamarcks argumentierten, dass zum Beispiel Enten ihre Schwimmhäute durch ihre ständigen Versuche zu paddeln erworben hätten, und nicht durch einen Selektionsprozess, bei dem Enten mit etwas Haut zwischen den Zehen Enten ohne solche Häute im natürlichen Wettbewerb überlegen waren. Da die Experimente zur Unterstützung des Lamarckismus jedoch ohne positives Ergebnis blieben, wurde diese Theorie zugunsten der Natürlichen Selektion Darwins fallen gelassen.

Darwin konnte jedoch nicht erklären, wie Merkmale von Generation zu Generation weitergegeben werden und warum sich Variationen dieser Merkmale nicht durch Vererbung vermischten. Der Mechanismus dafür wurde 1865 von Gregor Mendel geliefert, dessen Forschungen offenlegten, dass bestimmte Eigenschaften in einer genau definierten und vorhersagbaren Weise vererbt werden.[15]

Als Mendels Arbeiten im Jahr 1900 wiederentdeckt wurden, führten unterschiedliche Meinungen über Voraussagen der ersten Genetiker und Biostatistiker zur Geschwindigkeit der Evolution zu einem tiefen Graben zwischen dem mendelschen und dem darwinschen Modell der Evolution. Dieser Graben wurde schließlich in den 1930er Jahren durch die Arbeit von Biologen wie Ronald Fisher überwunden. Das Endergebnis war eine Kombination der Darwinschen Natürlichen Selektion mit den

[13] Henry Fairfield Osborn: From the Greeks to Darwin: An Outline of the Development of the Evolution Idea. Macmillan and Co.; 1905

[14] A. R. Wallace & C. Darwin: On the Tendency of Species to form Varieties, and on the Perpetuation of Varieties and Species by Natural Means of Selection. Jour. of the Proc. of the Linnean Society (Zoology), 3 (Juli 1858): S. 53-62 [7]

[15] F. Weiling: Historical study: Johann Gregor Mendel 1822-1884. Am. J. Med. Genet. 40, 1; 1991: S. 1-25; Diskussion S. 26

mendelschen Regeln, die Synthetische Theorie der Evolution, die auch als *Neodarwinismus* bezeichnet wird.[16]

Schließlich wurde durch die Identifikation der DNA als das genetische Material durch Oswald Avery im Jahr 1944 und die Entschlüsselung der Struktur der DNA durch James Watson und Francis Crick im Jahr 1953 die physische Basis der Vererbung geklärt. Seitdem sind Genetik und Molekularbiologie zentrale Bestandteile der Evolutionsbiologie.[17] Die synthetische Evolutionstheorie definiert Evolution als die zeitliche Änderung der relativen Allelhäufigkeiten (Allelfrequenzen) in einer Population.[18]

5.3.2. Grundlagen

Vererbung

Gregor Mendel zeigte anhand von Erbsen, dass Vererbung in eng definierten (diskreten) Einheiten erfolgt. Er zeigte, dass Merkmale von den Eltern an die Nachkommen vererbt werden, und dass diese Merkmale diskret sind: Wenn ein Elternteil runde und der andere faltige Erbsen hatte, dann zeigte der Nachwuchs nicht ein Gemisch, sondern entweder runde oder faltige Erbsen. Mendel wies außerdem nach, dass die Merkmale der Eltern in einer genau definierten und vorhersagbaren Weise an die Nachkommen vererbt wurden, nämlich nach den mendelschen Regeln. Seine Forschungen waren die Basis für das Konzept der diskreten, erblichen Merkmale, der Gene.[19] Mendels Arbeiten beantworteten die lange offene Frage, warum Merkmalsvarianten in Populationen stabil bleiben.

Spätere Forschungen enthüllten schließlich die physische Basis der Gene und identifizierten die DNA als das genetische Material. Gene wurden neu definiert als spezifische Regionen der DNA. DNA wird von Lebewesen als Chromosomen gelagert. Ein bestimmter Ort auf einem Chromosom wird als Genlocus (oder kurz *Locus*) bezeichnet, die Variante einer DNA-Sequenz auf einem bestimmten Locus bezeichnet man als Allel. Die Kopie der DNA erfolgt nicht perfekt und Änderungen (Mutationen) der Gene produzieren neue Allele und beeinflussen daher die Merkmale, die von diesen Genen kontrolliert werden. Diese einfache Beziehung zwischen einem Gen und einem Merkmal liegt in vielen Fällen vor, komplexe Merkmale wie zum Beispiel die Wider-

[16] Peter J. Bowler 1989: The Mendelian Revolution: The Emergence of Hereditarian Concepts in Modern Science and Society. Johns Hopkins University Press; Baltimore; 1989 ISBN 978-0801838880

[17] zum Beispiel U. Kutschera & K. Niklas: The modern theory of biological evolution: an expanded synthesis. Naturwissenschaften 91, Heft 6; 2004: S. 255-276.

[18] A. Stoltzfus: Mutationism and the dual causation of evolutionary change. Evol. Dev. 8, Heft 3; 2006: S. 304-317

[19] H. Pearson: Genetics: what is a gene? Nature 441, Band 7092; 2006: S. 398-401

standsfähigkeit gegen Krankheiten werden jedoch von vielen zusammenwirkenden Genen kontrolliert.[20]

Genetische Variabilität

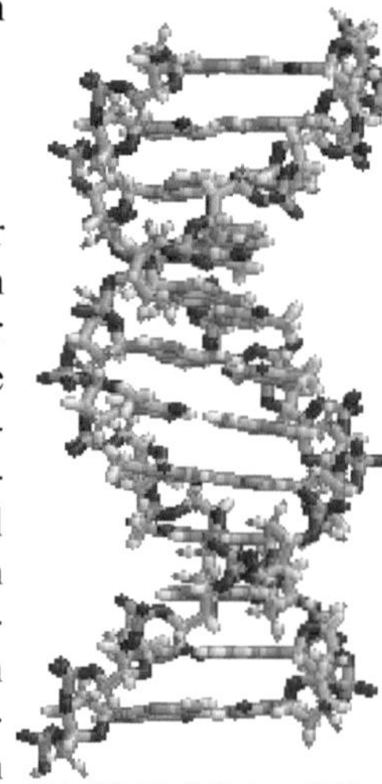

Abb. 38: Ein Teil eines DNA-Moleküls.

Die genetische Variabilität resultiert aus Mutationen der DNA, der Wanderung von Individuen zwischen Populationen (dem Genfluss), und der Durchmischung von Genen bei der sexuellen Fortpflanzung. Bei einigen Lebensformen, wie Bakterien und Pflanzen, wird Variabilität auch durch die Mischung des genetischen Materials zwischen Arten durch horizontalen Genfluss und Hybridisierung erzeugt.[21][22] Trotz all dieser Variabilität verursachenden Prozesse sind die meisten Bereiche der DNA einer Art (das Genom) bei allen Individuen einer Art identisch.[23] Vergleichsweise kleine Änderungen des Genotyps (des Merkmale kodierenden Teiles des Genoms), können jedoch erhebliche Auswirkungen auf den Phänotyp (die Gesamtheit der genetisch bedingten Merkmale eines Individuums; vereinfacht ausgedrückt, auf das genetisch bedingte äußere Erscheinungsbild) haben. Zum Beispiel unterscheidet sich das Genom von Schimpanse und Mensch nur zu 5 % voneinander.[24]

Der Phänotyp resultiert aus der Interaktion seiner individuellen genetischen Ausstattung, seines Genotyps, mit der Umwelt. Die Variabilität der vererbbaren Merkmale innerhalb einer Population reflektiert also die Variabilität des Genoms innerhalb dieser Population. Die Frequenz einzelner Merkmalsvarianten kann in einer Population schwanken und in Relation zu anderen Allelen des Gens größer oder kleiner werden. Alle evolutionär wirksamen Kräfte agieren, indem sie diese Änderungen der Allelfrequenzen in die eine oder andere Richtung fördern. Die Variabilität eines Merkmals verschwindet, wenn ein Allel eine feste Frequenz erreicht, wenn es also entweder aus der Population verschwindet oder wenn es alle anderen, früher vorhandenen Allele ersetzt hat.[25]

---

[20] R. Mayeux: Mapping the new frontier: complex genetic disorders. J. Clin. Invest. 115, Heft 6; 2005: S. 1404-1407

[21] J. Draghi & P. Turner: DNA secretion and gene-level selection in bacteria. Microbiology (Reading, Engl.) 152, Heft 9; 2006: S. 2683-2688

[22] J. Mallet: Hybrid speciation. Nature 446; Band 7133; 2007: S. 279-283

[23] R. Butlin, T. Tregenza: Levels of genetic polymorphism: marker loci versus quantitative traits. Philos. Trans. R. Soc. Lond., B, Biol. Sci. 353, Heft 1366; 1998: S. 187-98 [8]

[24] A. Wetterbom, M. Sevov, L. Cavelier, T. Bergström: Comparative genomic analysis of human and chimpanzee indicates a key role for indels in primate evolution. J. Mol. Evol. 63, Heft 5; 2006: S. 682-690

[25] W. Amos & J. Harwood: Factors affecting levels of genetic diversity in natural populations. Philos. Trans. R. Soc. Lond., B, Biol. Sci. 353: Heft 1366; 1998: S. 177-186 [9]

5.3.3. Mechanismen

Die beiden grundlegenden Mechanismen evolutionärer Änderungen, also der Änderungen der Allelhäufigkeiten (Allelfrequenzen) innerhalb einer Population, sind Natürliche Selektion und Gendrift. Natürliche Selektion ist die nichtzufällige Auswahl von Allelen, die einen Überlebens- und Reproduktionsvorteil bieten. Gendrift ist dazu im Gegensatz die zufällige Stichprobe der Gene einer Elterngeneration, die eine zufällige Änderung der Häufigkeit einiger Allele verursacht.

Natürliche Selektion

Abb. 39: Der Schwanz eines Pfaus ist ein klassisches Beispiel für Sexuelle Selektion

Natürliche Selektion tritt auf, weil Individuen mit Merkmalen, die für das Überleben und die Fortpflanzung vorteilhaft sind, mehr Nachwuchs produzieren können als Individuen ohne diese Merkmale. Daher werden sie mehr Kopien ihrer vererbbaren Merkmale in die nächste Generation einbringen. Dies führt dazu, dass vorteilhafte Merkmale im Laufe der Zeit häufiger werden, während unvorteilhafte seltener werden. Durch diesen Prozess können über viele Generationen unterschiedliche Anpassungen an Umweltbedingungen entstehen. Wenn genetische Differenzen innerhalb oder zwischen Populationen von Lebewesen einer Art immer zahlreicher werden, kann sich diese Art in neue Arten aufspalten (Artbildung, Speziation). Bestimmte gemeinsame Merkmale aller Lebewesen legen nahe, dass alle bekannten Arten von einer einzigen ursprünglichen Art abstammen (genauer: von einem ursprünglichen Genpool) und durch diesen Prozess der allmählichen Verstärkung von Unterschieden entstanden sind (Deszendenz).

Natürliche Selektion entsteht nach Darwin aus dem unterschiedlichen Reproduktionserfolg der Individuen einer Population. Sie ergibt sich aus den folgenden Tatsachen:

- Innerhalb von Populationen und zwischen Arten gibt es eine natürliche, vererbbare Variabilität
- die Anzahl der Nachkommen der Individuen ist viel höher als die Kapazität des jeweiligen Lebensraumes, es herrscht also Konkurrenz.

• Der Überlebens- und Reproduktionserfolg der Individuen einer Population ist daher unterschiedlich

• In jeder Generation geben die erfolgreich reproduzierenden Individuen ihre vererbbaren Merkmale weiter, die nicht erfolgreichen können dies nicht.

Wenn ein Merkmal die „evolutionäre Fitness“ von Individuen erhöht, dann werden diese Individuen mit höherer Wahrscheinlichkeit überleben und reproduzieren, als andere Individuen dieser Population und daher mehr Kopien ihrer Merkmale an die nächste Generation weitergeben (*survival of the fittest*). Umgekehrt wird ein Fitnessverlust durch ein nachteiliges Merkmal dazu führen, dass dieses Merkmal seltener wird.[26][27]

Ein Spezialfall der Natürlichen Selektion ist die Sexuelle Selektion: Die Selektion auf Merkmale, deren Präsenz direkt mit dem Kopulationserfolg durch bevorzugte Partnerwahl korreliert ist.[28] Durch Sexuelle Selektion evolvierte Merkmale sind besonders bei den Männchen von Tieren verbreitet. Obwohl diese Merkmale die Überlebenswahrscheinlichkeit einzelner Männchen reduzieren können (z. B. durch behindernde Geweihe, durch Paarungsrufe oder leuchtende Farben, die Beutegreifer anlocken, oder durch Kämpfe unter den Männchen um die Weibchen), ist der Reproduktionserfolg von jenen Männchen im Normalfall höher, die deutliche, sexuell selektierte Merkmalskombinationen zeigen.[29]

Bei mehr als 200 Vogelarten und etwa 120 Säugerarten findet man soziale Strukturen, bei denen ein Teil der Individuen zumindest zeitweise auf eine eigene Reproduktion verzichtet und stattdessen Artgenossen bei deren Reproduktion unterstützt. Dies steht in scheinbarem Widerspruch zu Darwins Thesen. Untersuchungen dieser Helfersysteme haben jedoch gezeigt, das diese Hilfe meist umso stärker erfolgt, je näher die Helfer mit dem aufzuziehenden Nachwuchs verwandt sind.[30] Da ein Teil des Genoms von Helfer und aufgezogenem Fremdnachwuchs identisch ist, erreicht der Helfer also trotz Verzicht auf eigene Reproduktion eine Weitergabe eines Teils seines Genoms. Da die Selektion hier nicht mehr auf der Ebene des Phänotyps, sondern des Genotyps ansetzt, hat Richard Dawkins für diese und ähnliche Fälle den Begriff des "Egoistischen Gens" geprägt.[31] Bei eusozialen Insekten wie beispielsweise Ameisen und Sozialen Faltenwespen verzichtet der größte Teil der Weibchen lebenslang auf eine eigene Fortpflanzung. Eusozialität ist für diese Weibchen nicht mit einer verringerten evolutio-

[26] R. Lande & S. J. Arnoldar: The measurement of selection on correlated characters. Evolution 37; 1983: S. 1210-1226

[27] J. Haldane: The theory of natural selection today. Nature 183, Heft 4663; 1959: S. 710-713

[28] M. Andersson & L. Simmons: Sexual selection and mate choice. Trends Ecol. Evol. (Amst.) 21; Heft 6; 2006: S. 296-302

[29] zum Beispiel J. Hunt, R. Brooks, M. Jennions, M. Smith, C. Bentsen, L. Bussière: High-quality male field crickets invest heavily in sexual display but die young. Nature 432, Band 7020; 2004: 1024-1027

[30] J. R. Krebs & N. B. Davies: Einführung in die Verhaltensökologie Blackwell; 1996: S. 343 ff.

[31] Richard Dawkins: The Selfish Gene 1976

nären Fitness verbunden, da sie aufgrund einer genetischen Besonderheit (Haplodiploidie) mit ihren Schwestern näher verwandt sind als mit potentiellen eigenen Nachkommen. Bei der Aufzucht von Schwestern geben sie also einen größeren Teil ihres Genoms weiter als bei der Aufzucht eigener Töchter.[32]

Gendrift

Gendrift ist die Änderung von Allelfrequenzen von einer Generation zur nächsten, die geschieht, weil die Allele einer Generation von Nachkommen statistisch gesehen eine Zufallsstichprobe der Allele der Elterngeneration darstellen und deren Auswahl daher auch einem Zufallsfehler unterliegt. Selbst wenn keine Selektion stattfindet, tendieren Allelfrequenzen dazu, im Verlauf der Zeit größer oder kleiner zu werden, bis sie schließlich die Werte 0 % oder 100 % erreichen. Schwankungen der Allelfrequenzen in aufeinanderfolgenden Generationen können daher durch reinen Zufall dazu führen, dass einzelne Allele aus der Population verschwinden. Zwei getrennte Populationen mit anfänglich gleichen Allelfrequenzen können daher durch zufällige Schwankungen in zwei unterschiedliche Populationen mit einem unterschiedlichen Satz von Allelen auseinanderdriften.[33] Ob Natürliche Selektion oder Gendrift den größeren Einfluss auf das Schicksal neuer Mutationen haben, hängt von der Größe der Population und der Stärke der Selektion ab.[34] Natürliche Selektion dominiert in großen Populationen, Gendrift in kleinen. Schließlich hängt die Zeit, die ein Allel benötigt, um in einer Population durch Gendrift eine feste Frequenz zu erreichen (bis also 0 % oder 100 % der Individuen der Population das Allel tragen), von der Populationsgröße ab; bei kleineren Populationen geschieht dies schneller.[35]

Daraus folgt, das eine Veränderung der Populationsgröße einen extremen Einfluss auf den Verlauf der Evolution haben kann. Wenn eine Population aufgrund äußerer Einflüsse durch einen sogenannten "Flaschenhals" geht, zeitweise also bis auf wenige Individuen zusammenschrumpft, verliert sie damit auch einen großen Teil ihrer genetischen Variabilität (Genetischer Flaschenhals). Die Population wird dadurch insgesamt gleichartiger und verliert die meisten seltenen Varianten. Solche Flaschenhälse können durch Katastrophenereignisse oder Klimaschwankungen, aber auch durch Wanderungen oder die Teilung von Populationen verursacht werden.

[32] J. R. Krebs & N. B. Davies: Einführung in die Verhaltensökologie Blackwell; 1996: S. 387ff.

[33] R. Lande: Fisherian and Wrightian theories of speciation. Genome 31, Heft 1; 1989: S. 221-227

[34] M. Whitlock: Fixation probability and time in subdivided populations. Genetics 164, Heft 2; 2003: S. 767-779

[35] S. Otto & M. Whitlock: The probability of fixation in populations of changing size. Genetics 146, Heft 2; 1997: S. 723-733

5.3.4. Indizien

Evolution ist als historisches Geschehen zwar im Nachhinein rekonstruierbar, aber aufgrund der zeitlichen Dimensionen einer experimentellen Überprüfung allenfalls in kleinen Teilschritten zugänglich. Der Ablauf muss daher für fast alle Lebensformen anhand von Indizien nachvollzogen werden.

Abgestufte Ähnlichkeiten

Darwin hat postuliert, dass alle Lebewesen auf einen gemeinsamen Vorfahren oder, moderner ausgedrückt, einen gemeinsamen Genpool zurückgehen. Belege hierfür sind einerseits Merkmale, die alle Lebewesen gemeinsam haben. Zum Beispiel benutzen alle lebenden Zellen dieselben Nukleinsäuren als genetisches Material und denselben Basissatz von Aminosäuren zur Herstellung von Proteinen.[36]

Schon die ersten Anfänge der Systematik beruhten außerdem auf der Erkenntnis, dass Merkmale von Lebewesen nicht in beliebigen Kombinationen auftreten, sondern in einem System abgestufter Ähnlichkeiten. Dabei lassen sich Merkmalsgruppen gegeneinander abgrenzen, anhand derer die rezenten Organismen in Gruppen (Taxa, Einzahl *Taxon*), zusammengefasst (klassifiziert) und hierarchisch geordnet werden können. Dass dies möglich ist, wurde von Darwin als starkes Indiz für eine gemeinsame Abstammung aller Lebewesen gewertet. Damit diese Gruppierungen (Systematisierungen) die tatsächlichen Verwandtschaftsverhältnisse wiedergeben (Phylogenetische Systematik), wurde als zentrales Kriterium die Homologie von Merkmalen eingeführt.

Ein Sonderfall homologer Merkmale sind morphologische Merkmale oder sogar Verhaltensweisen, die für ihre heutigen Träger keinen erkennbaren Zweck mehr erfüllen (Rudimente), beispielsweise die Reste des Hinterbeinskeletts bei Riesenschlangen und Walen. In beiden Fällen weisen diese Rudimente auf die Abstammung von vierbeinigen Tieren (Echsen bzw. Unpaarhufern) hin.

Fossile Überlieferung

Als Belege für ausgestorbene Lebewesen geben Fossilien nicht nur Auskunft über deren Morphologie, Systematik, Physiologie, Ontogenese und Ökologie. Sie bieten vor allem auch einen zeitlichen Rahmen für Evolutionsprozesse: Entsprechend der vertikalen Aufeinanderfolge fossilführender Gesteinsschichten lassen sich Gemeinschaften vorzeitlicher Lebewesen in eine zeitliche Reihenfolge bringen (Prinzip der Stratigraphie). Mit Hilfe radiometrischer Methoden kann man Gesteinen und den darin enthaltenen Fossilien auch Alter in (wenigen tausend bis vielen Millionen) Jahren zuweisen (Geochronologie).

[36] S. F. Mason: Origins of biomolecular handedness. Nature 311, Heft 5981; 1984: S. 19-23

Das Alter der Fossilien gibt Auskunft darüber, wann im Verlauf der Stammesgeschichte einzelner Gruppen sowie der Lebewesen insgesamt bestimmte Innovationen und Aufspaltungsereignisse (adaptive Radiationen) auftraten. Durch datierbare Fossilfunde ist zum Beispiel bekannt, dass (bis auf wenige Ausnahmen wie z. B. *Cloudina*)[37] alle Gruppen skeletttragender Tiere in einem engen Zeitfenster im frühen bis mittleren Kambrium vor etwa 540 bis 500 Mio. Jahren auftraten.[38]

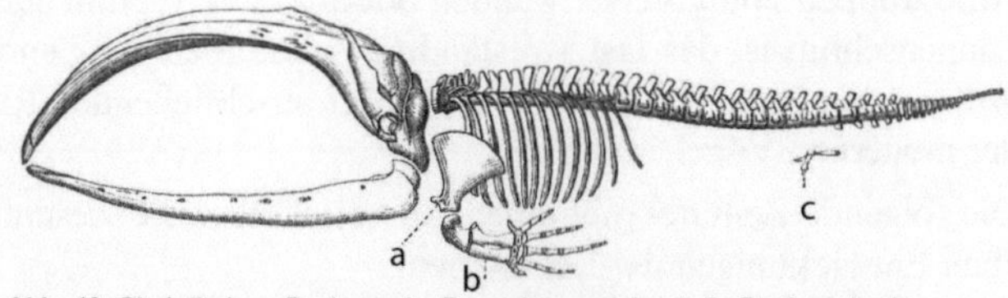

Abb. 40: Skelett eines Bartenwals. Das c kennzeichnet die Rudimente der Hinterbeine; ein Merkmal, das die Abstammung von landlebenden Säugern belegt

Fossile Übergangsformen (Mosaikformen) (engl. "*missing links*") sind ein von Untersuchungen an rezenten Lebewesen unabhängiger Beweis für die Verwandtschaft zwischen systematischen Großgruppen. Berühmte Beispiele dafür sind gefiederte Dinosaurier, *Archaeopteryx* und die Vögel der Jehol-Gruppe als Übergangsformen zwischen Reptilien und modernen Vögeln[39] sowie *Panderichthys*, *Tiktaalik* und *Ichthyostega* als Übergangsformen zwischen Knochenfischen und Landwirbeltieren.[40] Im günstigsten Fall ist der Übergang zwischen der ursprünglichen und der daraus abgeleiteten Gruppe durch eine Abfolge von Fossilfunden belegt, die mit abnehmendem Alter der neuen Gruppe morphologisch immer ähnlicher werden.

Evolutionäre Trends sind in vielen Fällen innerhalb systematischer Gruppen gut dokumentiert, so z. B. bei den pferdeartigen Säugetieren: Aus vielzehigen, fuchsgroßen, laubfressenden Formen im Alttertiär sind über mehrere Zwischenstufen die heutigen Pferde hervorgegangen.

Schließlich dokumentiert die fossile Überlieferung Ab- und Zunahmen in der Diversität systematischer Gruppen. Faunenschnitte sind Massenaussterben, bei denen in geologisch gesehen kurzen Zeiträumen die Artenzahl stark reduziert wurde und manche

[37] Hua, H., Z. Chen, X. Yuan, L. Zhang, & S. Xiao: Skeletogenesis and asexual reproduction in the earliest biomineralizing animal Cloudina. In: Geology, 33(4), 2005, S. 277-280.

[38] "kambrische Explosion": Review in Conway Morris, S.: The fossil record and the early evolution of the metazoa. In: Nature 361, Band 6409; 1993: S. 219-225.

[39] Review-Artikel zum Dinosaurier-Vögel-Übergang:
Norell, M. A., & X. Xu: Feathered dinosaurs. In: Annual Review of Earth and Planetary Sciences 33; 2005: S. 277-299.
Zhang, F., Z. Zhou, & G. Dyke: Feathers and 'feather-like' integumentary structures in liaoning birds and dinosaurs. In: Geological Journal 41(3-4), 2006, S. 395-404.
Zhou, Z.: The origin and early evolution of birds: Discoveries, disputes, and perspectives from fossil evidence. In: Naturwissenschaften 91(10), 2004: S. 455-471.
Zhou, Z. & F. Zhang: Mesozoic birds of china – A synoptic review. In: Frontiers of Biology in China 2(1); 2007: S. 1-14.

[40] Long, J. A., G. C. Young, T. Holland, T. J. Senden & E. M. G. Fitzgerald: An exceptional devonian fish from australia sheds light on tetrapod origins. Nature 444, Band 7116; 2006: S. 199-202

Großgruppen völlig verschwanden oder in ihrer Vielfalt stark abnahmen. Bekanntester Faunenschnitt ist das fast vollständige Aussterben der Dinosaurier und weiterer Großgruppen am Ende der Kreidezeit mit der anschließenden Radiation der Säugetiere und der modernen Vögel.

Die folgende Zeittafel gibt einen Überblick über die wesentlichen stammesgeschichtlichen Entwicklungen der Lebewesen.

System	**Beginn vor Mio. Jahren** [41]	**Entwicklungen**
Quartär	2,59	Eiszeitliche Tier- und Pflanzenwelt
Paläogen u. Neogen („Tertiär“)	65,5	Radiation der Säugetiere; erste Primaten und Hominiden
Kreide	145,5	Entwicklung der Bedecktsamer, Massenaussterben (u. a. Dinosaurier)
Jura	199,6	Radiation der Dinosaurier, erste Vögel (*Archaeopteryx*)
Trias	251	Erste Säugetiere, Dinosaurier und Flugsaurier
Perm	299	Radiation der Reptilien, „Säugetierähnliche Reptilien“, Massenaussterben
Karbon	359,2	0
Devon	416	Farne, Schachtelhalme und Bärlappe entwickeln sich, Landgang der Arthropoden und Wirbeltiere
Silur	443,7	erste Landpflanzen, Radiation der Fische
Ordovizium	488,3	Kopffüßer erscheinen, erste „kiefertragende Fische“
Kambrium	542	„Burgess-Fauna“, Arthropoden, Chordaten (Conodonten), Wirbeltiere (kieferlose Fische) erscheinen
Proterozoikum (Erdfrühzeit)	2500	Pilze, erste vielzellige Tiere: Hohltiere, Bilateria („Ediacara-Fauna“)
Archaikum (Erdurzeit)	4000	Einzelliges Leben entsteht (Bakterien, Archaeen, Eukaryoten), Stromatolithen

[41] stratigraphy.org: International Stratigraphic Chart 2009 (PDF)

Geografische Verbreitung

Die Verbreitung von Taxa liefert in vielen Fällen Hinweise für evolutionäre Entwicklungen. Viele Taxa haben geografische Verbreitungen, die allein durch die heutigen lokalen ökologischen Verhältnisse oder Anpassungen nicht zu erklären sind. Dies gilt insbesondere für Endemiten. Ein bekanntes Beispiel für Reliktendemiten sind die Lemuren, ein Taxon innerhalb der Feuchtnasenaffen. Lemuren waren im Tertiär in Nordamerika und Eurasien weit verbreitet, sind heute aber auf Madagaskar endemisch. Sie wurden von den später evolvierten und offensichtlich konkurrenzstärkeren Trockennasenaffen (Haplorhini) überall verdrängt und konnten sich nur auf Madagaskar halten, das aufgrund einer zwischenzeitlich erfolgten geographischen Isolation von Trockennasenaffen nicht besiedelt werden konnte.

Ebenso wichtig für die Evolutionsbiologie sind Entstehungsendemiten. Berühmtestes Beispiel sind hier die Darwinfinken (Familie Emberizidae) auf den Galapagosinseln, 965 km vor der Küste Ecuadors. Auf der Inselgruppe vulkanischen Ursprungs, deren älteste Insel vor fünf bis zehn Millionen Jahren entstand, entwickelten sich aus einer vom Festland verdrifteten Vorgängerart durch adaptive Radiation 14 verschiedene Arten in drei Gattungen. Dabei änderten sich vor allem die Schnabelform, das Federkleid und die Größe der Vögel. Charles Darwin sammelte die unterschiedlichen Arten 1836 auf seiner Weltreise.

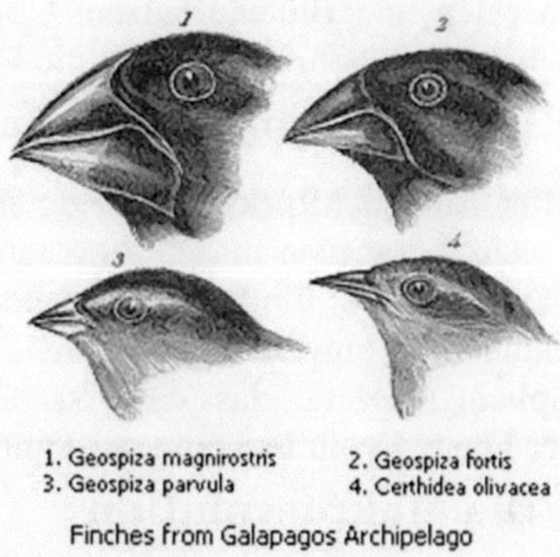

Abb. 41: Verschiedene Darwinfinken

Embryonalentwicklung

Karl Ernst von Baer hat als erster erkannt, dass frühe Entwicklungsstadien verwandter Organismen einander ähnlicher sind, als die ausgewachsenen Individuen. Ernst Haeckel formulierte auf Basis dieser Erkenntnisse, dass die Ontogenese die Evolution (Phylogenese) eines Lebewesens rekapituliert (Biogenetische Grundregel). Diese Regel wird heute jedoch als zu starke Vereinfachung betrachtet. Wiederholt werden nicht die Adultstadien, sondern die frühen Embryonalstadien der jeweiligen Vorformen einer Art. Das kann dadurch erklärt werden, dass evolutionäre Neuentwicklungen immer auf bestehende Arten und damit auf bestehende Organsysteme aufbauen. Daher schließt die Entwicklung (die Ontogenese) des Individuums einer Art auch die vorher jeweils bereits vorhandenen Schritte mit ein.

Beispiele einer solchen Wiederholung sind das Auftreten eines Kiemendarms und von Kiemenspalten bei allen Wirbeltierembryonen. Dies belegt, das alle heutigen Wirbeltiere von Fischen abstammen. Bartenwalembryonen bilden Zahnanlagen, während die adulten Individuen keine Zähne mehr haben, was darauf hinweist, dass sich die Bartenwale aus Zahnwalen entwickelt haben.

5.3.5. Aktuelle Forschung

• Die Koevolution

Die Entwicklung von Symbiosen ist vielfach noch nicht durch Fossilfunde abgesichert; an Modellen, wie die tiefgreifenden Abhängigkeiten von Symbiosepartnern (beispielsweise bei Flechten) entstehen konnten, besteht jedoch kein Mangel. Ebenso fehlen noch Belege für das Zustandekommen der wechselseitigen Anpassungen von Insekten und Blütenpflanzen. Überall dort, wo man aber fossile oder rezente Zwischenstufen gefunden hat, ist die Evolutionstheorie eindrucksvoll bestätigt worden.

• Die Evolution der Evolutionsfaktoren

Hier hat die Molekularbiologie in jüngerer Zeit deutlich veränderte Einsichten gebracht. Ging man in den 70er Jahren des 20. Jahrhunderts noch davon aus, dass die DNA-Sequenz direkt das entscheidende Genmaterial darstelle, so haben die Entdeckung der Introns, Exons sowie des Splicings und insbesondere des alternativen Splicings gezeigt, dass die Ursachen der genetischen Variabilität bereits auf molekularer Ebene Evolutionsprozessen unterworfen sind.

• Die Makroevolution

Die Evolution tiefgreifender Änderungen (Makroevolution), etwa auf der Ebene von Tierstämmen. Solange als Ursachen der Variabilität nur Genmutationen, Chromosomenmutationen, Genommutationen und Rekombination im Zuge der Meiose erkannt waren, war schwer vorstellbar, wie sich bestimmte Merkmale in der beobachteten Geschwindigkeit entwickelt haben könnten. Solche Erscheinungen findet man speziell bei Eukaryoten. Die Entdeckung des alternativen Splicings bei Eukaryoten hat Ende des 20. Jahrhunderts gezeigt, dass DNA-Sequenzen multifunktionell sind und – je nach Splicing – zu unterschiedlichen Proteinen führen können. Auch die Genregulation bringt neue Aspekte in die Evolutionsforschung. So kann es einen Selektionsvorteil darstellen, phylogenetisch alte und nicht zur Proteincodierung benutzte DNA-Sequenzen im Genom zu konservieren, da damit die Ausprägung neuer Merkmale durch verändertes Splicing oder Änderungen der Genregulation weitaus schneller und tiefgreifender geschehen kann, als es durch einen Austausch von DNA-Basen der Fall wäre.

5.3.6. Auswirkungen des Evolutionsgedankens auf Politik und Religion

Die Evolutionstheorie wurde zum Teil politisch bekämpft, zum Teil politisch missbraucht. Historisch sind vor allem die sozialdarwinistischen oder rassistischen Ausbeutungen der Theorie zu nennen (z. B. sozialdarwinistisch begründeter Rassismus in der Zeit des Nationalsozialismus). Andererseits galt Darwinismus z. B. als sozialdemokratisch (ein Vorwurf im Kaiserreich), marxistisch (bei einem Teil der NSDAP) bzw. als positiver Bezugspunkt der Arbeiterbildung oder wurde als Utopie des Züchtungsstaates mit eugenischen Theorien in Zusammenhang gebracht. Evolutionstheoretiker haben sich an den unterschiedlichsten Fronten dieses Kampfes auch politisch betätigt.

Gegner der Evolutionstheorie vertreten die Auffassung, das Entstehen des Lebens, speziell des Menschen samt seinen Eigenschaften wie dem Bewusstsein, sei extrem unwahrscheinlich und müsse deshalb durch ein intelligentes Wesen oder einen Gott eingeleitet oder vollzogen worden sein. Mit einigen religiösen Gruppierungen besteht seit der Veröffentlichung von Darwins *Die Entstehung der Arten* eine Kontroverse, die sich vor allem in den USA um die Vermittlung der Evolutionstheorie im schulischen Biologieunterricht dreht. Besonders im konservativen Religionsunterricht, der sich eng an den Wortlaut der biblischen Schöpfungsgeschichte hält, wird der Gegensatz zum heutigen wissenschaftlichen Kenntnisstand offensichtlich. Sofern die Kritik an Darwin und den Ergebnissen der modernen Evolutionsforschung sich auf die biblische Schöpfungsgeschichte stützt, wird sie in der Öffentlichkeit als Kreationismus bezeichnet.

Literatur

- Charles Darwin: *Die Entstehung der Arten durch natürliche Zuchtwahl*. Übersetzt von Carl W. Neumann. Nachwort von Gerhard Heberer. Reclam, Ditzingen 1986, ISBN 978-3-15-003071-4
- Charles Darwin: *Die Abstammung des Menschen*. Kröner, Stuttgart 2002.
- Richard Dawkins: *The Greatest Show on Earth*. Free Press, New York 2009, ISBN 978-1-4391-6473-0
- Richard Dawkins: *The Selfish Gene*. Reissued in new covers. Oxford University Press, Oxford 1999, ISBN 0-19-286092-5 (dt.: *Das egoistische Gen*)
- Richard Dawkins: *The Blind Watchmaker*. Reissued. Penguin, London u.a. 2000, ISBN 0-14-029122-9
- Douglas J. Futuyma: *Evolutionsbiologie*. Aus dem Englischen übersetzt und bearbeitet von Barbara König. Birkhäuser Verlag, Basel 1990.
- Ulrich Kutschera: *Evolutionsbiologie*. 3. Auflage. Verlag Eugen Ulmer, Stuttgart 2008, ISBN 3-8252-8318-6
- Ernst Mayr: *Artbegriff und Evolution*. Parey-Verlag, Hamburg 1967.
- Ernst Mayr: *Das ist Evolution*. Goldmann, München 2005, ISBN 3-442-15349-2

- Heinrich Meier (Hrsg.): *Die Herausforderung der Evolutionsbiologie.* 3. Auflage. Piper-Verlag, München 1992 (Serie Piper, Band 997), ISBN 3-492-10997-7
- Volker Storch, Ulrich Welsch, Michael Wink: *Evolutionsbiologie.* 2. Auflage. Springer Verlag, Berlin / Heidelberg 2007, ISBN 978-3-540-36072-8
- Sven P. Thoms: *Ursprung des Lebens.* Fischer, Frankfurt am Main 2005, ISBN 3-5961-6128-2
- Alfred Russel Wallace: *On the tendency of varieties to depart indefinitely from the original type.* 1858.
- Carl Zimmer: *Evolution: The Triumph of an Idea.* 2001, ISBN 0-06-019906-7

Weblinks

- Evolutionsbiologie in Deutschland, umfassende Seite mit Literaturempfehlungen, Texten und weiteren Links (http://www.evolutionsbiologen.de/)
- Evolutionsfaktoren und Indizien, Linkliste zu speziellen Themen zum Anklicken (http://web.archive.org/web/20030714082906/http://eich-vlotho.de/seiten/abi03inh.html)
- ag-evolutionsbiologie Internetbibliothek mit ausgewählter Fachliteratur zur Evolution (http://ag-evolutionsbiologie.de/publikationen/fachartikel/)
- ARD-Mediathek Audiobeiträge zum Thema Evolution (http://www.ardmediathek.de/ard/servlet/content/410?detail=40&s=Evolution)
- Evolution - Zufall und Zwangsläufigkeit der Schöpfung Audiomitschnitte der öffentlichen Ringvorlesung an der Universität Göttingen im Wintersemester 2007/08 (http://www.univerlag.uni-goettingen.de/ring07-08/)
- Teaching about Evolution and the Nature of Science (http://books.nap.edu/html/evolution98/)
- Henry Gee, Rory Howlett and Philip Campbell - 15 evolutionary gems Artikel über 15 Fälle der aktuellen Forschung, die die Darwin'sche Evolutionstheorie belegen. nature, 2009. doi: 10.1038/nature07740 (http://www.nature.com/nature/newspdf/evolutiongems.pdf) und (http://dx.doi.org/10.1038%2Fnature07740)
- SWR2 Radio Akademie "Fluss des Lebens" - 12 Sendungen zur Evolution (http://www.swr.de/swr2/programm/sendungen/radioakademie/evolution/-/id=4520228/4pavup/index.html)
- www.talkorigins.org Eine englischsprachige Sammlung der häufigsten Missverständnisse bezüglich der Evolutionstheorie und wie Wissenschaftler darauf antworten (http://www.talkorigins.org/indexcc/list.html)

6. Stichwortverzeichnis

7. Anhang

7.1. Quellen und Bearbeiter der Artikel

Systemtheorie *Quelle*: http://de.wikipedia.org/w/index.php?oldid=74397692 *Bearbeiter*: A.Abdel-Rahim, Abavus, Acf, Aka, Akropolit, Alexander.stohr, Alexandre84, Alios, Aquilon, Avron, Azor, BLueFiSH.as, Belichtungszeit, Bernd vdB, Cami de Son Duc, Carlesius, Cepheiden, Chhanser, ChristophDemmer, Cjlpa, Coco wiki, Conversion script, Crato, Cícero, DL5MDA, Darina, Dave81, David Ludwig, DerHexer, Dingo, Don Magnifico, DrLanghein, Dundak, Elian, Encyclopedist, Engelbaet, Ephraim33, ErikDunsing, Erkan Yilmaz, EtH, Euku, Fab, Fasch, Fenice, Ferrydun, Frenik, Fristu, Fritz, GS, Gerd Taddicken, Grauring, HaeB, HannesH, Hati, He3nry, HelmutLeitner, Herr Andrax, Himuralibima, Hoss, Ifrost, Imotepp, J.I, JaNik, JakobVoss, Jdiemer, Jean Martin, JensBenecke, Jensens, Jokkelebaer, Joschi90, Jpp, Juegoe, Jwdietrich2, Kai-Hendrik, Kku, Kurt Jansson, Kurt vom Walde, Kyber, Königsgambit, LKD, Livani, Ma-Lik, MarcelMelzer, MarianSteinbach, Martinroell, Matthias4445, Maya, Mdd, Mef.ellingen, Michail, Michaki, Mike Krüger, Mira, Mondamo, Moneo, Moolsan, Nerd, Nicor, Niki K, Niwi, Nobart, Oberchecker, ObservingSystems, Onkel74, Oracle of Truth, Ot, PhilosMYK1978, Plattmaster, Qwqchris, Rakl123, RalfHeitmann, Raymond, Rolf Todesco, Ron.W, Sabria, Saehrimnir, Santinaria, Sava, Scholpin, Shelmton, Sol1, Solphusion, Southpark, Spacey79, Sroski, Staro1, StefanRybo, Stern, Storchi, Stullkowski, Suspekt, Sys2007, Tickle me, Tischbeinahe, Traute Meyer, Trautw, TruebadiX, Ttox, UlrichIberer, Ulrim, Urgedover, V.R.S., W!B:, Weede, WissensDürster, Wizzar, Wollumination, Wulf R. Halbach, Xool, Yotwen, Zahnstein, Zeno Gantner, €pa, 192 anonyme Bearbeitungen

System *Quelle*: http://de.wikipedia.org/w/index.php?oldid=73961845 *Bearbeiter*: 56.134.186.195.dial.bluewin.ch, A-4-E, Abavus, Akropolit, Amtiss, Analitikas, Andrsvoss, Aquis, Arbeitsgruppe t02, Arosh Linovitsch, Avron, Ben-Zin, Bernd vdB, Bildungsbürger, Cepheiden, Cgeb, Chatter, Cholo Aleman, Chrisfrenzel, ChristophDemmer, Chriszz, Conversion script, Dash-Dinh, Denys, Der Chronist, Der.Traeumer, Diba, Digisus, Don Magnifico, El., Engeser, Epipactis, Euphoriceyes, EwigLernender, Fah, Fenice, Franz Richter, Fristu, Geitost, Geof, Gerhardvalentin, Ghghg, Gleiberg, Gratisaktie, Grochim, Guschdel, HaSee, HannesH, Hati, Head, Holger I., Howwi, JCS, JakobVoss, Jed, Jens611, Juesch, JvE, Jwdietrich2, Jürgen Engel, K.-G.Häusler, KWL 1952, Kai-Hendrik, Kam Solusar, Karl-Henner, Katinka Hermes, Keigauna, Kein Einstein, Kku, Kurt vom Walde, Kyber, Lille, Ludger Lampen, Lusile, MENZINGER Peter, MFM, Ma-Lik, Marilyn.hanson, Markus Bärlocher, Martin Aggel, Martin Heinz Schultze, Martin-vogel, Martino, Matt1971, Maveric149, Maya, Melancholie, Mikue, Millbart, Miriel, Moino, Muck, Muesse, Myr, Niki K, Norro, Odin, Paddy, Pendulin, Phrood, PumpingRudi, Qpaly, Querverplänkler, Rdb, Regi51, RobbyBer, Sabria, Saehrimnir, Sava, Schlurcher, Schmei, Schusch, Silvado, Sinn, SirJective, Soebe, Solid State, Sroski, Stefan B. Link, StefanRybo, Swacker, Tacheles, Tafkas, Tango8, Terabyte, Thomas, Tjö, Tolentino, Türstörung, Ulrich.fuchs, Ulrim, Unscheinbar, Uwe Gille, VanGore, VerwaisterArtikel, Viola sonans, Webkid, Wehe00, WhiteCrow, WikipediaMaster, Witten, Wolfgang1018, Wst, Xool, Xtian59, Yotwen, Zaibatsu, Zumbo, ZweiBein, !0-8-15!, €pa, 116 anonyme Bearbeitungen

Selbstorganisation *Quelle*: http://de.wikipedia.org/w/index.php?oldid=77178640 *Bearbeiter*: Acf, Aka, Aleks-ger, AlexR, Anaxo, Anton, Arzach, Asb, Avariel, Besserwisserhochdrei, Calex, ChristophDemmer, ClMueller, ClaudiusHansch, Complex, Conversion script, Cysez, Danislav, Dave81, Dittrich, Don Magnifico, Ejka, El, El., ErikDunsing, Fd42, FlorianB, Gerbil, Gyöni, HaDeSsSsS, HaSee, HannesH, Hati, HelgeD, Herniu, Herr Andrax, Hubertl, Ifrost, JCBrunner, Jeanpol, Jed, Jokkelebaer, Juesch, Jwdietrich2, Kku, Klaus Frisch, Knud Klotz, Korinth, LKD, Ma-Lik, Mira, Mkill, Ocrho, Old toby, Ollio, Ot, P. Birken, PolygonCat, Saibo, Sargoth, Schwalbe, Schwarze Feder, Sinn, Stardustsearcher, StefanRybo, Steschke, Supermartl, Superplus, Tamanrasset444, Taxiarchos228, Thulium, Vinci, Vorrauslöscher, WAH, Wilfried Elmenreich, Wiska Bodo, Yotwen, 91 anonyme Bearbeitungen

Selbstreplikation *Quelle*: http://de.wikipedia.org/w/index.php?oldid=66479590 *Bearbeiter*: Aka, Happolati, Hennimaniac, Kuebi, Mike Krüger, Pendeen, Philippos, Wiegels

Evolution (Systemtheorie) *Quelle*: http://de.wikipedia.org/w/index.php?oldid=73657818 *Bearbeiter*: 123456789t, 7schläfer, APPER, Abavus, Aglarech, Aka, Albe, AlexanderHerschel.de, Amogorkon, Angr, Avron, Balu, Baumfreund-FFM, Benedikt, Bertonymus, Bessler, Beyer, Blaubahn, Braveheart, Brummfuss, Btr, Bundesstefan, Buteo, Cat, Chaddy, ChristophDemmer, Ckeen, Complex, Conversion script, Cordwainer, Crux, D, Dachris, Darkone, Dave81, Degt, Delisa7, Don Quichote, E.K., ElRaki, Elian, Eloquence, Emphyrio, ErikDunsing, Factumquintus, Fah, Fetter Ekelbert, Fgb, Filzstift, Freak2003, Fullhouse, Fxp, G-Man, Gerbil, Gerhardvalentin, GregorHelms, Gruffi, HaSee, HaeB, Hanno Sandvik, Hati, Hubertl, JakobVoss, Jed, Jergen, Jonathan Hornung, Jpp, Juesch, Kam Solusar, Karl-Henner, Katharina, Kku, Kubieziel, Kursch, Kurt Jansson, Kurt seebauer, LKD, Langec, Leider, Liberal Freemason, Lutz Terheyden, MFM, MalteAhrens, Markus Mueller, Markus Schmaus, MarkusHagenlocher, Martin Aggel, Mathias Fischer, Mathias Schindler, Matt314, MatthiasKabel, Matusz, Matze6587, Merops, Michail, Michail der Trunkene, Mikue, Mnh, Moewe2, Mononoke, Moriolis, MsChaos, Nerd, Nina, Odin, Orje, Osterhasenlord, Pacifier, Paddy, Peacemaker, Pendulin, Philipendula, Plattmaster, Plehn, Polluxx, Rabanus Flavus, Rainer Zenz, Raphaelm, Raubfisch, Rdb, Redf0x, Regiomontanus, Rho, Riptor, RitaC, Roberto riojo, Roger Zenner, Rtc, Rufus46, STBR, Saperaud, Schewek, Schiefesfragezeichen, Sec11, Seewolf, Semper, Shoshone, Skriptor, Soebe, Sonic65, Southpark, StYxXx, Stefan Kühn, Stefan h, StefanRybo, StephanKetz, Stern, Steschke, Streifengrasmaus, Succu, T.M.L.-KuTV, Thomas M., Thunfischpizza, Tischlampe, Titeuf24, TomCatX, Trilo, Tzeh, Unscheinbar, Uwe Gille, Victor Eremita, Vinci, Voalli, Vvj, WAH, Walter Falter, Wiegand, Wiggum, Wikipediaphil, Wissen, Wolfgang1018, WolfgangMO, Www.zunami.at, Zaphiro, Zeno Gantner, Zenon, °, €pa, 270 anonyme Bearbeitungen

Emergenz *Quelle*: http://de.wikipedia.org/w/index.php?oldid=77189277 *Bearbeiter*: Aka, Alexander Gamauf, Allen McC., Anaxo, Andreas aus Hamburg in Berlin, Arno Matthias, Asb, Bernd vdB, Boggie, Bornemju, Ca$e, Cami de Son Duc, Cartaphilus, ChristophDemmer, DaDa, DannyBusch, David Ludwig, Denis Barthel, Diba, Eckhart Triebel, Emergenz, Ephraim33, Erkan Yilmaz, Fah, Felix Stember, Fester franz, Fluffythekitten, Fluss, GS, Gamma, Gerhardvalentin, Ghghg, Gsälzbär, HHK, HaSee, Habakuk, HannesH, Hati, Heinte, Hob Gadling, Homosapiens, Inber, JKS, Jeanpol, Jonny good, Jürgen Engel, KMJ, Kai-Hendrik, Kku, Kschoen, Kurt Jansson, Kurt vom Walde, Kyber, Liborianer, Linksverdreher, Lupussy, Manuel Krüger-Krusche, Mario23, Markus Mueller, MarquardtM, Michaelsy, Mogelzahn, MovGP0, Muck, Muesse, Myukew, Nerd, Nerdi, Nuntius Legis, Olag, PANAMATIK, Panter Rei, Paulae, Pelz, PhFactor, Pm, Prophyle, Proxima, Rax, Reinhard Kraasch, Rosentod, Rtc, Rufus46, Rumbero, Schumir, Sicherlich, Sol1, Soli, Steevie, Stefan Kühn, Stummvoll, ThePeritus, TiAdiMundo, Tresckow, Tuxman, Tzeh, Ulrich.fuchs, Ute Erb, Vernanimalcula, Victor Eremita, Wiedemann, Willglov, Wollumination, Zaltvyksle, Zeitan, ZweiBein, Zwikki, 138 anonyme Bearbeitungen

Evolutionärer Algorithmus *Quelle*: http://de.wikipedia.org/w/index.php?oldid=77048965 *Bearbeiter*: Aki52, Arilou, Bauhaus28, BesondereUmstaende, Chatter, ChristophDemmer, Complex, Duesentrieb, Fgb, Fschoenm, Gromobir, Head, Kotasik, Liberatus, Lämpel, MH, Mikue, Mmwiki, Norro, Peter200, Sdo, Stern, Stfn, Teepott, W.Jakob, Yenz, Zumbo, 37 anonyme Bearbeitungen

Autopoiesis *Quelle*: http://de.wikipedia.org/w/index.php?oldid=77094300 *Bearbeiter*: Aineias, Aka, Anima, Arno Matthias, Asb, BesondereUmstaende, C.Löser, Cami de Son Duc, Christianrode, ChristophDemmer, Dave81, David Ludwig, Dilidarium, Eichelberg, Erkan Yilmaz, FHWilhelmshaven MK1, Falko Wilms, Ferrydun, Fibonacci, Frut, Gerbil, Grauring, Gregor Bert, Gyöni, HaSee, Hanna-Emilia, Hermannthomas, Jahn Henne, Jluebeck, Jpp, Jwdietrich2, Jürgen Engel, Kai-Hendrik, Kyber, Leo.laur, Liberatus, Liele, Luha, MarcoRademacher, Markus Mueller, Mbdortmund, Meffo, Miastko, Mkleine, Nobart, P. Birken, PanchoS, Pelz, Process-jacqueline, Sabine Valipour, Sabria, Sargoth, Schreibkraft, Sdo, Seewolf, Suspekt, Thorsten1, Tmalsburg, Udm, VanGore, Victor Eremita, WAH, WOBE3333, Wissling, Wollumination, Wst, €pa, 43 anonyme Bearbeitungen

Rekursion *Quelle*: http://de.wikipedia.org/w/index.php?oldid=76386733 *Bearbeiter*: Aka, Akribix, AlfonsGeser, Alhami, Andreas S., Arved, Bananeweizen, Ben-Zin, C-M, Chatter, ChristianErtl, Christianju, Complex, Conversion script, Daniel AT, DanielDüsentrieb, Darkone, Das emm, David Sallaberger, DavidDerGroße, Dbenzhuser, DerHexer, Dontworry, Duesentrieb, EKKi, Eehmke, Engie, Fgb, Flingeflung, Flo 1, FlorianB, Flups, Fomafix, FutureCrash, GGShinobi, Geist, der stets verneint, Georg-Johann, Gerhardvalentin, Gohnarch, Gorgo, Guenson, H-P, HaSee, Hajo Keffer, Hanfried.lenz, Harfenmusik, Hasufel, He3nry, Head, Hermannthomas, Hmilch, Ifrost, Inkowik32, JakobVoss, Jesi, Jivee Blau, Jobu0101, Jschlosser, Jörny, Kinley, KleinKlio, LiLiuS, Lustiger seth, MAF-Soft, MGla, Manorainjan, Martin Sebastian Panzer, Mathias Schindler, Matrixx, Matt1971, Matthias Görgens, Matthäus Wander, Matze12, Media lib,

Memset, Mnh, Nb, Nd, NeoUrfahraner, Nerd, Onee, Ot, PDD, Pendulin, Peter200, PhilipErdös, Philipendula, PhilippWeissenbacher, Planegger, Pm, Polarlys, Primus von Quack, Proxima, Querverplänkler, Ragalla, Rat, Reaper35, RobertMichel, Rohieb, RokerHRO, S.Didam, Sallynase, Sansculotte, Scorpion2211, Seewolf, Semper, Sinn, SirJective, Smurf, Snert, SnowCrash, Sparti, Staro1, Stefan Birkner, Sten Seifert, Stern, Succu, Taxiarchos228, Thepro, Thomas Schultz, Thomas Willerich, Thornard, Tipoli, Trg, Trockenfisch, Tsor, WAH, WIKImaniac, Westiandi, Wicket, Wiegels, Wiska Bodo, WissensDürster, Wolfgang1018, YMS, YourEyesOnly, Zeitblom, Zeno Gantner, ZiliX, 251 anonyme Bearbeitungen

Chaosforschung *Quelle*: http://de.wikipedia.org/w/index.php?oldid=76255023 *Bearbeiter*: 08-15, 0dysseus, 1000, 132-180, Acf, Ahellwig, Aka, Amtiss, Andy king50, Anneke Wolf, Artemisia, Avoided, Babucke, Balu16, Ben-Oni, Bernd vdB, BlackNite, Bodo Sperling, Boehm, Brisbard, Brmf, Ca$e, Cami de Son Duc, Celly, ChristophDemmer, Claude J, Complex, Cottbus, Crux, D, Damohasi, Das Volk, Der Burgstädter, DerHexer, Diftong, Doc z, Dundak, Eclipse, Elasto, Fenice, Fgb, Fibonacci, Finlai, Frankopreusse, FreakingOut, FriedhelmW, Frog23, Gauner 1, Geos, Gerbil, Gerd Taddicken, Gerhardvalentin, Gerold Broser, Ghw, Gravitophoton, Gurt, HaSee, HaeB, Hafenbar, Hao Xi, Hati, Heinzkoch, Helene B-G, Herbert Eppler, Hob Gadling, Ignitor, Inschanör, JaynFM, Jergen, Jesi, Juergenhirschinger, Juesch, Jwdietrich2, KaiMartin, Karl Bednarik, Karl-Henner, Katharina, Kku, LC, LKD, Lederadler, Luha, Lusile, MH, Marcus Cyron, Martin Bahmann, Martin Rasmussen, Martin-vogel, Mdangers, Mnh, Moneo, Mudd1, Myr, Na204, Nachtagent, Nagy+, Neuer Benutzer 521, Nightstalker, Nikkis, Olaf Simons, Onkel74, P. Birken, Parka Lewis, Peymanpi, Pfalzfrank, Philipp Wetzlar, Pilawa, PolygonCat, Proxima, Querverplänkler, Quintero, RPI, Rainer Nase, Reinhard Kraasch, Reseka, Rufus46, Schewek, Schlurcher, Schuermann, Schwefel, Sinn, Slartidan, Slashdot, Small Axe, Sommerstoffel, Spuk968, SteFre, Stefan Birkner, Stefan Kühn, Stern, Superplus, Tafkas, Tango8, Taxiarchos228, Thomas G. Graf, TobiasKlaus, Traroth, TruebadiX, Tönjes, UvM, VictorAnyakin, Video2005, WAH, WalterGroeh, WikipediaMaster, Wipape, Wolfgangbeyer, Wolfix1, Wrzlprmft, Zeno Gantner, Zumbo, 250 anonyme Bearbeitungen

Künstliches Leben *Quelle*: http://de.wikipedia.org/w/index.php?oldid=76812503 *Bearbeiter*: Achim Raschka, Aka, Arbol01, Basicer01, Besserwisserhochdrei, Bierdimpfl, Bitsandbytes, ChristophDemmer, David Ludwig, Dittrich, Elektronenbändiger, Elvis untot, Ercas, Flominator, Gerbil, HaSee, Harro von Wuff, He3nry, Jpp, Juesch, Karl-Henner, Karsten88, Kku, Kölscher Pitter, Mario23, Mathias Schindler, Mkill, Mnh, Nina, Onee, PolygonCat, Primus von Quack, Redwoodseed, Reinhard Kraasch, Rfc, Rho, Rosebud23, S.ludwig, Schewek, Seriousness, Solphusion, Sstoffel, Stefan Kühn, Stylor, Sunbreaker, Tango8, The basicer, Trustable, Untitled, Urizen, Viciarg, Wiegels, Wladmeister, Zahnstein, Zinnmann, Arhus, 50 anonyme Bearbeitungen

Zellulärer Automat *Quelle*: http://de.wikipedia.org/w/index.php?oldid=74869117 *Bearbeiter*: AlterVista, Bernd vdB, Boehm, BuSchu, Christian1985, ChristophDemmer, DMKE, Elian, Elvis untot, Falk Lieder, Fh, Frakturfreund, Gunnar.kaestle, Hubi, Ifrost, Joystick, Kam Solusar, Karl Bednarik, Kku, Koraktor, Kotasik, Mikue, Mkill, Mosmas, Muck31, P. Birken, Panzerknacker, Peter200, PhilippWeissenbacher, Proxima, Raymond, Rotkaeppchen68, Rrdd, Rufus46, SequereMe, Siehe-auch-Löscher, Simon Krahnke, Skrrytch, Stern, Stummvoll, Superplus, Tsor, U.jes, Wiegels, Wirthi, YourEyesOnly, 初音みっくす, 55 anonyme Bearbeitungen

Conways Spiel des Lebens *Quelle*: http://de.wikipedia.org/w/index.php?oldid=75954191 *Bearbeiter*: *Bytewurm, 790, Aka, AlfonsGeser, Alma, AlterVista, Amatek, Androl, Arbol01, Avatar, BLueFiSH.as, Baikonur, Batrox, Bernhard55, Blinry, CaZeRillo, Cholo Aleman, Chrisha, CommonsDelinker, Conny, Cweiske, Darkking3, Der Lange, DevSolar, DickHuuhn, DownAnUp, Elborn, Elvis untot, Faxel, FelixReimann, Flominator, Florian Adler, Fschoenm, Fxp, G.kunter, Garak76, Gorwin, Grim.fandango, Gruftelfe, HRoestTypo, HaSee, Hati, He3nry, Hobelbruder, Hubi, Itangast, Jknabe, Johannes Mockenhaupt, Jowereit, Jpp, KGF, Kaisersoft, Karl Bednarik, Karl-Henner, Kevinin, KlausJank, Knopfkind, Korelstar, Kulmbacher, Kungfuman, MGla, Martin Bahmann, Matze12, Merlin G., Mideg, Mihi, Mijozi, Mikue, Mitja, Mkill, Mps, Nils-Hero, Nivram, Nobart, NobbiP, Olliminatore, Omnibrain, Peng, Peter200, PeterZF, PhilippWeissenbacher, Phulab, Polluks, PolygonCat, Priwo, Proxima, Purodha, Rat, Rohieb, RokerHRO, SK-Genius, Scherben, Schewek, Schmiddtchen, Snoyes, Staro1, Stauba, Stay cool, Stern, Stummvoll, Supermartl, Tambora, Tarquin, Thomas Arnhold, Tilo Körner, Timmy, Tobias Bergemann, Tsor, Ussschrotti, Uwe Gille, Wiegels, Wrtlprnft, XMarten, XRay, Zahnstein, Zaungast, Zinnmann, Zollernalb, 169 anonyme Bearbeitungen

Ameise (Turingmaschine) *Quelle*: http://de.wikipedia.org/w/index.php?oldid=73894755 *Bearbeiter*: Adrian Bunk, Andim, Arbol01, Bfx0, Carbenium, Erkan Yilmaz, Fab, Faxel, Fgb, Head, Hjaekel, Janschaefer, Karl Bednarik, Kku, Korelstar, Kotasik, Larf, Leopold, Luiscantero, Mkill, Mosmas, Phrood, PolygonCat, Regi51, Ribo, RokerHRO, Stefan Birkner, Superplus, Valand, Waterborough, Wschroedter, 22 anonyme Bearbeitungen

Wator *Quelle*: http://de.wikipedia.org/w/index.php?oldid=57157290 *Bearbeiter*: *-Martin, Ahellwig, Arbol01, Aths, DasBee, Duesentrieb, Eclipse, Elvis untot, Erdhummel, Faxel, Geiserich77, Georg Peter, HaSee, Hyugens, Jknabe, Kku, Kolossos, Korelstar, LKD, Lichtkind, PhilFry, Priwo, Purodha, RobertLechner, WStephan, WortUmBruch, Zwergenkönig, 27 anonyme Bearbeitungen

Langton-Schleife *Quelle*: http://de.wikipedia.org/w/index.php?oldid=61007888 *Bearbeiter*: AHZ, Mosmas, Sargoth, YMS, 1 anonyme Bearbeitungen

Schwarmverhalten *Quelle*: http://de.wikipedia.org/w/index.php?oldid=76973487 *Bearbeiter*: .Mag, Achim Raschka, Ahellwig, Aka, Buchling, Chpfeiffer, ChristophDemmer, Countbela666, Geaster, Gerbil, Guidod, Jesi, Jürgen Engel, Kku, LKD, Lichtkind, Lyzzy, Michaillenhaus, Ocrho, Olbertz, Peng, Raphael Frey, Rufus46, Schwatzwutz, Seewolf, Sparti, Spuk968, Stefanbcn, ThKraft, Uwe Rumberg, Arhus, 24 anonyme Bearbeitungen

Kollektive Intelligenz *Quelle*: http://de.wikipedia.org/w/index.php?oldid=77004305 *Bearbeiter*: Abubiju, Aka, Allesmüller, Anaxo, AndreasSchelske, Anima, Antje 65, Athenchen, Avoided, Baumfreund-FFM, Ben Ben, Bitsandbytes, Bremser, Bronko, Carbenium, Carl Steinbeißer, ChristophDemmer, DasBee, Dexterinus, Don Magnifico, Felix Stember, Filterraum, FlorianB, Frank Oleschko, Gastreferenten, Georg-Johann, Gerbil, Gnu1742, Gravitophoton, Grotesk und lächerlich, Hao Xi, Herrick, Huerdentaenzerin, Ijbond, JakobVoss, Jeanpol, Jkbw, Jorma, Jón, KaPe, Kai-Hendrik, Kku, Kollektive Intelligenz in der Wikipedia, Konrad F., Krawi, Kurt Jansson, L3XLoGiC, LKD, Landschof, Mboehmer, Michaelk, Michi.bo, Millbart, Mtree80, Muck31, Mueslifix, Naddy, Onkelkoeln, Ot, Parhamer, PortoAlegre, Radulf, Rainbowfish, Rainer Volck, Redecke, Regi51, RichardHeigl, S1, Schreibkraft, Schwarmintelligenz oder Herdengeblöke, Semper, Siebzehnwolkenfrei, Sirdon, Stalefish, Stefan Kühn, TaHan, ThePeritus, Themistokles1984, Theredmonkey, Thomas Gebel, TomK32, Torvikal, Tower of Orthanc, Trublu, Ulrichlberer, Uranus95, Ute Erb, Uwe Gille, Wiska Bodo, Zaphiro, Zollernalb, €pa, 78 anonyme Bearbeitungen

Supraleiter *Quelle*: http://de.wikipedia.org/w/index.php?oldid=77111684 *Bearbeiter*: 45054, 5ink4r, Adelpine, Afoken, Aka, Andelfrh, Andre Engels, Andreas 06, AndreasB, Androl, Andyg, Anhi, Anne m, Atosch, BKSlink, Barbarossa, Ben-Oni, Benzh, Biezl, Bjb, Björn Bornhöft, Blaubahn, Blaufisch, Boehm, Bsmuc64, Cepheiden, Charmbolzen, Chemiewikibm, ChristophDemmer, Cjesch, Claude J, Cornholio, Crusoe, DaMafia, DanielIIC, Danubius, Dapete, Darian, Das .:X, DerHexer, DerPionier, Diba, Don Quichote, Dopefish86, Dr Meissner, Dr.cueppers, Dundak, ElBundee, Engie, Ephraim33, Epix, Erik Streb, Eschenmoser, Fedoseew, Fluffythekitten, Fraktalflunder, Fristu, Fuenfundachtzig, GNosis, Gaston, Gerhardvalentin, Giftmischer, Gravitophoton, Gurt, HaSee, HaeB, HahnChristoph, Head, Hendrik L. A., Herbertweidner, Hermannthomas, Hgulf, Hhoffmann, Howwi, Hydro, Igrimm12, Ilmstud, Itti, JFKCom, Jergen, Jkbw, Jkrieger, Jmsanta, JoBa2282, Jpp, Jsgermany, Kaisersoft, Karl Gruber, Karl-Henner, KarlKappe, Kku, Kohl, Krawi, Kristjan, Kurt Jansson, LaKaMO, Lekthor, Leyo, Lilleskut, Löschfix, MaBoehm, Mafeu, Mandavi, MarianSz, Mario23, MarsmanRom, Martin-vogel, Matrixminder, Matt1971, Maxus96, Meier99, Mevsfotw, Mialgo, MichaelSchoenitzer, MichiK, Mipago, Mlohr, Moritz Saabel, MorteSteinhorst, Mwka, Nankea, Nd, Nerdi, Nicolas.pepping, Nicouh, Night Ink, Nikkis, Nockel12, OZ, Olei, Oreg, Ot, OutdoorFEX, PaulTTS, Pediadeep, Pelz, Per aspera ad Astra, Peter nussbaumer, Petsch, Pion, Pjacobi, Plusminus, Polariton, Proxima, Queryzo, Ra'ike, Rdb, Rjh, Robb, RokerHRO, STBR, Sa-se, Saavek47, Schewek, Schlurcher, Schusch, Schwalbe, Seb.froh, Sebesta, Septembermorgen, Sgbeer, Sinn, Spawn Avatar, Spjoe, Spuk968, Srbauer, Staro1, Stefan Kühn, StefanPohl, Stern, Succu, Suspekt, TAXman, TB42, Tali, Taxiarchos228, TheUDF, Tidefighter, Tigerente, Tilla, Tintenquax, Tobi B., Tobiask, TomK32, Traroth, Tsor, Tönjes, Ueli, UntilWhen, UvM, Uwe W., VanGore, Vario, Vorrauslöscher, WAH, WIKImaniac, Wangen, Webster12, WikiJourney, Wikipediaphil, Wimox, Witten, Wolfgang H., Xellos, Xls, Yahp, YourEyesOnly, Zahnstein, °, 304 anonyme Bearbeitungen

Kristall *Quelle*: http://de.wikipedia.org/w/index.php?oldid=77177474 *Bearbeiter*: 790, Ads, Aglarech, Alexander Z., Amaasbier, Ben-Zin, Björn Bornhöft, Bricktop1, Brudersohn, Ce2, Chd, Chrischan, ChristianGlaeser, Christoffel, Commander.White, Conversion script, Crux, D, Deepwave, Del45, DerHexer, Diba, Don Magnifico, El, Eppers, ErikDunsing, Euku, Fedi, Flominator, Fomnkie, Haruspex, Henward, Howwi, Hydro, IGEL, Informatiker, Itta, Jdiemer, Jetti.van.wook, Juesch, KaPe, Kai11, Kam Solusar, Karl-Henner, Kku, Kolossos, Krawi, Kurmis, LKD, Leyo, Littl, MaRoKa, MarianSz, Martin-vogel, Meister-Mini, Mineraloge, Mnh, Muck123, Muck31, OB-LA-DI, Obersachse, Odyssee, Peter200, Peterlustig, Pfalzfrank, Philipendula, Pit, Pittimann, Polluks, Proxima, Pstaudt-fischbach, Ra'ike, RacoonyRE, Regi51, Rho, Robert Huber, Romanm, Rupert Pupkin, STBR, Saperaud, Sbaitz, Schewek, Schpoe, Schusch, Schwalbe, Sechmet, Small Axe, Solid State, Spuk968, Stefan Kühn, Terabyte, Thomasgl, Tim Pritlove, Tuck, Ulrich.fuchs, UvM, Vulkan, WAH, Wickie, Wst, Wurzeldrei, Youandme, €pa, 140 anonyme Bearbeitungen

Schnee *Quelle*: http://de.wikipedia.org/w/index.php?oldid=77002053 *Bearbeiter*: 24-online, 4tilden, AF666, Aaaah, Achim Raschka, Agadez, Aineias, Aka, Aki52, AlexanderG, Allesmüller, Andreas-Meile, AndreasPraefcke, Anneke Wolf, Apomet, Arcticthom, Ardo Beltz, Armin P., ArtMechanic, Avoided, BK, Bautsch, Bdk, Bebilderer, Ben-Zin, Bertonymus, Bigbug21, Birke:, Bodhisattva, Boemmels, Bsmuc64, Bukk, Ca2dy, Cactus26, Ce, Chaoswind, Cholo Aleman, Chriki, Christian Gawron, ChristophDemmer, Cinymini, Complex, Contributor, Crux, Curtis Newton, D, Dachris, DasBee, Denis Barthel, DerHexer, Diba, Diebu, Dinah, Donalbein, Dontworry, Dreadn, Duesi, El., Elya, Engie, Erik Streb, Euphoriceyes, Eynre, FEXX, Felix), Flominator, Florian Adler, Florian.b, Flothi, FriedhelmW, FritzG, Frosty79, Fubar, Fullhouse, Garnichtsoeinfach, Georg-Johann, Gerd Taddicken, Gerry1976, Gerry1987, Giftmischer, Giga-cooperation, Glenn,

Gnu1742, H0tte, HAL Neuntausend, HV, HaeB, Halbarath, Hati, He3nry, Hedwig Storch, HenrikHolke, Herrick, Hi-Lo, Hoheit, Hubertl, Hutschi, Ikonos, Isderion, Itu, Ixitixel, JCS, JHeuser, JKS, Jackalope, Jcg2006, Joenu13, JohannWalter, Jsgermany, JuTa, Juesch, Justsail, Jörg Knappen, KaHe, Kai11, Kaisersoft, Karl-Henner, Kibert, Kickof, Kiker99, Klaus Dedekind, Klemen Kocjancic, Klever, Knoerz, Krischan111, Kubrick, Kulac, LKD, Lammy, Lee2702, LemiNW, LivingShadow, Logograph, Lukas Grossmann, Manuel Krüger-Krusche, Marco Krohn, MarkusHagenlocher, Martin Bahmann, Martin-vogel, Matt1971, MatthiasKabel, Matthäus Wander, Matze6587, Maxb88, McFred, McKarri, Media lib, Micha es, Mikue, Miralf, Mlucan, Moino, MovGP0, Mps, MusterTapete, Nagy+, Nephelin, Nerdi, Nicolas G., Nicolas17, Nicor, Nikkis, Normalo, Oberfoerster, Olei, Ordnung, Ot, PCMinator, Pacogo7, PaulBommel, Peng, Peter200, PhHertzog, PhJ, Philipendula, PhilippWeissenbacher, Phrood, Prolineserver, Qwerrewq, Qwert2364, R.sponsel, Radionaut, Regi51, Richardfabi, Robert M., RobertLechner, Roo1812, Rorkhete, Rumpenisse, S.Didam, S1, Saehrimnir, Salino01, Saperaud, Schlesinger, Schlurcher, Schniggendiller, SebastianWilken, Seewolf, Sese Ingolstadt, Sicherlich, Siehe-auch-Löscher, Siid, SilP, Sinn, Sir, Smial, Solid State, Spuk968, Srbauer, Stefan Kühn, Stefan h, Störfix, Suedwand, Sunsurf, SupermanXXL, Superplus, Suricata, T.a.k., Tafkas, Talaris, Taxiarchos228, The weaver, TheNoOne, Theonlytruth, Thomas Schultz, Thorbjoern, Timk70, Tinti, Titeuf, Tobias1983, Tomtom01, Tracer Bullet, Trainspotter, Trg, Tsor, Ttbya, Turowski, Tönjes, UW, Ulli Storck, Und es geht doch, Unke78, VerwaisterArtikel, Vlado, Voevoda, Vulture, W!B:, WAH, Wiesenberger, Wiki-piet, WikiNick, Wikoli, Wilske, Wolfgang H., Wst, Wurzeldrei, Xeph, YourEyesOnly, Zaphiro, Zement, Zerohund, Zollernalb, 282 anonyme Bearbeitungen

Kosmologie *Quelle*: http://de.wikipedia.org/w/index.php?oldid=76361524 *Bearbeiter*: Aconcagua, Aka, Allander, Anaxo, Andys, Anhi, Arno Matthias, As0607, Astrognom, Baldhur, Baumfreund-FFM, Ben-Zin, Bender235, Bugert, CFT, Ca$e, Calma, Chaddy, Christian Rettenegger, ChristianBier, ChristophDemmer, Claude J, Conversion script, CorvinZahn, Darkone, DasBee, Demonax, Dj701, Dkoelle, Doedeldu, Dr. Plutta, Dr. med. Ieval, Duschgeldrache2, EdvonSchleck, El, Epo, ErikDunsing, Fishroot, Flominator, Frank Dietmar, Geitost, Geos, Gerhardvalentin, Gohnarch, Gravitophoton, HAL Neuntausend, HaSee, Hablu, Hafenbar, Howwi, Hutschi, Hydro, Internetcafe, Jcl365, Jesusfreund, Jivee Blau, KaiMartin, Karl-Henner, Keichwa, Kibert, Kku, Kuebi, Kurmis, Kurt Jansson, Linksfuss, Lotse, Lupussy, MAY, Maieronfire, Marilyn.hanson, Markus Mueller, Martin Rasmussen, Masegand, Matthead, Matzematik, Maya, Mazbln, Mckuckuck, Media lib, Mikue, Muck31, Na23k6, Nameless, NebMaatRe, Neitram, NiTenIchiRyu, NikolaiThoma, Nolispanmo, Nwabueze, Odin, ParaDox, Pittimann, Pjacobi, Pkn, Port(u*o)s, Proofreader, Pygmalion, Radulf, Rbickel, Redox, Revvar, Rivi, S, SITCK, SNAFU, STBR, Schewek, Sendker, Sicherlich, Siehe-auch-Löscher, Sigune, Stechlin, StefanC, SuMMon.KuLT, Szs, TammoSeppelt, Tff, Tsor, Victor Eremita, Widescreen, Wiegels, Wikipediaphil, Wissen, Wolfgangbeyer, Wrongfilter, Zeno Gantner, Znarf, Zumbo, Zwikki, 121 anonyme Bearbeitungen

Urknall *Quelle*: http://de.wikipedia.org/w/index.php?oldid=77128833 *Bearbeiter*: 7Pinguine, Acetobacter, Achim Raschka, Aconcagua, Ai, Aka, AlexR, Alkuin, Alter Sockemann, Amrhingar, Amtiss, AndyNE, Arnulf zu Linden, As0607, Aschrage, Atomos, BAldenhoevel, Ben-Zin, Berndt Meyer, Bernhard-h, Bernhard55, BitterMan, Bjoekeldude, Blaubahn, Bodo Sperling, Calibrator, CdaMVvWgS, Cheesus, ChristianBier, ChristophDemmer, Church of emacs, Complex, Connolly, Conversion script, CorvinZahn, Cosine, Crux, Ctapken, D, DEr devil, DaB., Dackel-Dieter, Darkone, DasBee, Datterich, David Sallaberger, DerHexer, Diba, Diesterne, Doc Sleeve, Don Magnifico, Ds-Mad-H, Dundak, Ed dellian, Eike sauer, ElRaki, Engie, Ephraim33, Epix, Etagenklo, Felix Stember, Fladi, Fmrauch, Franz Halac, Friedrichheinz, Fristu, FritzG, Frumpy, Fursh, Geos, Gerbil, Gereon K., Gilliamjf, Gohnarch, Guety, Gundvienna, Gustavf, HAL Neuntausend, Hagbard, HannesH, HansCastorp, Hapro, He3nry, Head, Herbertweidner, Herr Th., HighdrowJCD, Horst Frank, Hubertl, Hve, Ijbond, Il Stregone, Isderion, Itsmine, Iwoelbern, Jahn Henne, JamesP, Jed, Jergen, Jesusfreund, Jockl1979, Jofi, John Eff, Juergen86, Juesch, Julius1990, Jörny, K.R., Kai11, KaiMartin, Kam Solusar, Karl-Henner, Kdwnv, Kein Einstein, Kipala, Kku, Knt, Korinth, Krawi, Krido, Kubi, Leipnizkeks, Letdemsay, Leumar01, Linkchecker BR, Livajo, Lotse, Luensche, M.L, Maggot, Majestic6, Maradona01, Markus Mueller, Martin-vogel, Matt1971, Matt314, Matzematik, Maya, Meile, Moonspell, MrTux, Mw, My name, Nd, Necrosausage, Neitram, Nina, Nopherox, Numbo3, Odin, Ot, Pendulin, Per aspera ad Astra, Peter200, Peterlustig, Philipendula, Pikarl, Pill, Pit, Pjacobi, Plenz, Rainald62, Rat, Reviczky, Revvar, Ri st, Rilegator, Rivi, RokerHRO, Roland Kaufmann, Roo1812, Rosa Schlagfertig, Rtc, Rufus46, Rvaas, Rwild, S. Geruhn, S1, STBR, Schewek, Schmiddtchen, SchroedingersKatze, Scrutator0909, Sebs, Sewa, Simon-Martin, Sinn, Sjanzon, Soultcer, Stefan, Stefan64, StefanPohl, Steffen Löwe Gera, StephanKetz, Stern, Steschke, StollenTroll, SuperHuNd, Syrcro, Szs, TDF, Tafkas, Takauji, Tengai, ThomW, Thorbjoern, Tigaente, Till.niermann, Tinz, Tischbeinahe, Tobi B., Tschäfer, Turrano, Uhle, Ulz, Unscheinbar, Unukorno, Unyxos, Vorrauslöscher, Vulkan, WStephan, Wally, Webkid, Widescreen, Wiggum, Wikigerman, Wikipediaphil, Wikischreck, Winona Ryder, Wisi, Wissen, Witwe Bolte, Wolfgang Deppert, Wolfgang1018, Wolfgangbeyer, Wolli-j, Wrongfilter, XJamRastafire, YourEyesOnly, Zapyon, Ziko, Znarf, Zoelomat, Zumbo, Zwikki, АнтиХрист, 376 anonyme Bearbeitungen

Evolution *Quelle*: http://de.wikipedia.org/w/index.php?oldid=77144169 *Bearbeiter*: 01x445, A.Giacometti, Accipiter, Aglarech, Aka, AlexTornado, Allander, Amatek, Anderelinks, Andim, AndreasE, Androl, AntiBMH, Arbeo, Ayacop, BK-Master, Babeuf, Bene16, Bernd.Brincken, Boronian, Brakbekl, Brauke, Braveheart, Brummfuss, Bsmuc64, BuSchu, Bubo bubo, C.Löser, CHNB, Callidior, Candid Dauth, Carbenium, Cartinal, Chadmull, Chatter, Chb, ChrisHamburg, Chrisfrenzel, Christianw, ChristophDemmer, CommonsDelinker, Complex, Conny, D, DEr devil, Darwin upheaval, DasBee, Dasichs, Denkendermensch, DerHexer, Diba, Doudo, Dr. Strangelove, Drahkrub, Dreaven3, Dundalk, E.Gilgamesch, E.K., EVoluzzer, Ekab, ElRaki, Eliskases, Engeser, ErikDunsing, Fah, Fex80, Fischkopp, Fit, Fkoch, Flo7, Flominator, Fmrauch, FordPrefect42, Fristu, Fritz Händel, Furfur, G-C, GLGermann, Gamma, Gardini, Gerbil, Gerhardvalentin, Gilliamjf, Gleiberg, Gorp, Grey Geezer, Griensteidl, Gum'Mib'Aer, HaeB, Hannes Röst, Hans Dunkelberg, HansSch, Haplochromis, Hati, He3nry, Heinte, Hendrik Brummermann, HenrikHolke, Hey Ian, Hildegund, Hob Gadling, HostaMadosta, Hubertl, JD, Jahn Henne, Jan Apel, Janus von Abaton, Jazzman, Jbo166, Jklö, JoShi, Johannes-Friedrich, Judit Franke, JuliaOnline, K.atarina.w, Kalumet, Katharina, Klaus2569, Kriddl, Kursch, LKD, Lennart Spitzner, Lennert B, Lermontov, Lightmare, Louis88, Lämpel, M3ax, MGR, Markus Mueller, Martin-vogel, Mathias Schindler, Merops, Michael Blume, Mijobe, Miriel, MoreInput, Mr.checker, Mulmi, MySalsa, Necrophorus, Neils, Nepenthes, Nina, Numbo3, Olaf Studt, Onee, Panci, PeeCee, Pendulin, Peter200, Pfalzfrank, Pharaoh han, Philipendula, Phrood, Pinguin.tk, Pjotr morgen, Polarlys, Polluxx, Presse03, R m, Ra'ike, Rax, Reafdaw, Regani, Retter der nation, Ri st, RobertLechner, Rrdd, Rtc, STBR, Saibo, Samsara, Schönitzer, Sec11, Seewolf, ShoAn, Sicherlich, Sinn, SirJective, Skriptor, Southpark, Spid, Srbauer, Stauffen, Staycoolandbegood, Stern, Succu, Sumpf, Syrcro, TAXman, Tafkas, Tesseraktierer, TheTruth90, Thomas Dancker, Thornard, Ticarbon, Tinz, Tischbeinahe, TomCatX, Trilo, Ts85, Tsor, Tzeh, Tönjes, Umweltschützen, Unscheinbar, Ureinwohner, Uwe Gille, Ventus55, Vigilius, WAH, WOBE3333, Wheelz, Wiegels, Wiggum, WikiMax, Wikipediaphil, WilliamTh, Wirthi, Wissen, Woffie, Wolfgang Deppert, Wolfgang1018, Wurstendbinder, Yanima, Yikrazuul, YourEyesOnly, Zapyon, Zeno Gantner, Zoelomat, Zwikki, トロール, 224 anonyme Bearbeitungen

7.2. Quellen, Lizenzen und Autoren der Bilder

Datei:Systemarten.png *Quelle*: http://de.wikipedia.org/w/index.php?title=Datei:Systemarten.png *Lizenz*: Creative Commons Attribution-Sharealike 3.0 *Bearbeiter*: User:Grochim
Datei:Störung.jpg *Quelle*: http://de.wikipedia.org/w/index.php?title=Datei:Störung.jpg *Lizenz*: unbekannt *Bearbeiter*: Hati, Leipnizkeks, Pelz
Datei:Steuerung.jpg *Quelle*: http://de.wikipedia.org/w/index.php?title=Datei:Steuerung.jpg *Lizenz*: unbekannt *Bearbeiter*: Benutzer:Bashantaba-1
Datei:Regulation2.jpg *Quelle*: http://de.wikipedia.org/w/index.php?title=Datei:Regulation2.jpg *Lizenz*: unbekannt *Bearbeiter*: Hati, Leipnizkeks
Datei:Regulation.jpg *Quelle*: http://de.wikipedia.org/w/index.php?title=Datei:Regulation.jpg *Lizenz*: unbekannt *Bearbeiter*: Hati, Leipnizkeks
Bild: Evolution.png *Quelle*: http://de.wikipedia.org/w/index.php?title=Datei:Evolution.png *Lizenz*: unbekannt *Bearbeiter*: Benutzer:Hati
Bild:ARNI.png *Quelle*: http://de.wikipedia.org/w/index.php?title=Datei:ARNI.png *Lizenz*: unbekannt *Bearbeiter*: Hati, Lukas0907
Datei:Dune Flickr Rosino December 30 2005 Morocco Africa.jpg *Quelle*: http://de.wikipedia.org/w/index.php?title=Datei:Dune_Flickr_Rosino_December_30_2005_Morocco_Africa.jpg *Lizenz*: Creative Commons Attribution-Sharealike 2.0 *Bearbeiter*: FlickreviewR, Quasipalm, Rmhermen, Uroboros
Datei:OsterhorngruppeGruberalmKuhtritt.jpg *Quelle*: http://de.wikipedia.org/w/index.php?title=Datei:OsterhorngruppeGruberalmKuhtritt.jpg *Lizenz*: Creative Commons Attribution-Sharealike 3.0 *Bearbeiter*: Herzi Pinki
Datei:Rekursion.png *Quelle*: http://de.wikipedia.org/w/index.php?title=Datei:Rekursion.png *Lizenz*: unbekannt *Bearbeiter*: Benutzer:Jobu0101
Datei:Pythagoras_baum_Filled.png *Quelle*: http://de.wikipedia.org/w/index.php?title=Datei:Pythagoras_baum_Filled.png *Lizenz*: Public Domain *Bearbeiter*: D-Kuru, Saperaud
Datei:Mandelbrot set with coloured environment.png *Quelle*: http://de.wikipedia.org/w/index.php?title=Datei:Mandelbrot_set_with_coloured_environment.png *Lizenz*: GNU Free

Documentation License *Bearbeiter*: User:Wolfgangbeyer
Datei:Lorenz system r28 s10 b2-6666.png *Quelle*: http://de.wikipedia.org/w/index.php?title=Datei:Lorenz_system_r28_s10_b2-6666.png *Lizenz*: Public Domain *Bearbeiter*: User:Wikimol
Datei:LogisticMap BifurcationDiagram.png *Quelle*: http://de.wikipedia.org/w/index.php?title=Datei:LogisticMap_BifurcationDiagram.png *Lizenz*: Public Domain *Bearbeiter*: Adam majewski, CiaPan, Darapti, Derlay, Nagy, Oleg Alexandrov, PAR, 2 anonyme Bearbeitungen
Datei:EIDU-9 Wolframs 1-dimensionales Universum.jpg *Quelle*: http://de.wikipedia.org/w/index.php?title=Datei:EIDU-9_Wolframs_1-dimensionales_Universum.jpg *Lizenz*: GNU Free Documentation License *Bearbeiter*: Benutzer:Karl Bednarik
Datei:CA rule110 x400 y200 single.png *Quelle*: http://de.wikipedia.org/w/index.php?title=Datei:CA_rule110_x400_y200_single.png *Lizenz*: GNU Free Documentation License *Bearbeiter*: Benutzer:AlterVista
Datei:CA rule110 x3200 y3200 single.png *Quelle*: http://de.wikipedia.org/w/index.php?title=Datei:CA_rule110_x3200_y3200_single.png *Lizenz*: GNU Free Documentation License *Bearbeiter*: Benutzer:AlterVista
Datei:GameOfLife Glider Animation.gif *Quelle*: http://de.wikipedia.org/w/index.php?title=Datei:GameOfLife_Glider_Animation.gif *Lizenz*: GNU Free Documentation License *Bearbeiter*: Dbenbenn, Duesentrieb, Plugwash
Datei:2g3 stabile.GIF *Quelle*: http://de.wikipedia.org/w/index.php?title=Datei:2g3_stabile.GIF *Lizenz*: GNU Free Documentation License *Bearbeiter*: Benutzer:Arbol01/delink
Datei:2g3 o01.gif *Quelle*: http://de.wikipedia.org/w/index.php?title=Datei:2g3_o01.gif *Lizenz*: GNU Free Documentation License *Bearbeiter*: Benutzer:Arbol01/delink
Datei:G3 unruhe.gif *Quelle*: http://de.wikipedia.org/w/index.php?title=Datei:G3_unruhe.gif *Lizenz*: GNU Free Documentation License *Bearbeiter*: User:Arbol01
Datei:2-3_unruhe.gif *Quelle*: http://de.wikipedia.org/w/index.php?title=Datei:2-3_unruhe.gif *Lizenz*: GNU Free Documentation License *Bearbeiter*: Arbol01, Dbenbenn
Datei:2g3 blinker.gif *Quelle*: http://de.wikipedia.org/w/index.php?title=Datei:2g3_blinker.gif *Lizenz*: GNU Free Documentation License *Bearbeiter*: User:Arbol01
Datei:2g3 2-laser.gif *Quelle*: http://de.wikipedia.org/w/index.php?title=Datei:2g3_2-laser.gif *Lizenz*: GNU Free Documentation License *Bearbeiter*: User:Arbol01
Datei:pulsator.gif *Quelle*: http://de.wikipedia.org/w/index.php?title=Datei:Pulsator.gif *Lizenz*: GNU Free Documentation License *Bearbeiter*: Arbol01, BartekChom, Dbenbenn
Datei:2g3 fontaine.gif *Quelle*: http://de.wikipedia.org/w/index.php?title=Datei:2g3_fontaine.gif *Lizenz*: GNU Free Documentation License *Bearbeiter*: User:Arbol01
Datei:2g3 z5.gif *Quelle*: http://de.wikipedia.org/w/index.php?title=Datei:2g3_z5.gif *Lizenz*: GNU Free Documentation License *Bearbeiter*: Benutzer:Arbol01
Datei:Glider (Conways Spiel des Lebens).gif *Quelle*: http://de.wikipedia.org/w/index.php?title=Datei:Glider_(Conways_Spiel_des_Lebens).gif *Lizenz*: GNU Free Documentation License *Bearbeiter*: Wrtlprnft
Datei:Glider Animation (Conways Spiel des Lebens).gif *Quelle*: http://de.wikipedia.org/w/index.php?title=Datei:Glider_Animation_(Conways_Spiel_des_Lebens).gif *Lizenz*: GNU Free Documentation License *Bearbeiter*: Wrtlprnft
Datei:Lwss.PNG *Quelle*: http://de.wikipedia.org/w/index.php?title=Datei:Lwss.PNG *Lizenz*: unbekannt *Bearbeiter*: Arbol01, Forrester
Datei:Mwss.PNG *Quelle*: http://de.wikipedia.org/w/index.php?title=Datei:Mwss.PNG *Lizenz*: unbekannt *Bearbeiter*: Arbol01, Forrester
Datei:Hwss.PNG *Quelle*: http://de.wikipedia.org/w/index.php?title=Datei:Hwss.PNG *Lizenz*: unbekannt *Bearbeiter*: Arbol01, Forrester
Datei:2g3 segler.gif *Quelle*: http://de.wikipedia.org/w/index.php?title=Datei:2g3_segler.gif *Lizenz*: GNU Free Documentation License *Bearbeiter*: Benutzer:Arbol01
Datei:Game of life U.JPG *Quelle*: http://de.wikipedia.org/w/index.php?title=Datei:Game_of_life_U.JPG *Lizenz*: GNU Free Documentation License *Bearbeiter*: Stummvoll
Datei:Game of life U.gif *Quelle*: http://de.wikipedia.org/w/index.php?title=Datei:Game_of_life_U.gif *Lizenz*: unbekannt *Bearbeiter*: ChristianBier, Jodo, Stummvoll
Datei:R-PENTOM r-Pentomino.jpg *Quelle*: http://de.wikipedia.org/w/index.php?title=Datei:R-PENTOM_r-Pentomino.jpg *Lizenz*: GNU Free Documentation License *Bearbeiter*: Benutzer:Karl Bednarik
Datei:Game of life f pent.gif *Quelle*: http://de.wikipedia.org/w/index.php?title=Datei:Game_of_life_f_pent.gif *Lizenz*: GNU Free Documentation License *Bearbeiter*: Stummvoll
Datei:game of life torus 100 100 1500.gif *Quelle*: http://de.wikipedia.org/w/index.php?title=Datei:Game_of_life_torus_100_100_1500.gif *Lizenz*: GNU Free Documentation License *Bearbeiter*: Benutzer:AlterVista
Datei:CONWAY-3 Glider Gun Glider Eater.gif *Quelle*: http://de.wikipedia.org/w/index.php?title=Datei:CONWAY-3_Glider_Gun_Glider_Eater.gif *Lizenz*: GNU Free Documentation License *Bearbeiter*: Benutzer:Karl Bednarik
Datei:Quadro.PNG *Quelle*: http://de.wikipedia.org/w/index.php?title=Datei:Quadro.PNG *Lizenz*: unbekannt *Bearbeiter*: Arbol01, Forrester
Datei:G3 pedal.gif *Quelle*: http://de.wikipedia.org/w/index.php?title=Datei:G3_pedal.gif *Lizenz*: GNU Free Documentation License *Bearbeiter*: User:Arbol01
Datei:G3 kegel.gif *Quelle*: http://de.wikipedia.org/w/index.php?title=Datei:G3_kegel.gif *Lizenz*: GNU Free Documentation License *Bearbeiter*: User:Arbol01
Datei:G3 strudel.gif *Quelle*: http://de.wikipedia.org/w/index.php?title=Datei:G3_strudel.gif *Lizenz*: GNU Free Documentation License *Bearbeiter*: User:Arbol01
Datei:1g3 pingpong.gif *Quelle*: http://de.wikipedia.org/w/index.php?title=Datei:1g3_pingpong.gif *Lizenz*: GNU Free Documentation License *Bearbeiter*: User:Arbol01
Datei:1g3 o 02.gif *Quelle*: http://de.wikipedia.org/w/index.php?title=Datei:1g3_o_02.gif *Lizenz*: GNU Free Documentation License *Bearbeiter*: User:Arbol01
Datei:PG 13G3.gif *Quelle*: http://de.wikipedia.org/w/index.php?title=Datei:PG_13G3.gif *Lizenz*: GNU Free Documentation License *Bearbeiter*: Stummvoll
Datei:4g3 strange.gif *Quelle*: http://de.wikipedia.org/w/index.php?title=Datei:4g3_strange.gif *Lizenz*: GNU Free Documentation License *Bearbeiter*: Arbol01, Dbenbenn, Duesentrieb, Plugwash
Datei:4g3 frog.gif *Quelle*: http://de.wikipedia.org/w/index.php?title=Datei:4g3_frog.gif *Lizenz*: GNU Free Documentation License *Bearbeiter*: Arbol01, Dbenbenn, Duesentrieb, Ilmari Karonen, Plugwash, Ukko.de
Datei:4g3 o 03.gif *Quelle*: http://de.wikipedia.org/w/index.php?title=Datei:4g3_o_03.gif *Lizenz*: GNU Free Documentation License *Bearbeiter*: Arbol01, Dbenbenn, Duesentrieb, Plugwash
Datei:4g3 o 04.gif *Quelle*: http://de.wikipedia.org/w/index.php?title=Datei:4g3_o_04.gif *Lizenz*: GNU Free Documentation License *Bearbeiter*: Arbol01, Dbenbenn, Duesentrieb, Plugwash
Datei:GOL 35 3 schwimmer.gif *Quelle*: http://de.wikipedia.org/w/index.php?title=Datei:GOL_35_3_schwimmer.gif *Lizenz*: GNU Free Documentation License *Bearbeiter*: Stummvoll
Datei:Segler 5g3.gif *Quelle*: http://de.wikipedia.org/w/index.php?title=Datei:Segler_5g3.gif *Lizenz*: GNU Free Documentation License *Bearbeiter*: Arbol01, Dbenbenn, 1 anonyme Bearbeitungen
Datei:2-3 O1.gif *Quelle*: http://de.wikipedia.org/w/index.php?title=Datei:2-3_O1.gif *Lizenz*: GNU Free Documentation License *Bearbeiter*: Arbol01, Dbenbenn
Datei:2-3 unruhe.gif *Quelle*: http://de.wikipedia.org/w/index.php?title=Datei:2-3_unruhe.gif *Lizenz*: GNU Free Documentation License *Bearbeiter*: Arbol01, Dbenbenn
Datei:17615160.gif *Quelle*: http://de.wikipedia.org/w/index.php?title=Datei:17615160.gif *Lizenz*: GNU Free Documentation License *Bearbeiter*: Stummvoll
Datei:SDL 24G3 Stat1.Gif *Quelle*: http://de.wikipedia.org/w/index.php?title=Datei:SDL_24G3_Stat1.Gif *Lizenz*: GNU Free Documentation License *Bearbeiter*: Stummvoll
Datei:24 3 3.gif *Quelle*: http://de.wikipedia.org/w/index.php?title=Datei:24_3_3.gif *Lizenz*: GNU Free Documentation License *Bearbeiter*: Arbol01, Dbenbenn, Duesentrieb, Ilmari Karonen, Plugwash, Ukko.de
Datei:24 3 1.gif *Quelle*: http://de.wikipedia.org/w/index.php?title=Datei:24_3_1.gif *Lizenz*: GNU Free Documentation License *Bearbeiter*: Arbol01, Dbenbenn, Duesentrieb, Plugwash
Datei:24 3 2.gif *Quelle*: http://de.wikipedia.org/w/index.php?title=Datei:24_3_2.gif *Lizenz*: GNU Free Documentation License *Bearbeiter*: Arbol01, Dbenbenn, Duesentrieb, Plugwash
Datei:O 24-3 4.gif *Quelle*: http://de.wikipedia.org/w/index.php?title=Datei:O_24-3_4.gif *Lizenz*: GNU Free Documentation License *Bearbeiter*: Arbol01, Dbenbenn, Duesentrieb, Plugwash
Datei:24 3 5.gif *Quelle*: http://de.wikipedia.org/w/index.php?title=Datei:24_3_5.gif *Lizenz*: GNU Free Documentation License *Bearbeiter*: Arbol01, Dbenbenn, Duesentrieb, Plugwash
Datei:245-3 O1.gif *Quelle*: http://de.wikipedia.org/w/index.php?title=Datei:245-3_O1.gif *Lizenz*: GNU Free Documentation License *Bearbeiter*: Arbol01, Dbenbenn
Datei:245-3 O2.gif *Quelle*: http://de.wikipedia.org/w/index.php?title=Datei:245-3_O2.gif *Lizenz*: GNU Free Documentation License *Bearbeiter*: Arbol01, Dbenbenn
Datei:245-3 qualle.gif *Quelle*: http://de.wikipedia.org/w/index.php?title=Datei:245-3_qualle.gif *Lizenz*: GNU Free Documentation License *Bearbeiter*: Arbol01, Dbenbenn
Datei:125-36 o1.gif *Quelle*: http://de.wikipedia.org/w/index.php?title=Datei:125-36_o1.gif *Lizenz*: GNU Free Documentation License *Bearbeiter*: Arbol01, Dbenbenn
Datei:125-36 o2.gif *Quelle*: http://de.wikipedia.org/w/index.php?title=Datei:125-36_o2.gif *Lizenz*: GNU Free Documentation License *Bearbeiter*: Arbol01, Dbenbenn
Datei:AMEIHUND Langtons Ameise.png *Quelle*: http://de.wikipedia.org/w/index.php?title=Datei:AMEIHUND_Langtons_Ameise.png *Lizenz*: GNU Free Documentation License

Bearbeiter: User:NH
Bild:Grid fish ge.png *Quelle*: http://de.wikipedia.org/w/index.php?title=Datei:Grid_fish_ge.png *Lizenz*: unbekannt *Bearbeiter*: Eclipse
Bild:Grid shark ge.png *Quelle*: http://de.wikipedia.org/w/index.php?title=Datei:Grid_shark_ge.png *Lizenz*: unbekannt *Bearbeiter*: Eclipse
Bild:Langton Loops after replication.gif *Quelle*: http://de.wikipedia.org/w/index.php?title=Datei:Langton_Loops_after_replication.gif *Lizenz*: Creative Commons Attribution-Sharealike 3.0 *Bearbeiter*: User:Mosmas
Bild:Langton_Loop_legend.gif *Quelle*: http://de.wikipedia.org/w/index.php?title=Datei:Langton_Loop_legend.gif *Lizenz*: Creative Commons Attribution-Sharealike 3.0 *Bearbeiter*: User:Mosmas
Image:Blackbird-sunset-03.jpg *Quelle*: http://de.wikipedia.org/w/index.php?title=Datei:Blackbird-sunset-03.jpg *Lizenz*: Public Domain *Bearbeiter*: Jerry Segraves ()
Image:Fischool without watermark.jpg *Quelle*: http://de.wikipedia.org/w/index.php?title=Datei:Fischool_without_watermark.jpg *Lizenz*: GNU Free Documentation License *Bearbeiter*: Uwe Kils Original uploader was Kils at de.wikipedia Later version(s) were uploaded by Dbenzhuser at de.wikipedia.
Bild:Grus grus flocks.jpg *Quelle*: http://de.wikipedia.org/w/index.php?title=Datei:Grus_grus_flocks.jpg *Lizenz*: Creative Commons Attribution-Sharealike 2.5 *Bearbeiter*: Andreas Trepte
Datei:magnet_4.jpg *Quelle*: http://de.wikipedia.org/w/index.php?title=Datei:Magnet_4.jpg *Lizenz*: GNU Free Documentation License *Bearbeiter*: Andrius.v, ElRaki, Materialscientist, Saperaud, The Evil IP address, Traitor, 4 anonyme Bearbeitungen
File:Stickstoff_gekühlter_Supraleiter_schwebt_über_Dauermagneten_2009-06-21.jpg *Quelle*: http://de.wikipedia.org/w/index.php?title=Datei:Stickstoff_gekühlter_Supraleiter_schwebt_über_Dauermagneten_2009-06-21.jpg *Lizenz*: GNU Free Documentation License *Bearbeiter*: User:Wimox
Datei:SuperconductingMagnet.jpg *Quelle*: http://de.wikipedia.org/w/index.php?title=Datei:SuperconductingMagnet.jpg *Lizenz*: GNU General Public License *Bearbeiter*: 555, Chetvorno, Karelj, Mkotl
Datei:Desy tesla cavity01.jpg *Quelle*: http://de.wikipedia.org/w/index.php?title=Datei:Desy_tesla_cavity01.jpg *Lizenz*: GNU Free Documentation License *Bearbeiter*: Original uploader was Msgmsg at de.wikipedia
Datei:SQUID de.png *Quelle*: http://de.wikipedia.org/w/index.php?title=Datei:SQUID_de.png *Lizenz*: unbekannt *Bearbeiter*: Herbertweidner 15:46, 24. Mai 2008 (CEST)
File:SupraTrans Superaleitende Magnetschwebebahn IFW Dresden 2009-06-21.jpg *Quelle*: http://de.wikipedia.org/w/index.php?title=Datei:SupraTrans_Superaleitende_Magnetschwebebahn_IFW_Dresden_2009-06-21.jpg *Lizenz*: Creative Commons Attribution-Sharealike 3.0 *Bearbeiter*: User:Wimox
Image:CERN-cables-p1030764.jpg *Quelle*: http://de.wikipedia.org/w/index.php?title=Datei:CERN-cables-p1030764.jpg *Lizenz*: Creative Commons Attribution-Sharealike 2.0 *Bearbeiter*: User:Rama
Bild:NaCl polyhedra.png *Quelle*: http://de.wikipedia.org/w/index.php?title=Datei:NaCl_polyhedra.png *Lizenz*: Public Domain *Bearbeiter*: User:Solid State
Datei:Rock salt crystal.jpg *Quelle*: http://de.wikipedia.org/w/index.php?title=Datei:Rock_salt_crystal.jpg *Lizenz*: Creative Commons Attribution-Sharealike 2.0 *Bearbeiter*: w?odi from Szczecin, Poland
File:Penrose Tiling (P1).svg *Quelle*: http://de.wikipedia.org/w/index.php?title=Datei:Penrose_Tiling_(P1).svg *Lizenz*: Public Domain *Bearbeiter*: User:Inductiveload
Bild:Kristall med.jpg *Quelle*: http://de.wikipedia.org/w/index.php?title=Datei:Kristall_med.jpg *Lizenz*: unbekannt *Bearbeiter*: M. Zellner, Uni KA Original uploader was MaRoKa at de.wikipedia
Bild:Riesenkristall.jpg *Quelle*: http://de.wikipedia.org/w/index.php?title=Datei:Riesenkristall.jpg *Lizenz*: GNU Free Documentation License *Bearbeiter*: Kilom691, Kmarka, 1 anonyme Bearbeitungen
Bild:Quartz - Agateplate, redbrown-white.jpg *Quelle*: http://de.wikipedia.org/w/index.php?title=Datei:Quartz_-_Agateplate,_redbrown-white.jpg *Lizenz*: Creative Commons Attribution-Sharealike 3.0 *Bearbeiter*: User:Ra'ike
Datei:SnowflakesWilsonBentley.jpg *Quelle*: http://de.wikipedia.org/w/index.php?title=Datei:SnowflakesWilsonBentley.jpg *Lizenz*: Public Domain *Bearbeiter*: Wilson Bentley
Datei:Schnee1.jpg *Quelle*: http://de.wikipedia.org/w/index.php?title=Datei:Schnee1.jpg *Lizenz*: Public Domain *Bearbeiter*: Saperaud
Datei:Schnee3.jpg *Quelle*: http://de.wikipedia.org/w/index.php?title=Datei:Schnee3.jpg *Lizenz*: Public Domain *Bearbeiter*: Man vyi, Saperaud
Datei:Schnee2.jpg *Quelle*: http://de.wikipedia.org/w/index.php?title=Datei:Schnee2.jpg *Lizenz*: Public Domain *Bearbeiter*: Saperaud
Datei:LT-SEM snow crystal magnification series-3.jpg *Quelle*: http://de.wikipedia.org/w/index.php?title=Datei:LT-SEM_snow_crystal_magnification_series-3.jpg *Lizenz*: Public Domain *Bearbeiter*: Brian0918, Howcheng, Ranveig, Saperaud, Steff, Tony Wills, Zzyzx11, 1 anonyme Bearbeitungen
Datei:Frischer neuschnee.jpg *Quelle*: http://de.wikipedia.org/w/index.php?title=Datei:Frischer_neuschnee.jpg *Lizenz*: GNU Free Documentation License *Bearbeiter*: Huber Gerhard
Datei:Feldberg-25-02-2009-032.jpg *Quelle*: http://de.wikipedia.org/w/index.php?title=Datei:Feldberg-25-02-2009-032.jpg *Lizenz*: Creative Commons Attribution-Sharealike 3.0 *Bearbeiter*: User:Dontworry
Datei:Rosen im ersten Schnee.jpg *Quelle*: http://de.wikipedia.org/w/index.php?title=Datei:Rosen_im_ersten_Schnee.jpg *Lizenz*: Creative Commons Attribution-Sharealike 3.0 *Bearbeiter*: User:3268zauber
Datei:Venceslao Gennaio Castello Buonconsiglio Trento c1400 detail.jpg *Quelle*: http://de.wikipedia.org/w/index.php?title=Datei:Venceslao_Gennaio_Castello_Buonconsiglio_Trento_c1400_detail.jpg *Lizenz*: unbekannt *Bearbeiter*: AndreasPraefcke, Editor at Large, Sailko, Toto-tarou, Wst
Datei:Schneekristalle2.JPG *Quelle*: http://de.wikipedia.org/w/index.php?title=Datei:Schneekristalle2.JPG *Lizenz*: Creative Commons Attribution-Sharealike 3.0 Germany *Bearbeiter*: McKarri. Original uploader was McKarri at de.wikipedia
Datei:De Revolutionibus manuscript p9b.jpg *Quelle*: http://de.wikipedia.org/w/index.php?title=Datei:De_Revolutionibus_manuscript_p9b.jpg *Lizenz*: Public Domain *Bearbeiter*: DerBart, Grzegorz Petka, Matthead, 1 anonyme Bearbeitungen
Datei:Universe expansion-de.png *Quelle*: http://de.wikipedia.org/w/index.php?title=Datei:Universe_expansion-de.png *Lizenz*: GNU Free Documentation License *Bearbeiter*: Bdamokos, Fcn, Frumpy, Rogilbert
Datei:CMB_Timeline75.jpg *Quelle*: http://de.wikipedia.org/w/index.php?title=Datei:CMB_Timeline75.jpg *Lizenz*: Public Domain *Bearbeiter*: User:Kyle_the_hacker
Bild:COBE cmb fluctuations.gif *Quelle*: http://de.wikipedia.org/w/index.php?title=Datei:COBE_cmb_fluctuations.gif *Lizenz*: Public Domain *Bearbeiter*: The COBE datasets were developed by the NASA Goddard Space Flight Center under the guidance of the COBE Science Working Group.
Datei:Collapsed tree labels simplified.png *Quelle*: http://de.wikipedia.org/w/index.php?title=Datei:Collapsed_tree_labels_simplified.png *Lizenz*: Public Domain *Bearbeiter*: Original uploader was TimVickers at en.wikipedia
Datei:Charles Darwin aged 51.jpg *Quelle*: http://de.wikipedia.org/w/index.php?title=Datei:Charles_Darwin_aged_51.jpg *Lizenz*: Public Domain *Bearbeiter*: Diwas, Fastfission, Infrogmation, Kurpfalzbilder.de, Ragesoss, Ryz, Sandpiper, 5 anonyme Bearbeitungen
Datei:ADN static.png *Quelle*: http://de.wikipedia.org/w/index.php?title=Datei:ADN_static.png *Lizenz*: Public Domain *Bearbeiter*: User:Brian0918
Datei:Peacock.displaying.better.800pix.jpg *Quelle*: http://de.wikipedia.org/w/index.php?title=Datei:Peacock.displaying.better.800pix.jpg *Lizenz*: unbekannt *Bearbeiter*: w:User:ArpingstoneAdrian Pingstone
Datei:Whale_skeleton.png *Quelle*: http://de.wikipedia.org/w/index.php?title=Datei:Whale_skeleton.png *Lizenz*: Public Domain *Bearbeiter*: Meyers Konversionlexikon
Datei:Darwin's finches.jpeg *Quelle*: http://de.wikipedia.org/w/index.php?title=Datei:Darwin's_finches.jpeg *Lizenz*: Public Domain *Bearbeiter*: John Gould (14.Sep.1804 - 3.Feb.1881)

7.3. GNU Free Documentation License (Lizenz)

Wichtiger Hinweis zu den Lizenzen

Die nachfolgenden Lizenzen bezieht sich auf den Artikeltext. Im Artikel gezeigte Bilder und Grafiken können unter einer anderen Lizenz stehen sowie von Autoren erstellt worden sein, die nicht in der Autorenliste erscheinen. Eine Weiterverbreitung kann eine Urheberrechtsverletzung bedeuten.

Creative Commons Attribution-ShareAlike 3.0 Unported - Deed

Diese "Commons Deed" ist lediglich eine vereinfachte Zusammenfassung des rechtsverbindlichen Lizenzvertrages (http:/ / de. wikipedia. org/ wiki/ Wikipedia:Lizenzbestimmungen_Commons_Attribution-ShareAlike_3. 0_Unported) in allgemeinverständlicher Sprache.
Sie dürfen:
• das Werk bzw. den Inhalt **vervielfältigen, verbreiten und öffentlich zugänglich machen**
• **Abwandlungen und Bearbeitungen** des Werkes bzw. Inhaltes anfertigen
Zu den folgenden Bedingungen:
• **Namensnennung** — Sie müssen den Namen des Autors/Rechteinhabers in der von ihm festgelegten Weise nennen.
• **Weitergabe unter gleichen Bedingungen** — Wenn Sie das lizenzierte Werk bzw. den lizenzierten Inhalt bearbeiten, abwandeln oder in anderer Weise erkennbar als Grundlage für eigenes Schaffen verwenden, dürfen Sie die daraufhin neu entstandenen Werke bzw. Inhalte nur unter Verwendung von Lizenzbedingungen weitergeben, die mit denen dieses Lizenzvertrages identisch, vergleichbar oder kompatibel sind.
Wobei gilt:
• **Verzichtserklärung** — Jede der vorgenannten Bedingungen kann aufgehoben werden, sofern Sie die ausdrückliche Einwilligung des Rechteinhabers dazu erhalten.
• **Sonstige Rechte** — Die Lizenz hat keinerlei Einfluss auf die folgenden Rechte:
• Die gesetzlichen Schranken des Urheberrechts und sonstigen Befugnisse zur privaten Nutzung;
• Das Urheberpersönlichkeitsrecht des Rechteinhabers;
• Rechte anderer Personen, entweder am Lizenzgegenstand selber oder bezüglich seiner Verwendung, zum Beispiel Persönlichkeitsrechte abgebildeter Personen.
• **Hinweis** — Im Falle einer Verbreitung müssen Sie anderen alle Lizenzbedingungen mitteilen, die für dieses Werk gelten. Am einfachsten ist es, an entsprechender Stelle einen Link auf http:/ / creativecommons. org/ licenses/ by-sa/ 3. 0/ deed. de einzubinden.
Haftungsbeschränkung
Die „Commons Deed" ist kein Lizenzvertrag. Sie ist lediglich ein Referenztext, der den zugrundeliegenden Lizenzvertrag übersichtlich und in allgemeinverständlicher Sprache, aber auch stark vereinfacht wiedergibt. Die Deed selbst entfaltet keine juristische Wirkung und erscheint im eigentlichen Lizenzvertrag nicht.

GNU Free Documentation License

Version 1.2, November 2002
Copyright (C) 2000,2001,2002 Free Software Foundation, Inc.
51 Franklin St, Fifth Floor, Boston, MA 02110-1301 USA
Everyone is permitted to copy and distribute verbatim copies
of this license document, but changing it is not allowed.

0. PREAMBLE

The purpose of this License is to make a manual, textbook, or other functional and useful document "free" in the sense of freedom: to assure everyone the effective freedom to copy and redistribute it, with or without modifying it, either commercially or noncommercially. Secondarily, this License preserves for the author and publisher a way to get credit for their work, while not being considered responsible for modifications made by others.
This License is a kind of "copyleft", which means that derivative works of the document must themselves be free in the same sense. It complements the GNU General Public License, which is a copyleft license designed for free software.
We have designed this License in order to use it for manuals for free software, because free software needs free documentation: a free program should come with manuals providing the same freedoms that the software does. But this License is not limited to software manuals; it can be used for any textual work, regardless of subject matter or whether it is published as a printed book. We recommend this License principally for works whose purpose is instruction or reference.

1. APPLICABILITY AND DEFINITIONS

This License applies to any manual or other work, in any medium, that contains a notice placed by the copyright holder saying it can be distributed under the terms of this License. Such a notice grants a world-wide, royalty-free license, unlimited in duration, to use that work under the conditions stated herein. The "Document", below, refers to any such manual or work. Any member of the public is a licensee, and is addressed as "you". You accept the license if you copy, modify or distribute the work in a way requiring permission under copyright law.
A "Modified Version" of the Document means any work containing the Document or a portion of it, either copied verbatim, or with modifications and/or translated into another language.
A "Secondary Section" is a named appendix or a front-matter section of the Document that deals exclusively with the relationship of the publishers or authors of the Document to the Document's overall subject (or to related matters) and contains nothing that could fall directly within that overall subject. (Thus, if the Document is in part a textbook of mathematics, a Secondary Section may not explain any mathematics.) The relationship could be a matter of historical connection with the subject or with related matters, or of legal, commercial, philosophical, ethical or political position regarding them.
The "Invariant Sections" are certain Secondary Sections whose titles are designated, as being those of Invariant Sections, in the notice that says that the Document is released under this License. If a section does not fit the above definition of Secondary then it is not allowed to be designated as Invariant. The Document may contain zero Invariant Sections. If the Document does not identify any Invariant Sections then there are none.
The "Cover Texts" are certain short passages of text that are listed, as Front-Cover Texts or Back-Cover Texts, in the notice that says that the Document is released under this License. A Front-Cover Text may be at most 5 words, and a
Back-Cover Text may be at most 25 words.
A "Transparent" copy of the Document means a machine-readable copy, represented in a format whose specification is available to the general public, that is suitable for revising the document straightforwardly with generic text editors or (for images composed of pixels) generic paint programs or (for drawings) some widely available drawing editor, and that is suitable for input to text formatters or for automatic translation to a variety of formats suitable for input to text formatters. A copy made in an otherwise Transparent file format whose markup, or absence of markup, has been arranged to thwart or discourage subsequent modification by readers is not Transparent. An image format is not Transparent if used for any substantial amount of text. A copy that is not "Transparent" is called "Opaque".
Examples of suitable formats for Transparent copies include plain ASCII without markup, Texinfo input format, LaTeX input format, SGML or XML using a publicly available DTD, and standard-conforming simple HTML, PostScript or PDF designed for human modification. Examples of transparent image formats include PNG, XCF and JPG. Opaque formats include proprietary formats that can be read and edited only by proprietary word processors, SGML or XML for which the DTD and/or processing tools are not generally available, and the machine-generated HTML, PostScript or PDF produced by some word processors for output purposes only.
The "Title Page" means, for a printed book, the title page itself, plus such following pages as are needed to hold, legibly, the material this License requires to appear in the title page. For works in formats which do not have any title page as such, "Title Page" means the text near the most prominent appearance of the work's title, preceding the beginning of the body of the text.
A section "Entitled XYZ" means a named subunit of the Document whose title either is precisely XYZ or contains XYZ in parentheses following text that translates XYZ in another language. (Here XYZ stands for a specific section name mentioned below, such as "Acknowledgements", "Dedications", "Endorsements", or "History".) To "Preserve the Title" of such a section when you modify the Document means that it remains a section "Entitled XYZ" according to this definition.
The Document may include Warranty Disclaimers next to the notice which states that this License applies to the Document. These Warranty Disclaimers are considered to be included by reference in this License, but only as regards disclaiming warranties: any other implication that these Warranty Disclaimers may have is void and has no effect on the meaning of this License.

2. VERBATIM COPYING

You may copy and distribute the Document in any medium, either commercially or noncommercially, provided that this License, the copyright notices, and the license notice saying this License applies to the Document are reproduced in all copies, and that you add no other conditions whatsoever to those of this License. You may not use technical measures to obstruct or control the reading or further copying of the copies you make or distribute. However, you may accept compensation in exchange for copies. If you distribute a large enough number of copies you must also follow the conditions in section 3.
You may also lend copies, under the same conditions stated above, and you may publicly display copies.

3. COPYING IN QUANTITY

If you publish printed copies (or copies in media that commonly have printed covers) of the Document, numbering more than 100, and the Document's license notice requires Cover Texts, you must enclose the copies in covers that carry, clearly and legibly, all these Cover Texts: Front-Cover Texts on the front cover, and Back-Cover Texts on the back cover. Both covers must also clearly and legibly identify you as the publisher of these copies. The front cover must present the full title with all words of the title equally prominent and visible. You may add other material on the covers in addition. Copying with changes limited to the covers, as long as they preserve the title of the Document and satisfy these conditions, can be treated as verbatim copying in other respects.
If the required texts for either cover are too voluminous to fit legibly, you should put the first ones listed (as many as fit reasonably) on the actual cover, and continue the rest onto adjacent pages.

If you publish or distribute Opaque copies of the Document numbering more than 100, you must either include a machine-readable Transparent copy along with each Opaque copy, or state in or with each Opaque copy a computer-network location from which the general network-using public has access to download using public-standard network protocols a complete Transparent copy of the Document, free of added material. If you use the latter option, you must take reasonably prudent steps, when you begin distribution of Opaque copies in quantity, to ensure that this Transparent copy will remain thus accessible at the stated location until at least one year after the last time you distribute an Opaque copy (directly or through your agents or retailers) of that edition to the public.
It is requested, but not required, that you contact the authors of the Document well before redistributing any large number of copies, to give them a chance to provide you with an updated version of the Document.

4. MODIFICATIONS

You may copy and distribute a Modified Version of the Document under the conditions of sections 2 and 3 above, provided that you release the Modified Version under precisely this License, with the Modified Version filling the role of the Document, thus licensing distribution and modification of the Modified Version to whoever possesses a copy of it. In addition, you must do these things in the Modified Version:
- **A.** Use in the Title Page (and on the covers, if any) a title distinct from that of the Document, and from those of previous versions (which should, if there were any, be listed in the History section of the Document). You may use the same title as a previous version if the original publisher of that version gives permission.
- **B.** List on the Title Page, as authors, one or more persons or entities responsible for authorship of the modifications in the Modified Version, together with at least five of the principal authors of the Document (all of its principal authors, if it has fewer than five), unless they release you from this requirement.
- **C.** State on the Title page the name of the publisher of the Modified Version, as the publisher.
- **D.** Preserve all the copyright notices of the Document.
- **E.** Add an appropriate copyright notice for your modifications adjacent to the other copyright notices.
- **F.** Include, immediately after the copyright notices, a license notice giving the public permission to use the Modified Version under the terms of this License, in the form shown in the Addendum below.
- **G.** Preserve in that license notice the full lists of Invariant Sections and required Cover Texts given in the Document's license notice.
- **H.** Include an unaltered copy of this License.
- **I.** Preserve the section Entitled "History", Preserve its Title, and add to it an item stating at least the title, year, new authors, and publisher of the Modified Version as given on the Title Page. If there is no section Entitled "History" in the Document, create one stating the title, year, authors, and publisher of the Document as given on its Title Page, then add an item describing the Modified Version as stated in the previous sentence.
- **J.** Preserve the network location, if any, given in the Document for public access to a Transparent copy of the Document, and likewise the network locations given in the Document for previous versions it was based on. These may be placed in the "History" section. You may omit a network location for a work that was published at least four years before the Document itself, or if the original publisher of the version it refers to gives permission.
- **K.** For any section Entitled "Acknowledgements" or "Dedications", Preserve the Title of the section, and preserve in the section all the substance and tone of each of the contributor acknowledgements and/or dedications given therein.
- **L.** Preserve all the Invariant Sections of the Document, unaltered in their text and in their titles. Section numbers or the equivalent are not considered part of the section titles.
- **M.** Delete any section Entitled "Endorsements". Such a section may not be included in the Modified Version.
- **N.** Do not retitle any existing section to be Entitled "Endorsements" or to conflict in title with any Invariant Section.
- **O.** Preserve any Warranty Disclaimers.

If the Modified Version includes new front-matter sections or appendices that qualify as Secondary Sections and contain no material copied from the Document, you may at your option designate some or all of these sections as invariant. To do this, add their titles to the list of Invariant Sections in the Modified Version's license notice. These titles must be distinct from any other section titles.
You may add a section Entitled "Endorsements", provided it contains nothing but endorsements of your Modified Version by various parties--for example, statements of peer review or that the text has been approved by an organization as the authoritative definition of a standard.
You may add a passage of up to five words as a Front-Cover Text, and a passage of up to 25 words as a Back-Cover Text, to the end of the list of Cover Texts in the Modified Version. Only one passage of Front-Cover Text and one of Back-Cover Text may be added by (or through arrangements made by) any one entity. If the Document already includes a cover text for the same cover, previously added by you or by arrangement made by the same entity you are acting on behalf of, you may not add another; but you may replace the old one, on explicit permission from the previous publisher that added the old one.
The author(s) and publisher(s) of the Document do not by this License give permission to use their names for publicity for or to assert or imply endorsement of any Modified Version.

5. COMBINING DOCUMENTS

You may combine the Document with other documents released under this License, under the terms defined in section 4 above for modified versions, provided that you include in the combination all of the Invariant Sections of all of the original documents, unmodified, and list them all as Invariant Sections of your combined work in its license notice, and that you preserve all their Warranty Disclaimers.
The combined work need only contain one copy of this License, and multiple identical Invariant Sections may be replaced with a single copy. If there are multiple Invariant Sections with the same name but different contents, make the title of each such section unique by adding at the end of it, in parentheses, the name of the original author or publisher of that section if known, or else a unique number. Make the same adjustment to the section titles in the list of Invariant Sections in the license notice of the combined work.
In the combination, you must combine any sections Entitled "History" in the various original documents, forming one section Entitled "History"; likewise combine any sections Entitled "Acknowledgements", and any sections Entitled "Dedications". You must delete all sections Entitled "Endorsements".

6. COLLECTIONS OF DOCUMENTS

You may make a collection consisting of the Document and other documents released under this License, and replace the individual copies of this License in the various documents with a single copy that is included in the collection, provided that you follow the rules of this License for verbatim copying of each of the documents in all other respects.
You may extract a single document from such a collection, and distribute it individually under this License, provided you insert a copy of this License into the extracted document, and follow this License in all other respects regarding verbatim copying of that document.

7. AGGREGATION WITH INDEPENDENT WORKS

A compilation of the Document or its derivatives with other separate and independent documents or works, in or on a volume of a storage or distribution medium, is called an "aggregate" if the copyright resulting from the compilation is not used to limit the legal rights of the compilation's users beyond what the individual works permit. When the Document is included in an aggregate, this License does not apply to the other works in the aggregate which are not themselves derivative works of the Document.
If the Cover Text requirement of section 3 is applicable to these copies of the Document, then if the Document is less than one half of the entire aggregate, the Document's Cover Texts may be placed on covers that bracket the Document within the aggregate, or the electronic equivalent of covers if the Document is in electronic form. Otherwise they must appear on printed covers that bracket the whole aggregate.

8. TRANSLATION

Translation is considered a kind of modification, so you may distribute translations of the Document under the terms of section 4. Replacing Invariant Sections with translations requires special permission from their copyright holders, but you may include translations of some or all Invariant Sections in addition to the original versions of these Invariant Sections. You may include a translation of this License, and all the license notices in the Document, and any Warranty Disclaimers, provided that you also include the original English version of this License and the original versions of those notices and disclaimers. In case of a disagreement between the translation and the original version of this License or a notice or disclaimer, the original version will prevail.
If a section in the Document is Entitled "Acknowledgements", "Dedications", or "History", the requirement (section 4) to Preserve its Title (section 1) will typically require changing the actual title.

9. TERMINATION

You may not copy, modify, sublicense, or distribute the Document except as expressly provided for under this License. Any other attempt to copy, modify, sublicense or distribute the Document is void, and will automatically terminate your rights under this License. However, parties who have received copies, or rights, from you under this License will not have their licenses terminated so long as such parties remain in full compliance.

10. FUTURE REVISIONS OF THIS LICENSE

The Free Software Foundation may publish new, revised versions of the GNU Free Documentation License from time to time. Such new versions will be similar in spirit to the present version, but may differ in detail to address new problems or concerns. See http:/ / www. gnu. org/ copyleft/ .
Each version of the License is given a distinguishing version number. If the Document specifies that a particular numbered version of this License "or any later version" applies to it, you have the option of following the terms and conditions either of that specified version or of any later version that has been published (not as a draft) by the Free Software Foundation. If the Document does not specify a version number of this License, you may choose any version ever published (not as a draft) by the Free Software Foundation.

ADDENDUM: How to use this License for your documents

To use this License in a document you have written, include a copy of the License in the document and put the following copyright and license notices just after the title page:

Copyright (c) YEAR YOUR NAME.
Permission is granted to copy, distribute and/or modify this document
under the terms of the GNU Free Documentation License, Version 1.2
or any later version published by the Free Software Foundation;
with no Invariant Sections, no Front-Cover Texts, and no Back-Cover Texts.
A copy of the license is included in the section entitled
"GNU Free Documentation License".

If you have Invariant Sections, Front-Cover Texts and Back-Cover Texts, replace the "with...Texts." line with this: